园艺专业职教师资培养资源开发项目

园艺植物生产技术
上册

贾文庆　　陈碧华　　主编

中国农业出版社

图书在版编目（CIP）数据

园艺植物生产技术．上册/贾文庆，陈碧华主编．
—北京：中国农业出版社，2017.12
园艺专业职教师资培养资源开发项目
ISBN 978-7-109-23820-6

Ⅰ.①园…　Ⅱ.①贾…②陈　Ⅲ.①园艺作物－栽
培技术－师资培养　Ⅳ.①S6

中国版本图书馆 CIP 数据核字（2018）第 003486 号

中国农业出版社出版
（北京市朝阳区麦子店街 18 号楼）
（邮政编码 100125）
责任编辑　王玉英

北京大汉方圆数字文化传媒有限公司印刷　新华书店北京发行所发行
2017 年 12 月第 1 版　　2017 年 12 月北京第 1 次印刷

开本：720mm×960mm 1/16　印张：17.5
字数：320 千字
定价：50.00 元
（凡本版图书出现印刷、装订错误，请向出版社发行部调换）

教育部、财政部职业院校教师素质提高计划——
园艺专业职教师资培养资源开发项目
（VTNE 055）成果

项目成果编写审定委员会

编 写 人 员

主　编　贾文庆（河南科技学院）

　　　　陈碧华（河南科技学院）

副主编　张少伟（河南农业职业学院）

　　　　郭卫丽（河南科技学院）

参　编：（按姓名笔画排序）

　　　　杨和连（河南科技学院）

　　　　徐小博（新乡学院）

　　　　穆金艳（河南科技学院）

　　　　豁泽春（河南科技学院）

为贯彻落实《国家中长期教育改革和发展规划纲要（2010—2020）》提出的进一步推动和加强职业院校教师队伍建设，促进职业教育事业发展，《教育部、财政部关于实施职业院校教师素质提高计划的意见（教职成〔2011〕14号）中提出了"支持国家职业教育师资基地开发100个职教师资本科专业的培养标准、培养方案、核心课程和特色著作，完善适应教师专业化要求的培养培训体系"的目标任务。河南科技学院作为全国第一批职教师资培养培训基地，承担了"教育部、财政部职业院校教师素质提高计划——园艺本科专业职教师资教师标准、培养方案、核心课程和特色著作开发"项目（编号VTNE055，简称"培养包"项目）的研发工作。本项目组在项目办及专家咨询委员会的指导下，在学校的大力支持下，周密安排部署，精心组织实施，圆满完成了项目研发工作，形成了一系列研究成果。园艺专业核心课程特色著作是本项目的成果之一。

《园艺植物生产技术》（上册）是在对园艺行业产业用人需求、中等职业学校对种植或园艺专业教师的要求、当前园艺专业职教师范生学习实践现状进行广泛调研基础上，按照项目研发的总体要求共同研讨完成的。著作突出职业能力培养，以真实工作任务为载体组织实践内容，吸收现代园艺学研究的最新成果，并结合我国园艺产业发展和人才培养的实际，注重现代生物科学、园艺科学、教育科学间的相互交叉，准确把握课程定位，著作内容强化理论联系实际，具有很强的针对性、实用性、实践性、先进性，可供园艺技术、园林技术、现代农艺、设施农业等专业实践使用，也可供园艺相关专业生产、管理人员参考。

本著作由河南科技学院组织，河南农业职业学院、新乡学院等单位相关专家参加，共同编写而成。内容包括四个单元，贾文庆编写了单元一模块一任务一、任务二、任务三、任务四、任务五、任务六；单元一模块二任务一；单元三模块一任务一、任务二、任务三；单元四模块一任务三；单元四模块二任务二；单元四模块三任务三。陈碧华编写了单元一模块二任务二；单元二模块一任务；单元二模块二，单元三任务一、任务二；单元三模块二任务一、任务二、任务三；徐小博编写了单元一模块二任务一；单元三模块三任务一、任务二、任务三。张少伟编写了单元一技术实训，单元二技术实训，单元三技术实训，单元四技术实训。郭卫丽编写了单元四模块一任务一。杨和连编写了单元四模块一任务二。穆金艳编写了单元四模块三任务一。豁泽春编写了单元四模块三任务二。

在编写过程中，得到有关单位和同行专业人士的大力支持和帮助，参考了很多同仁的著作和科技资料，并引用了部分图表，在此一并致谢。

由于时间仓促，水平有限，错误和疏漏在所难免，衷心希望使用本著作的师生及广大读者予以匡正。

编　者

2017 年 11 月

目录

1

单元一 园艺植物繁殖技术

模块一　园艺植物繁殖技术

实践目标

模块主要包括种子、扦插、嫁接、分株、压条繁殖内容，了解大多数园艺植物的繁殖方法，掌握大多数园艺植物的繁殖。

模块分解

任务	任务分解	要求
1. 种子繁殖	1. 种子的浸种、催芽 2. 种子的层积 3. 穴盘育苗 4. 露地播种	1. 学会种子的浸种、催芽 2. 总结园艺植物穴盘育苗要点 3. 根据不同植物类型总结播种要点
2. 扦插繁殖	1. 叶片扦插 2. 硬枝扦插 3. 嫩枝扦插	1. 总结常见扦插方式 2. 总结扦插规律 3. 根据不同扦插类型总结扦插要点
3. 分离繁殖	1. 分株繁殖 2. 分球繁殖	1. 总结常见分株方式 2. 总结分株规律 3. 根据不同分株类型总结分株要点
4. 压条繁殖	1. 园艺植物压条繁殖 2. 高空压条繁殖	1. 总结常见压条方式 2. 总结压条规律 3. 根据不同压条类型总结压条要点
5. 嫁接	1. 芽接 2. 枝接 3. 根接	1. 总结芽接要点 2. 总结嫁接规律 3. 根据不同嫁接类型总结嫁接要点
6. 组织培养	1. 参观考察组培间的构成 2. 配制母液 3. 配制培养基 4. 接种	1. 总结不同外植体的消毒方式方法 2. 总结接种常规操作步骤 3. 总结组培实验室的结构要点

任务一　种子繁殖

【案例】

图 1-1　雍容华贵的牡丹

牡丹是芍药科芍药属植物，浑身是宝，花可观赏，根可医病，种可榨油，遭遇逆境时有舍命不舍花的气节，象征着民族繁荣、国家富强、社会和谐。被誉为"花中之王""国色天香"。牡丹雍容华贵，代表着泱泱大国风范，自古为繁荣昌盛的象征，曾是唐、宋、清三朝的国花，也是当今国花的首选对象。如图 1-1 所示。牡丹常用播种、嫁接繁殖，那么牡丹种子如何繁殖？

思考 1：牡丹采种对母株有什么要求？什么时候是采集种子的合适时间？

思考 2：牡丹种子播前需要处理吗？如果需要，如何处理？

思考 3：你认为牡丹播种需要哪些步骤？播后如何管理？

案例：牡丹播种主要包括以下步骤。

牡丹种子的采收：5 年生以上牡丹植株所结种子饱满充实，发芽率高，为留种主要对象。当果荚呈黄色时，将果摘下，放在屋内阴凉潮湿的地方，让种子在果壳内完成生理后熟备用，严禁曝晒使种皮变硬，待下种前 1d 再将种子拣出。

牡丹种子的播前处理：播种前可用水选法选种，然后用 50℃温水浸种 24～30h，使种皮变软，然后再用 3 号 ABT 生根粉 25×10^{-6} 液浸种 2h 即可播种。如不能立即播种，可按种子和湿细沙 1：3 的比例拌种放在屋内，也可用湿布盖上以待播种。牡丹种子有上胚轴休眠的特性，播种前可用赤霉素处理解除休眠。

播种：在 8 月下旬至 9 月中旬即采即播，播种过迟，当年发根少，翌年春季出苗不旺。播种方法依种子量而定。种子量多采用条播，量少则采用穴、盆、箱播。

苗圃管理：播种后，胚根经 30d 左右生长发育长出幼根，40d 幼根长到 0.5～0.8cm，60d 主根长到 5～7cm，并开始分生出侧根 3～5 条，90d 根长达 7～10cm。播种后加强苗圃管理，适时追肥浇水。浇水或雨后及时松土保墒。牡丹喜轻肥、淡肥、小水，忌浓肥、大水。随时拔除苗地中杂草。

【知识点】

1. 种子繁殖的特点与应用

（1）种子繁殖的优点

①种子体积小，重量轻；在采收、运输及长期贮藏等工作上简便易行。

②种子来源广，播种方法简便，易于掌握，便于大量繁殖。

③实生苗根系发达，生长旺盛，寿命较长，对环境适应性强，并有免疫病毒病的能力。

（2）种子繁殖的缺点

①木本的果树、花卉及某些多年生草本植物采用种子繁殖开花结实较晚。

②后代易出现变异，从而失去原有的优良性状，在蔬菜、花卉生产上常出现品种退化问题。不能用于繁殖自花不孕植物及无籽植物，如葡萄、柑橘、香蕉及许多重瓣花卉植物。

（3）种子繁殖在生产上的主要用途

①大部分蔬菜、一、二年生花卉及地被植物用种子繁殖。

②实生苗常用于果树及某些木本花卉的砧木。

③杂交育种必须使用播种来繁殖，并且可以利用杂交优势获得比父母本更优良的性状。种子繁殖的一般程序是：采种→贮藏→种子活力测定→播种→播后管理，每一个环节都有其具体的管理要求。

2. 影响种子萌发的因素

（1）环境因子

①水分：种子吸水使种皮变软开裂、胚与胚乳吸胀，同时透气性增加，酶活化起来增强了胚的代谢活动，原生质由凝胶态变成溶胶态，大分子贮藏养分分解，束缚态生长刺激物质转化为游离态，从而启动和保证了胚的生长发育，最后胚根突破种皮，种子萌发生长。

②温度：适宜的温度能够促进种子迅速萌发。一般而言，温带植物以 15～20℃为最适，亚热带与热带植物则以 25～30℃为宜。变温处理，有利于种

子的萌发和幼苗的生长，昼夜温差 3～5℃为好。

③氧气：种子发芽时要摄取空气中的 O_2 并放出 CO_2，假如播后覆土过深、镇压太紧或土壤中水分过多，种子会因缺氧而腐烂。

④光照：光照条件对种子发芽的影响因植物种类而异，就大多数植物种子来说，影响很小或不起作用。但有些植物的种子有喜光性，如莴苣、芹菜种子发芽需要光照，所以它们播种后在温度、水分充足时，不覆土或覆薄土，则发芽较快。也有另一类植物种子的发芽会被光抑制，如水芹、飞燕草、葱、苋等。

（2）休眠因素　种子有生命力，但即使给予适宜的环境条件仍不能发芽，此种现象称种子的休眠。种子休眠是长期自然选择的结果。在温带，春季成熟的种子立即发芽，幼苗当年可以成长。但是秋季成熟的种子则要度过寒冷的冬季，到第 2 年春季才会发芽；否则，幼苗在冬季将会被冻死，如许多落叶植物种子有自然休眠的特性。造成种子休眠的原因主要有种皮或果皮结构障碍、种胚发育不全、化学物质抑制等。

3. 园艺植物种子预处理　不同园艺植物种子发芽期不同，发芽期长的种子给土地利用和管理都带来问题；有些种子在一些地区无法获得萌发需要的一些气候条件，不能萌发。播种前对种子的处理可以解决上述问题。播种前种子处理方法有以下几种。

（1）浸种　发芽缓慢的种子使用此方法。用温水浸种较冷水好，时间也短。如冷水浸种，以不超过一昼夜为好。月光花、牵牛花、香豌豆等用 30℃温水浸种一夜即可。若时间过长，种子易腐烂。

（2）机械破皮　通过破皮过程使种皮透性改善，从而促进发芽。在砂纸上磨种子、用锉刀挫种子、用锤砸种了或用老虎钳夹开种皮均可用于少量大粒种子的破皮处理。对于大量种子，则需用机械进行。可在特定的搅拌机中，加入粗沙或碎石，与种子一起搅拌，以磨伤种皮。如荷花、美人蕉，可锉去部分种皮，以利于吸水。

（3）去除影响种子吸水的附属物，如棉毛等

（4）药物处理种子　可产生以下作用：①打破休眠。如用赤霉素涂抹胚轴打破牡丹、天香、百合上胚轴休眠，或用溶液浸泡 24h，10～15d 就可长出茎来。②完成生理后熟要求低温的种子：用赤霉素处理大花牵牛种子，有代替低温的作用。③改善种皮透性，促其发芽。如林生山黧豆种子，用浓硫酸处理 1min，用清水洗净播种，发芽率达 100%，而对照者发芽率只有 76%。④打破种子二重休眠性：如铃兰种子，首先在低温湿润条件下完成胚根后熟作用，继而在较高温度下促使幼根生出，其次在二次低温下，使上胚轴后熟，促使幼苗

生出。

（5）层积处理　常用于处理一些温带木本植物种子，主要是一些裸子科植物及蔷薇科植物。早期方法是一层种子、一层湿沙堆积，在室外经冬季冷冻，种子休眠既被破除，也可在控温条件下完成。层积处理的适温为 $1\sim10℃$，多数植物以 $3\sim5℃$ 最好。大多数植物需层积处理 $1\sim3$ 个月时间。

4. 播种技术

（1）播种时期　一般园艺植物的播种期可分为春播和秋播两种，春播从土壤解冻后开始，以 $2\sim4$ 月份为宜；秋播多在 8、9 月份，至冬初土壤封冻前为止。温室蔬菜和花卉可四季播种，露地蔬菜和花卉主要是春秋两季。果树一般早春播种，冬季温暖地带可晚秋播。亚热带和热带可全年播种，以幼苗避开暴雨与台风季节为宜。

（2）播种方式　种子播种可分为大田直播和畦床播种两种方式。大田直播可以平畦播，也可以垄播，播后不进行移栽，就地长成苗或供作砧木进行嫁接培养成嫁接苗出圃；畦播一般在露地苗床或室内浅盆集中育苗，经分苗培养后定植田间。

（3）播种地选择　播种地应选择有机质较为丰富、土地松软、排水良好的沙质壤土。播前要施足基肥，整地做畦、耙平。

（4）播种方法　有撒播、点播、（穴播）条播。

①撒播：海棠、山定子等小粒种子多用撒播。撒播要均匀，不可过密，撒播后用耙轻耙或用筛过的土覆盖，以稍埋住种子为度。此法比较省工，而且出苗量多。但是，出苗稀密不均，管理不便，苗子生长细弱。

②点播（穴播）：多用于大粒种子，如核桃、板栗、桃、杏及豆类等的播种。先将床地整好，开穴，每穴播种 $2\sim4$ 粒，待出苗后根据需要确定留苗株数。该方法苗分布均匀，营养面积大，生长快，成苗质量好，但产苗量少。

③条播：用条播器在苗床上按一定距离开沟，沟底宜平，沟内播种，覆土填平。条播可以克服撒播和点播的缺点，适宜大多数种子，如苹果、梨、白菜种子等。

（5）播种量　单位面积内所用种子的数量称为播种量。通常用 kg/亩＊表示。播前必须确定适宜的播种量，其计算式如式 1-1 所示。

$$播种量（kg/亩）= \frac{每亩计划育苗数}{每千克种子粒数×种子纯净度×种子发芽率}×100\%$$

（式 1-1）

　＊　注：亩为非法定计量单位，1 亩＝$1/15hm^2$。

在生产实际中播种量应视土壤质地松硬、气候冷暖、病虫草害、雨量多少、种子大小、播种方式（直播或育苗）、播种方法等情况，适当增加 0.5～4 倍。

（6）播种深度　播种深度依种子大小、气候条件和土壤性质而定，一般为种子横径的 2～5 倍，如核桃等大粒种子播种深为 4～6cm，海棠、杜梨 2～3cm，甘蓝、石竹、香椿 0.5cm 为宜。总之，在不妨碍种子发芽的前提下，以较浅为宜。土壤干燥，可适当加深。秋、冬播种要比春季播种稍深，沙土比黏土要适当深播。

【任务实践】

实践一：种子浸种、催芽

1. 材料用具

（1）材料　选用当地常见园艺植物种子进行催芽。

（2）用具　培养皿、20L 塑料筒、毛巾、温度计、手术刀片、光照培养箱。

2. 操作步骤

（1）浸种操作

①清选种子，去除杂质、秕粒、半粒、病粒等。

②选择容器，可以用玻璃、陶瓷等，最好不用铁器。

③浸种种子，水量约为种子的 5 倍。设定适宜的水温，倒入种子，并适当搅拌。

④搓洗种子，去掉种子上残留的黏液、果肉等抵制发芽的物质。

⑤结束浸种，根据不同植物种类所需的时间结束浸种，并控去多余的水分。

（2）催芽操作

①催芽，在适当的温度、湿度及良好的透气条件下进行催芽。

②投洗，在催芽过程中，要适当投洗几次。低温处理或变温处理时不投洗。

③翻动种子，每天翻动 2～5 次，使种子所受的温度、湿度和氧气条件一致。

④停止催芽，当约 75% 种子咧嘴或露芽时，即停止催芽，等待播种。

3. 检查

（1）浸种所用的器皿和所接触的水要求清洁、无油，否则种子容易腐烂。

（2）种皮上的黏液应搓洗干净。浸种时是否每隔 5～8h 换水 1 次。

（3）掌握浸种时间，种子完全浸透，不见干心为止。

（4）催芽过程中每天投洗 1～2 次，同时用力甩去种皮上的水膜。

（5）严格掌握催芽结束时芽的长度。

（6）种子出芽后，不能立即播种时，要将种子放在 10～15℃ 的地方蹲苗。

实践二：种子层积

1. 材料用具

（1）材料 选用当地常见的需要低温打破休眠园艺植物种子作为层积种子。

（2）用具 园艺铲、河沙、稻草。

2. 操作步骤

（1）选种 利用水或人工进行选种。

（2）浸种 层积前先用水浸泡种子 5～24h，使种子在短时间内吸收足够的水分。

（4）挖沟 挖深 60～100cm 的沟，长、宽可随种子数量多少而定。

（5）铺湿沙 待种子充分吸水后，取出晾干，再与洁净河沙混匀。沙的用量是：中小粒种子一般为种子容积的 3～5 倍，大粒种子为 5～10 倍。沙的湿度以手捏成团不滴水即可，约为沙最大持水量的 50%。中间插入稻草，最后表面盖一层厚约 6cm 的湿沙。

3. 检查

（1）沙的湿度是否适宜，以手握能成团，但不滴水，一触即散为准。

（2）种子层积时间是否适宜。

实践三：穴盘育苗

1. 材料用具

（1）材料 当地常见的园艺植物种子。

（2）用具 穴盘、蛭石、泥炭土、珍珠岩、小铲、喷壶等。

2. 操作步骤

（1）处理种子 选用优质种子。播种前用温汤、赤霉素溶液等浸泡处理，风干后待用。

（2）处理基质 穴盘育苗常用的基质有泥炭土、草炭、蛭石等。各种基质和肥料要按一定比例进行混合搅拌，并在搅拌过程中喷一定量的水，加水量原则上达到湿而不黏，用手抓能成团、一松手能散开的程度。

（3）选择穴盘 根据所育的品种、计划育成品苗的大小选择合适规格的穴盘，一般育大苗用穴数少的穴盘，育小苗则用穴数多的穴盘。

（4）播种 播种有人工和机械播种两种方式。人工播种应首先把育苗基质装在穴盘内，刮除多余的基质，然后每穴打一孔，干籽直播，播种后用较细的蛭石覆土。机械播种由播种机来完成。

（5）催芽　穴盘播种后，应立即送到催芽室催芽。催芽室一般保持室温25～30℃，相对湿度95％以上，根据不同的品种略有不同。催芽时间为3～5d，有60％～70％的幼芽露头时即可出催芽室。

（6）苗期管理　根据植物种类和生长阶段搞好温度、湿度等管理。

3. 检查

（1）播种方法是否正确。

（2）是否按照要求进行了操作。

实践四：露地播种

1. 材料用具

（1）材料　大、中、小粒种子各2种。福尔马林、高锰酸钾、百菌清、湿沙等。

（2）用具　开沟器、镇压板（碌）、秤、量筒、盛种容器、筛子、稻草、喷水壶、塑料薄膜、铁锹、耙子、皮尺、木桩、绳等。

2. 方法步骤

（1）整地　清理圃地、浅耕灭茬、耕翻土壤、耙地、镇压。

（2）作床　分为高床（床面高出步道）和低床（床面低于步道）。

（3）种子消毒　可以用0.15％福尔马林溶液、0.3％～1％硫酸铜等进行种子消毒。

（4）催芽

①水浸催芽。浸种水温40℃，浸种时间24h左右。将5～10倍于种子体积的温水或热水倒在盛种容器中，不断搅拌，使种子均匀受热，自然冷却。当1/3种子"咧嘴露白"时即可播种。

②机械破皮催芽。在砂纸上磨种子，用铁锤砸种子，适用于少量的大粒种子的简单方法。

③混沙催芽。将种子用温水浸泡一昼夜使其吸水膨胀后将种子取出，以1∶3～5倍的湿沙混匀，置于背风、向阳、温暖（一般15～25℃）的地方，上盖塑料薄膜和湿布催芽，待有30％种子咧嘴时播种。

（5）播种　将种子按床的用量进行等量分开，用手工进行播种。按种子的大小确定播种方法。

（6）覆土　播种后应立即覆土。一般覆土深度为种子横径的1～3倍。

（7）镇压　播种覆土后应及时镇压，将床面压实，使种子与土壤紧密结合。

（8）覆盖 镇压后，用草帘、薄膜等覆盖在床面上，以提高地温，保持土壤水分，促使种子发芽。

（9）灌水 用喷壶将水均匀地喷洒在床面上；或先将水浇在播种沟内，再播种。灌水一定要灌透，一般在苗床上 5cm 要保证湿润。

3. 检查

（1）整地是否做到床面平整，土壤细碎，土层上松、下实，床面规格整齐、美观。

（2）是否根据种子的性质确定催芽的方法。

（3）是否根据种子及播种面积的大小确定播种量。

【关键问题】

如何提高播种的发芽率?

一是要保证良好的土壤性能。应该使用疏松透气、保水良好的泥炭土、腐叶土、草炭土、蛭石等做基质。

二是播种种子应精选。若用 15％甲醛消毒，应用清水冲洗干净。有些种子需要浸种催芽。

三是要必须保证良好的萌发条件。如：温度 20～30℃，水分 70％左右，喜光种子最好用玻璃覆盖。

四是播种后要进行镇压，保证种子与基质密切接触。

【思考与讨论】

1. 种子繁殖有何优缺点?

2. 种子贮藏方法有哪几种?

3. 播种方法有哪几种?

4. 种子繁殖适用于哪些园艺植物?

【知识拓展】

1. 喷洒播种 将水、种子、肥料、植物养生材料、土壤稳定、安定材料等物，通过机器充分搅拌后，以较大的压力，均匀地喷射于施工对象，从而形成一个类似于"植生带"的保护膜的播种方法。这种应用技术具有如下特点。

（1）施工方便 它是通过一套可以移动的机械进行施工的，因而具有较理想的选择性，可以根据施工现场的不同情况，来选择其最便于施工和操作的工作位置。由于施工后一般情况不需要特别的管理与抚育，这对于施工现场较远或作业面较大、战线较长的绿化工程，如公路两侧绿化更是意义深远、效果非凡。

（2）效益高　一天 8h 的播种面积可达 10 000m²，工作人员只需 3～4 人。

（3）解决难题　当斜坡的坡度达到 18°以上和坡长达到 3m 以上时，在不增加播种量和加入其他辅助材料的情况下，也能取得在较平坦地施工时同样的便利、效率和施工效果。在这一点上，传统的机械播种与人工播种都是不可能的。

（4）促进种子萌发　可根据不同的立地条件，随时调整添加剂和辅助材料的比例，以调整土壤的酸、碱度，克服土壤的贫瘠程度。施工后，混合物与土壤颗粒形成一个具有极强通气性和柔软性的较稳定的体系，对植物种子的发芽、生根、生长有较好地促进作用，并能保证在相当长一段时间内提供植物生长所必需的水分和养分。同时，在播种施工后到种子发芽生根前这一段时间内，对起伏的施工现场，如公路的边坡，也会起到减少土壤的流失和保护土壤的养分、水分作用。除正常修剪、喷药杀虫和除菌外，该项施工可集播种、浇水、施肥于一次完成，因而节省了人力、物力及经费的支出。在施工中加入着色剂，使施工后现场立即呈现绿色，比之传统的播种方式更具美化效果。

2. 流体播种　流体播种法是一项综合性的技术体系。它是把发芽种子均匀分散在保水剂凝胶中进行定量机播的新方法。与普通播种法比较，它可以使种子在理想状态下发芽，排除了不良气候和种床条件对种子发芽的影响。能够在不损伤已发芽种子的情况下播种。它可以精量播种，均匀浅播，可节省种子和间苗、定苗劳力，收到缩短出苗期、出苗率高、促进早熟抗病的效果。该方法具有广泛的应用前景，可在高寒、干旱地区春播或多熟制地区大显神通。

流体播种是以新型化工材料——保水剂为流体介质。将保水剂投入水中后，能迅速吸收自重数百倍无离子水并把水分牢牢地包容在保水剂凝胶中，使种子呈悬浮状态。这样既可保护种子，不受排种装置的损伤，又能满足种子发芽、出苗对水分的需求。此法的主要技术包括催芽法、萌芽种子贮藏法、保水剂凝胶浓度确定法及播种作业法等。

任务二　扦插繁殖

【案例】

菊花是十大名花之一，也是花中四君子之一，也是岁寒三友之一。如图 1-2 所示。菊花多以扦插繁殖为主，也可播种，那么如何进行扦插繁殖？

思考 1：什么时候选择插条？

思考 2：扦插对插条有何要求，需要怎么处理？

图 1-2 菊花扦插

思考 3：扦插有什么步骤？

案例：生产中通常于从每年 3 月中旬至 8 月上旬进行，选择生长粗壮、光滑的枝条顶梢或根部长出的脚芽作为插穗，随采随插。剪取枝梢 5～6cm，去掉下部叶片要消毒后，将 1/3～1/2 插入土中，插后压实，之后浇透水。插后10～20d 生根。

【知识点】

1. 扦插的种类及方法

（1）叶插 用于能自叶上发生不定芽及不定根的园艺植物种类，以花卉居多，大都具有粗壮的叶柄、叶脉或肥厚的叶片。如球兰、虎兰、千岁兰、象牙兰、大岩桐、秋海棠、落地生根等。叶插须选取发育充实的叶片，在设备良好的繁殖床内进行，维持适宜的温度及湿度，从而得到壮苗。

①全叶插：以完整叶片为插条。一是平置法，落地生根、海棠类多用此法。二是直插法，非洲紫罗兰、苦苣薹、豆瓣绿、球兰、海角樱草等均可用此法繁殖。

②片叶插：将叶片分切为数块，分别进行扦插，每块叶片上形成不定芽，如蟆叶秋海棠、大岩桐、豆瓣绿、千岁兰等。

（2）茎插

①硬枝扦插：指使用已经本质化的成熟枝条进行的扦插。果树、园林树木常用此法繁殖。如葡萄、石榴、无花果等。

②嫩枝扦插：又称绿枝扦插。以生长季枝梢为插条，通常长 5～10cm，组

织以老熟适中为宜（木本类多用半木质化枝梢），过于幼嫩易腐烂，过老则生根缓慢。无花果、柑橘、杜鹃、一品红、虎刺梅、橡皮树等可采用此法繁殖。

③芽叶插：插条仅有一芽附一片叶，芽下部带有盾形茎部 1 片或一小段茎，插入沙床中，仅露芽尖即可，插后盖上薄膜，防止水分过量蒸发。芽叶插不易产生不定芽的种类，宜采用此法，如菊花、八仙花、山茶花、天竺葵、宿根福禄考等。

（3）根插　利用根上能形成不定芽的能力扦插繁殖苗木的方法。用于那些枝插不易生根的种类。果树和宿根花卉可采用此法，如枣、柿、山楂、梨、李、苹果等果树，薯草、牛舌草、秋牡丹、肥皂草、毛恋花、剪秋罗、宿根福禄考、芍药、补血草、荷包牡丹、博落回等花卉。一般选取粗 2mm 以上，长 5～15cm 的根段进行沙藏，也可在秋季掘起母株，贮藏根系过冬，翌年春季扦插。冬季也可在温床或温室内进行扦插。根抗逆性弱，要特别注意防旱。

2. 影响插条生根的内在因素

（1）不同植物种和品种　不同园艺植物插条生根的能力有较大的差异。极易生根的植物有柳树、黑杨、青杨、小叶黄杨、木槿、常青藤、南天竹、紫穗槐、连翘、番茄、月季等。较易生根的植物有毛白杨、枫、茶花、竹子、悬铃木、五加、杜鹃、罗汉柏、樱桃、石榴、无花果、花椒、石楠等。较难生根的植物有君迁子、赤杨、苦楝、臭椿、挪威云杉等。极难生根的植物有核桃、板栗、柿树、马尾松等。同一种植物不同品种扦插发根难易也不同，美洲葡萄中的杰西卡和爱地朗发根较难。

（2）树龄　一般情况下，树龄越大，插条生根越难。发根难的树种，如从实生幼树上剪取枝条进行扦插，则较易发根。插条的年龄以 1 年生枝的再生能力最强，一般枝龄越小，扦插越易成活。常绿树种，春、夏、秋、冬四季均可扦插；落叶树种夏秋扦插，以树体中上部枝条为宜；冬、春扦插以枝条的中下部为好。

（3）枝条的发育状况　凡发育充实的枝条，其营养物质比较丰富，扦插容易成活，生长也较良好。嫩枝扦插应在插条刚开始木质化即半木质化时采取；硬枝扦插多在秋末冬初，营养状况较好的情况下采条；草本植物应在植株生长旺盛时采条。

（4）贮藏营养　枝条中贮藏营养物质的含量和组分，与生根难易密切相关。通常枝条碳水化合物越多，生根就越容易，因为生根和发芽都需要消耗有机营养。如葡萄插条中淀粉含量高的发根率达 63%，中等含量的为 35%，含量低的仅有 17%。枝条中的含氮量过高影响生根数目。低氮可以增加生根数，而缺氮则会抑制生根。硼对插条的生根和根系的生长有良好的促进作用，所以应对采取插条的母株补充必需的硼。

（5）激素 生长素和维生素对生根和根的生长有促进作用。由于内源激素与生长调节剂的运输方向具有极性运输的特点，如枝条插倒，则生根仍在枝段的形态学下端。因此，扦插时应特别注意不要倒插。

（6）插条的叶面积 插条上的叶，能合成生根所需的营养物质和激素，因此嫩枝扦插时，插条的叶面积大则有利于生根。然而，插条未生根前，叶面积越大，蒸腾量越大，插条容易枯死。所以，为有效地保持吸水与蒸腾作用间的平衡关系，实际扦插时，要依植物种类及条件，调节插条上的叶数和叶面积。一般留 2～4 片叶，大叶种类要将叶片剪去一半或一半以上。

3. 影响扦插生根的外界因素

（1）湿度 插条在生根前失水干枯是扦插失败的主要原因之一。因为新根尚未生成，无法顺利供给水分，而插条的枝段和叶片因蒸腾作用而不断失水。因此，要尽可能保持较高的空气湿度，以减少插条和插床水分消耗，尤其是嫩枝扦插，高湿可减少叶面水分蒸腾，使叶不致萎蔫。插床湿度既要适宜，又要透气良好，一般维持土壤最大持水量的 $60\%～80\%$ 为宜。

利用自动控制的间歇性喷雾装置，可维持空气中高湿度使叶面保持一层水膜，降低叶面温度。其他如遮阴等方法，也能维持一定的空气湿度。

（2）温度 一般树种扦插时，白天气温达到 21～25℃，夜间 15℃，就能满足生根需要。在土温 10～12℃ 条件下可以萌芽，但生根则要求土温 18～25℃ 或略高于平均气温 3～5℃。如果土温偏低，或气温高于土温，扦插虽能萌芽，但不能生根，由于先长枝叶大量消耗营养，反而会抑制根系发生，导致死亡。在我国北方，春季气温高于土温，扦插时要采取措施提高土壤温度，使插条先发根。南方早春土温回升快于气温，要掌握时期抓紧扦插。

（3）光照 光对根系的发生有抑制作用，因此必须使枝条基部埋于土中避光，才可刺激生根。同时，扦插后适当遮阴，可以减少圃地水分蒸发和插条水分蒸腾，使插条保持水分平衡。但遮阴过度，又会影响土壤温度。嫩枝带叶扦插需要有适当的光照，以利于光合作用制造养分，促进生根。但仍要避免日光直射。

（4）氧气 扦插生根需要氧气。插床中水分、温度、氧气三者是相互依存、相互制约的。土壤中水分多，会引起土壤温度降低，并挤出土壤中的空气，造成缺氧，不利于插条愈合生根，也易导致插条腐烂。插条在形成根原体时要求比较少的氧，而生长时需氧较多。一般土壤气体中以含 15% 以上的氧气而保有适当水分为宜。

（5）生根基质 理想的生根基质要求通水，透气性良好，pH 适宜，可提供营养元素，既能保持适当的湿度，又能在浇水或大雨后不积水，而且不带有害的细菌和真菌。

4. 促进生根的方法

（1）机械处理

①剥皮。对木栓组织比较发达的枝条（如葡萄），或较难发根的木本园艺植物的种和品种，扦插前可将表皮木栓层剥去（勿伤韧皮部），对促进发根有效。剥皮后能增加插条皮部吸水能力，幼根也容易长出。

②纵伤。用利刀或手锯在插条基部一两节的节间处刻画五六道纵切口，深达木质部，可促进节部和茎部断口周围发根。

③环剥。在取插条之前 15～20d 对母株上准备采用的枝条基部剥去宽1.5cm 左右的一圈树皮，在其环剥口长出愈合组织而又未完全愈合时，即可剪下进行扦插。

（2）黄化处理　对不易生根的枝条在其生长初期用黑纸、黑布或黑色塑料薄膜包扎基部，能使叶绿素消失，组织黄化，皮层增厚，薄壁细胞增多，生长素积累，有利于根原体的分化和生根。

（3）浸水处理　休眠期扦插，插前将插条置于清水中浸泡 12h 左右，使之充分吸水，插后可促进根原始体形成，提高扦插成活率。

（4）加温催根处理　人为地提高插条下端生根部位的温度，降低上端发芽部位的温度，使插条先发根，后发芽。常用的催根方法有阳畦催根法、酿热温床催根法、火炕催根法及电热温床催根法。

（5）药物处理

①植物生长调节剂。应用人工合成的各种植物生长调节剂对插条进行扦插前处理，不仅生根率、生根数和根的粗度、长度都有显著提高，而且苗木生根期缩短，生根整齐。常用的植物生长调节剂有用吲哚丁酸（IBA）、吲哚乙酸（1AA）、萘乙酸（NAA）、2，4-D、ABT 生根粉等。使用方法有涂粉法和液剂浸渍等。

②其他化学药剂。维生素 B_1 和维生素 C 对某些种类的插条生根有促进作用。硼可促进插条生根，与植物生长调节剂合用效果显著，如 IBA50mg/L 加硼 10～200mg/L，处理插条 12h，生根率可显著提高。2%～5%蔗糖液及0.1%～0.5%高锰酸钾溶液浸泡 12～24h，也有促进生根和成活的效果。

5. 扦插技术

（1）扦插程序　扦插育苗因植物种类及条件不同，各需经过不同的阶段，其程序大致有如下几种。

①露地直接扦插。②催根后露地扦插。③催根处理后在插床内生根发芽，

再移植于露地。④催根后在插床内生根发芽，经锻炼后再移植于露地。⑤催根后在插床内生根发芽，即成苗。

（2）插条的贮藏 硬枝插条若不立即扦插，可按 60～70cm 长剪裁，每 50 或 100 根打捆，并标明品种、采集日期及地点。选地势高燥、排水良好的地方挖沟或建窖，以湿沙贮藏，短期贮藏置阴凉处湿沙埋藏。

（3）扦插时期 不同种类的植物扦插适期不一。一般落叶阔叶树硬枝扦插在 3 月份，嫩枝扦插在 6～8 月份，常绿阔叶树多夏季扦插（7～8 月份）；常绿针叶树以早春为好，草本类一年四季均可。

（4）扦插方式

①露地扦插，分畦插与垄插。

②全光照弥雾扦插。是国外近代发展最快、应用最为广泛的育苗新技术。方法是采用先进的自动间歇喷雾装置，于植物生长季节，在室外带叶嫩枝扦插，使插条的光合作用与生根同时进行，由自己的叶片制造营养，供本身生根和生长需要，明显地提高了扦插的生根率和成活率，尤其是对难生根的果树效果更为明显。

（5）插床基质 易于生根的树种如葡萄等，对基质要求不严，一般壤土即可。生根慢的种类及嫩枝扦插，对基质有严格的要求，常用蛭石、珍珠岩、泥炭、河沙、苔藓、林下腐殖土、炉渣灰、火山灰、木炭粉等。用过的基质应在火烧、熏蒸或杀菌剂消毒后再用。

（6）插条的剪截 在扦插繁殖中，插条剪截的长短对成活率及生长率有一定的影响。在扦插材料较少时，为节省插条，需寻求扦插插条最适宜的规格。一般来讲，草本插条长 7～10cm，落叶休眠枝长 15～20cm，常绿阔叶树枝长 10～15cm。

插条的切口，下端可剪削成双面模型或单面马耳朵形，或者平剪。一般要求靠近节部，剪口整齐，不带毛刺。还要注意插条的极性，上下勿颠倒。

（7）扦插深度与角度 扦插深度要适宜，露地硬枝插过深，地温低，氧气供应不足；过浅易使插条失水。一般硬枝春插时上顶芽与地面平，夏插或盐碱地插应使顶芽露出地表，在干旱地区扦插，插条顶芽与地面平或稍低于地面。嫩枝扦插时，插条插入基质中 1/3 或 1/2。扦插角度一般为直插，插条长者，可斜插，但角度不宜超过 45°。

扦插时，如果土质松软可将插条直接插入；如果土质较硬，可先用木棒按株行距打孔，然后将插条顺孔插入并用土封严实。也可向苗床灌一次透水，使土壤变软后再将插条插入。已经催根的插条，若不定根已露出表皮，不要硬插，需挖穴轻埋，以防伤根。

【任务实践】

实践一：叶片扦插

1. 材料用具

（1）材料　虎尾兰。

（2）用具　木箱、小刀；各种基质、喷壶。

2. 操作步骤

（1）扦插时期及插条的选择。

（2）扦插基质准备。

（3）扦插床准备及插条处理。

（4）扦插。

（5）扦插后的管理。

3. 检查

（1）如何选择插条（选择处在生长期的叶片，要求叶片肥厚且直挺，无病害）。

（2）插条必须阴干，待伤口愈合后才能使用。

（3）是否按插条的极性进行扦插（厚的是下端，不可用宽度来判断）。

（4）扦插基质要求透气、透水，可用粗沙、蛭石、人泥岩藓或珍珠岩等，不可用透水、透气性差的黏土、细沙土，否则插床积水，插条易腐烂。

（5）扦插深度为插条长度的 $1/3 \sim 1/2$。

（6）扦插后的管理：初期应适当遮阴，并增加喷雾次数，以后逐渐减少。发现腐烂的插条应及时拔掉。插床温度以 $20 \sim 25 ℃$ 为宜。基质含水量一般控制在 $50\% \sim 60\%$，空气湿度以 80% 左右为宜。

实践二：硬枝扦插

1. 材料用具

（1）选用新疆杨、柳树等常见树种作为插穗；生根粉或萘乙酸、酒精等。

（2）修枝剪、切条器、钢卷尺、盛条器、测绳、喷水壶、铁锹、平耙等。

2. 操作步骤

（1）选条　落叶植物在秋季落叶后至春季萌发前均可采条；常绿植物在芽苞开放前采条为宜。选生长健壮、无病虫害的植株上近根颈处 $1 \sim 2$ 年生枝条作插穗。

（2）制穗　用修枝剪剪取插穗，枝剪的刃口要锋利，特别注意上下剪口的位置、形状、剪口的光滑，有利于愈合生根。插穗长度、粗度适宜。上剪口距顶芽 1cm，下剪口最好在环节萌芽处。上下剪口都为平剪口，穗长 $10 \sim 15cm$。

贮藏时，小头向上，一层插穗一层湿沙，适当透气。

（3）催根处理　用浓度为 1 000～1 500mg/L 的生根粉或萘乙酸速蘸，促进生根。也可以用较低浓度的生根剂、温水浸泡催根。

（4）扦插　用直插法，落叶植物将插穗全部插入，上剪口与地面相平或略高于地面。密度可根据植物种类、肥力高低等确定。注意插穗与基质一定要紧密结合。

（5）管理　插后要立即浇透水。上覆一层黑色塑料薄膜。各地根据实际情况制定养护的措施。

3. 检查

（1）插条是否符合扦插的要求，扦插深度是否符合要求。

（2）催根处理生根粉浓度、浸泡时间是否适宜。

实践三：嫩枝扦插

1. 材料用具

（1）材料　选用新疆杨、柳树等常见植物作为插穗；生根粉或萘乙酸、酒精等。

（2）用具　修枝剪、切条器、钢卷尺、盛条器、测绳、喷水壶、铁锹、平耙等。

2. 操作步骤

（1）选条　选生长健壮、无病虫害的半木质化的当年生嫩枝作插穗。

（2）制穗　用修枝剪剪插穗。每穗要带 2～3 片叶或带半叶。注意插穗不要太长。采、制插穗要在阴凉处进行，防止水分散失。

（3）催根处理　一般用速蘸法处理。激素种类与浓度与硬枝扦插相近。

（4）扦插　一般在沙床上进行。采用湿插法直插。扦插深度为插穗长度的 1/3～1/2。密度以插后叶片相互不覆盖为度。

（5）管理　扦插后设小拱棚，上覆塑料薄膜，再搭设遮阴网。最好采用自动间歇喷雾装置来保持空气相对湿度，防止高温危害插穗。按要求适时移植。

3. 检查

（1）插条是否符合扦插的要求，扦插深度是否符合要求。

（2）催根处理生根粉浓度、浸泡时间是否适宜。

【关键问题】

如何提高扦插成活率?

（1）选择优良插穗及处理　插穗应选择发育生长良好的母株、充实饱满的当年生绿枝、无病虫害枝条、无花苞枝条。扦插时要将插穗尽量剪至一般高，剪口下端一般为斜口，最好离最下一个芽眼 2mm 处为宜，以利于生根，上口要平整且离最上一个芽有 4mm 以上为宜，避免水分损失后上部切口干枯变色，造成扦插失败。

扦插时要尽量随剪随插，避免插穗失水萎蔫，影响生根成活。

（2）插穗发根处理　注意难生根的品种，特别是硬枝扦插，最好使用生根剂浸泡插穗的下端后扦插，以利于生根。其他方法，例如刻伤、温水浸渍（30～35℃、6～12h）、发根药剂处理等也可以提高生根率。

（3）在最佳的扦插时期扦插　草花类以多年生草花较适合扦插法，以生长期为主，尽量避免在开花期扦插。

（4）加强扦插后的管理　扦插后要立即浇透水，最好用细眼喷壶喷淋，不要使用大水冲灌，否则插穗易倒，影响植株成活。如果是盆插，最好用"浸盆法"进行浇水，既能浇透，又不会影响插穗的稳固性，以利于生根。基质要保持一定的湿度，不能干透再浇水，要在基质含水量在 30% 时就浇水，且要浇透。

扦插后有条件的可以用塑料薄膜覆盖，以保温保湿，这样能促进枝条快速生根，保证成活率。如果没有覆盖塑料薄膜，可以每天进行喷水 3～5 遍不等，以保证插穗不失水、不萎蔫。以后随着插穗的恢复生长，可以减少喷水的次数。

刚扦插的插穗要避开强烈的光照，最好在散射光条件下，既减少水分的蒸发，又利于插穗的生根。

注意：插穗在生根期中如有病情，需要及时喷杀菌剂进行防治。

【思考与讨论】

1. 根据植物扦插生根的难易可分为哪几类？常用的扦插方法有哪几种？
2. 一些多汁植物如仙人掌、景天等扦插时需要注意什么问题？
3. 影响扦插成活的主要因素有哪些？促进插条生根的方法主要有哪些？

【知识拓展】

1. 黄化处理　黄化处理是促进插穗生根的一种措施。用黑布、黑纸等将枝梢的基部裹罩，遮住光线一定时间后剪下扦插。多数原来不宜用扦插繁殖的苹果品种经处理后都能生根成活。枝条经黄化处理后使叶绿素消失、组织黄化、皮层增厚及薄壁细胞增多，有利于根原体的分化和生根。其原因是黄化部位增加了内源 IAA，减少了被认为有抑制生根作用的物质产生。处理时间须在扦插前21d进行。

2. 全光照喷雾扦插法　全光照喷雾扦插育苗是在控制喷雾的条件下，充分利用日照进行光合作用，利用介质便利排水，是插条发根快、成苗率高的一种快速育苗方法。与常规育苗相比，它具有简单易行、适应性强、生根期短、成活率高、出苗快和省时省力等优点，现已开始在生产上推广使用。

全光照喷雾扦插育苗的具体做法是：用砖在地上砌一个面积任意大小的苗床，里面铺上30cm左右厚的砻糠灰、蛭石、珍珠岩或黄沙等作为介质，床底交错平铺两层砖，以利排水，苗床上设立喷雾装置，喷出的雾粒越细越好。在扦插前2～3d打开喷头喷雾，让介质充分淋洗，以降低砻糠灰、珍珠岩等介质的碱性，同时使其下沉紧实，然后按常规扦插要求进行扦插。

扦插完后，就进入到插后的喷雾管理阶段。一般晴天要不间断地喷雾；阴天时喷时停；雨天和晚上完全停喷。在全光照喷雾育苗的条件下，桂花插条伤口愈合需30～40d，长出根系约需60d。一般插条上部叶芽萌动，表示下部已开始生根；待插条地上部长出1～2对叶片、以手轻提插条感觉有力时，表示根系生长已经比较完整，可以移苗上盆，或移进大田内继续培育。

任务三　压条繁殖

【案例】

图1-3　七叶树压条繁殖

思考1：压条繁殖（图1-3）枝条如何选择？

思考2：压条适宜的时间？

思考 3：如何进行压条繁殖？

【知识点】

1. 压条繁殖的概念和特点　压条繁殖是指将接近地面的枝条（一般要选用成熟而健壮的 1～2 年生枝条），在其适当部位将枝条环剥、刻伤，并可结合生根促进剂涂抹被切伤部分，然后将该部位埋入土中，待枝条生根后重新栽植，使其成为独立植株的方法。此法是一种枝条不切离母体的扦插法，多用于一些具有较长枝条、扦插生根较难较慢而根部又多丛生枝条的花卉，如桂花、腊梅、白兰花、结香、迎春、夹竹桃及米兰等。

压条繁殖由于枝条木质部仍与母株相连，可以不断地得到水分和矿质营养，枝条不会因失水而干枯，因此是一种安全可靠的繁殖方法。他的优点是成活率高、成苗快、开花早，能保持原有品种特性，不需要特殊养护，但缺点是占地较多，成苗量少。

2. 压条种类　根据压条状态不同，分为普通压条、水平压条、波状压条、堆土压条及高压法等方法。

（1）普通压条　又称单枝压条，是最普通的一种方法，适用于枝条离地面近且容易弯曲的树种，如腊梅、迎春、栀子、夹竹桃等。取接近地面的枝条作为压条材料，在压条部位的节下予以刻伤或作环状剥皮，然后曲枝压入土中，将枝条顶端露出地面，以竹钩固定，覆土 10～20cm 并压紧，待刻伤部位生根后切离母体并另行栽植。

（2）水平压条　又称沟压、连续压，是我国应用最早的一种压条方法，适用于枝条长且易生根的植物，如连翘、紫藤等。早春在母株附近适当处，沿着枝条的生长方向挖一些坑，将选用的枝条弯曲于地面，将枝条割伤几处，将割伤处埋入坑内，生根即可切断移植，成为新株。

（3）波状压条　适用于枝条长而柔软或为蔓性植物，如紫藤、常春藤、凌霄等。将植株枝条弯曲牵引到地面，在枝条上切伤数处，每处弯曲后埋入土中。待生根后，分别切开移植，即成为数个独立的新个体。

（4）堆土压条　又称直立压条或壅土压条法，适用于根蘗多的直立性的花灌木，如玫瑰、杜鹃、牡丹、柳杉等。在丛生枝条的基部近地面处刻伤，然后在其周围培土，纸条不需压弯可使其长出新枝，生根后分别移栽。

（5）高压法　此法又称高空压条法，多用于植株较直立，枝条坚硬而不易弯曲，又不易发生根蘗的种类，在当年生的枝条中，选取成熟健壮、芽饱满的枝条进行环状剥皮，外套塑料袋或容器（竹筒、瓦盆）包住环剥处，环剥的下部用绳扎紧，内填湿润的苔藓土，然后将上口也扎紧。1 个月左右生新根后剪下。解除包扎物另行栽植使其成为一个独立的植株，如山茶、龙血树、橡皮树等。

【任务实践】

实践一：园艺植物压条繁殖

1. 材料用具

（1）材料 当地常见花灌木。

（2）用具 修枝剪、铁锹、各种基质、喷壶。

2. 操作步骤

（1）选择适宜的压条时期 通常在早春进行，落叶花灌木此期芽尚未萌动，植物体内营养储蓄较多，而气温开始回升，有利于压条后根发生。为了促进生根，在萌芽前将欲生根部位刻伤。

（2）开压条沟 在母株附近适当处，沿着枝条的生长方向挖一条深宽各约20cm的沟，距母株近的一侧挖成斜坡状，长度依枝条长度而定。将疏松的表土放入沟底一薄层。

（3）固定枝条 将母株近地面的1～2年生枝条放入沟底，并于枝条向上弯曲处，插一木构以固定埋土。

（4）将枝条埋入土中，并适度填压使土壤与枝条密接。经过1～3个月，每个芽节处下方产生不定根，上方萌发新枝。

（5）压条后管理 压条后保持土壤的合理湿度，调节土壤通气和适宜的温度，适时灌水，及时中耕除草。同时，要注意检查埋入土中的枝条是否露出地面，若露出则需重压，留在地上的枝条如果太长，可适当剪去部分顶梢。

（6）分离生根植株 待成活后分别切离母体栽培。

3. 检查

（1）是否正确选择压条时间。

（2）深度正确，压条后管理插条必须阴干。

（3）土壤湿度、调节土壤通气、温度等。

实践二：高空压条繁殖

1. 材料用具

（1）材料 选用荔枝、石榴、桂花、梅花、米兰、含笑、夹竹桃常见园艺植物作为插穗。生根粉或萘乙酸、酒精等。

（2）用具 修枝剪、针管、刻刀、绑带等。

2. 操作步骤

（1）选择适宜的压条时期 高空压条法多在春季萌芽前进行，也可在夏季生长期间进行，在梅雨季节进行也有很好的效果。据试验，腊梅 40～50d 生根，月季 20～30d 生根。

（2）对一二年生的枝条刻伤或环状剥皮 刻伤与环剥的部位在节的下方，此处易于生根，剥去韧皮部的宽度为 1～2cm。

（3）绑缚 用对开的竹筒、花盆、厚纸筒或塑料薄膜包合于刻伤处，里面空隙处填上砻糠灰、苔藓、培养土、珍珠岩等物质。用塑料薄膜制成的高压套袋的内径一般为 4～5cm，长 8～10cm。

（4）注水 用针管注水，一直到有水滴落为止。此后保持湿润，但水分不宜过多。

（5）分离生根植株 生根后可切离母株。

3. 检查

（1）高压繁殖时，生根时间一般较长，3～4 个月，切离母株后，必须放置阴凉处，养护一段时间才可以移植。

（2）压条所用的土壤，必须疏松、湿润而富含有机质，更要与压条按实，压条之后，经常保持土壤湿润，土壤不可缺水干旱，否则会影响其成活生根。

（3）冬季严寒地区，必须用稻草、棉絮等包裹防寒，不能使压条受冻。

【关键问题】

如何提高压条成活率？

（1）选择适宜的枝条 通常从实生幼树上剪取的枝条扦插较易发根，但随着树龄的增大，发根率降低。枝龄较小比枝龄较大的扦插容易成活，因其皮层中幼嫩分生组织的生命力强。

（2）对枝条进行刻伤处理 要想让被压枝条尽快生根，必须事先制造伤口，在伤口产生愈伤组织的同时才容易萌生新根。常用的刻伤方法有以下几种。

①去皮法。对发根困难的花木应剥下一整圈皮层，随着将木质部上残存的形成层（皮层和木质部之间的淡绿色软膜）刮干净，这项措施叫做"环状剥皮"，简称"环剥"。环剥的宽度以 0.6～0.8cm 为宜，将伤口晾干后再埋入土中。

②刻痕法。在被压枝条节位的下方纵向削出 1～3cm 长的一道舌形伤痕，或横向环割 2～3 圈，深达木质部，不要剥皮。这种方法刻伤较轻，主要是为了涂抹生长激素来刺激生根。

③扭枝法。对那些枝条比较柔软、皮层和木质部容易分离的花木，可在压条前用双手强扭皮层，使皮层和木质部分离，从而刺激皮下的隐芽萌发而

生根。

④结扎法用棕线或尼龙线紧紧地把被压部位的节部绑死，深达木质部而将皮层绣断，使枝条先端叶片通过光合作用制造出来的糖类营养物质不能通过皮层内的筛管向下输送而截止在结扎处，对节部生根极为有利。

（3）使用植物生长调节剂及维生素　不同类型的生长调节剂如生长素、细胞分裂素、赤霉素、脱落酸等对根的分化有影响。生长素对植物茎的生长、根的形成和形成层细胞的分裂都有促进作用。吲哚乙酸、吲哚丁酸、萘乙酸都有促进不定根形成的作用。细胞分裂素在无菌培养基上对根插有促进不定芽形成的作用，脱落酸在扦插时也有促进生根的作用。因此，凡含植物激素较多的树种，扦插都较易生根，所以在生产上对插条用生长调节剂（吲哚丁酸或生根粉等）处理可以促进插条生根。

维生素是植物营养物质之一。烟碱在生根中是必需的。维生素和生长素混合用，对促进发根有良好的效果。

（4）在最佳的扦插时期扦插　压条的时期一般在早春发芽前，常绿树种则多在雨季进行。

（5）加强压条后的管理　温度白天气温 21～25℃、夜间约 15℃ 时有利压条生根。南方春季气温升高快于土温的升高，所以解决春季插条成活的关键在于采取措施提高土壤温度，使压条先发根、后发芽，以利于根系的水分吸收和地上部分的水分消耗趋于平衡。

土壤湿度和空气湿度对扦插或压条成活影响很大。发根前，芽萌发往往比根的形成早得多，而细胞的分裂、分化，根原体的生成，都需要一定的水分供应，所以压条后，土壤含水量最好稳定在最大持水量的 50%～60%，空气湿度越大越好。

【思考与讨论】

1. 常用的压条方法有哪几种？
2. 高空压条时需要注意什么问题？
3. 影响压条成活的主要因素有哪些？促进压条生根的方法主要有哪些？

【知识拓展】

葡萄压条繁殖技术要点

新梢压条：用来进行压条繁殖的新梢长至 1m 左右时，进行摘心并水平引缚，以促使萌发副梢。副梢长至 20cm 时，将新梢平压于 15～20cm 的沟中，填土 10cm 左右，待新梢半木质化、高度 50～60cm 时，再将沟填平。

夏季对压条副梢进行支架和摘心，秋季挖起压下的枝条，分割若干带根的苗木。

一二年生枝压条：春季萌芽前，将植株基部预留作压条的一年生枝条平放或平缚，待其上萌发新梢长度达到 15～20cm 时，再将母枝平压于沟中，露出新梢。如是不易生根的品种，可在压条前先将母枝的第一节进行环割或环剥，以促进生根。压条后，先浅覆土，待新梢半木质化后逐渐培土，以利于增加不定根数量。秋后将压下的枝条挖起，分割为若干带根的苗。

多年生蔓压条：在老葡萄产区，也有用压老蔓方法在秋季修剪时进行的。先开挖 20～25cm 的深沟，将老蔓平压沟中，其中 1～2 年生枝蔓待露出沟面，再培土越冬。在老蔓生根过程中，切断老蔓 2～3 次，以促进发生新根。秋后取出老蔓，分割为独立的带根苗。

任务四 分株繁殖

【案例】

图 1-4 分株繁殖

思考 1：分株繁殖适宜哪些花卉种类？

思考 2：分株繁殖适宜的时间？

思考 3：如何进行分株繁殖？

【知识点】

分株繁殖是园艺植物营养繁殖的方法之一，是指将植物体上生长出的幼小植物体分离出来，或将植物体营养器官的一部分如吸芽、珠芽、长匍茎、变态茎等与母株分离，另行栽植而形成独立植株的繁殖方法。所产生的新植株能保持母株的遗传性状，方法简便，易于成活，成苗较快，但繁殖系数较低，且切面较大，易感染病毒等病害。如图 1-4 所示。

1. 分株繁殖的类型

（1）分离繁殖　分离繁殖是将母株根际或地下茎发生的萌蘖切下另行栽植，培育独立生活的新株的方法。多用于宿根和易萌发根蘖的花卉及丛生灌木，如芍药、兰花、牡丹、玉簪、南天竹、十大功劳等。分离繁殖一般在春、秋两季进行。露地花卉中春天开花类如芍药、牡丹，在秋天进行。夏、秋两季开花类如玉簪、菊花等在春天进行。温室花卉如君子兰、非洲菊等春秋两季均可，但仍以春季出室时，结合换盆进行较多。

①宿根类的花卉的分株繁殖。宿根花卉地栽三、四年或盆栽二、三年后，丛株过大，需要重新种植或翻盆，可以在春、秋两季结合换盆进行分株。将母株掘起或倒盆后，用手或刀从根部将植株分开，一般分成 2～3 丛，分割的每一部分都要带根，然后单独种植或上盆，如鸢尾、春兰等。

②丛生型及萌蘖类灌木的分株繁殖。一些丛生型的灌木花卉，在秋季或早春掘起株丛，一般可分 2～3 株种植；另一类是易于产生根蘖的花卉，可将母株旁抽生的根蘖，带根割下来，另行种植，成为一个新植株，如腊梅、珍珠梅、迎春、竹、月季等。

（2）分球繁殖　大部分球根类花卉的地下部分分生能力都很强，每年都能长出一些新的球根。将球根类花卉在老球上边或侧面长出新球（子球），将其分离栽培，或将老球分裂的培育成新株的方法称为分球繁殖。

自然分球法：利用球根自然分生的能力，分离栽种新的球根。适用此方法的花卉有郁金香、风信子、水仙、百合、唐菖蒲等。球根大的当年可以开花，小的一般要培养 2～3 年才能开花。

人工分球法：有些花卉自然分球率低或不能收到效果，需要人工分球繁殖。

①挖空法。用于鳞茎类花卉种类。将母球充分干燥，在球底部挖掉全球的 1/4～1/3，去掉中心牙，栽植于适宜环境中培养，在鳞片切口处发生许多小球。此法产生小球量多，但小，繁殖时间长。

②分割法。将球茎分割成多个小块，每块带芽眼，分别栽植，新牙萌发后，地下形成新的球茎，也许要培养几年才能开花。

③伤痕法。球成熟后，现将球底削平，再在球底交叉切入 2～3 刀，小球即在伤口发生，此法所得球较少，但球大。

④分吸芽。吸芽为某些植物根际或地上茎叶腋间自然发生的短缩、肥厚呈莲坐状的短枝，其下部可自然生根，可从母株上分离而另行栽植。在根际发生吸芽的有芦荟、红景天等；地上茎叶腋间发生吸芽的有菠萝等。

⑤分株芽及零余子。分株芽及零余子是某些植物所具有的特殊形式的芽，

百合科的一些花卉都具有，如卷丹珠芽生于叶腋间，观赏葱类珠芽生于花序中，薯蓣类特殊芽呈鳞茎状或块茎状，称零余子。珠芽及零余子脱离母株后自然落地即可生根。

⑥分走茎。分走茎是指自叶丛抽出的节间较长的茎。节上着生叶、花和不定根，也能产生幼小植株。分离小植株另行栽植即可形成新株。以走茎繁殖的植物有草莓、虎耳草、吊兰等。葡萄茎也与走茎相似，但节间稍短，横走地面并在节处生不定根和芽，多见于禾本科的草坪植物，如狗牙根等。

【任务实践】

实践一：分株繁殖

1. 材料用具

（1）材料　萱草、鸢尾、玉簪母株。

（2）用具　利刀、铁锹、各种基质、喷壶。

2. 操作步骤

（1）母株选择　母株应选择分蘖多，无病虫害的植株，一般生长 3 年以上的具有 4 个芽以上的植株。

（2）分株时间　春、秋两季都可进行，春季分株应在 3 月初至 3 月中旬进行，秋季分株宜在 10 月底至 11 月下旬进行。

（3）分株方法　将萱草、鸢尾、玉簪等待分株的母株从土中连根掘起，用修枝剪剪去枯、残、病、老花，然后从根茎处顺根系自然分离的地方，用手掰开或用利刀切开。视植株分成 2～3 小丛，尽量减少根基损伤，以利于植株恢复生长

（4）定植　再进行分株繁殖时应将植株上部叶片剪去，留 20cm 左右进行定植。栽植间距依种类而异，强健品种为 50cm×50cm，一般品种 20cm×20cm，栽植时最好随起、随分、随载，种植得不要太深，根颈处与表土平齐为宜。种植后浇足水，保持土壤湿润。如果有条件可适当遮阴。

3. 检查

（1）是否正确选择分株时间。

（2）分开的植株栽植前需放置一段时间。

实践二：分球繁殖

1. 材料用具

（1）材料　选用美人蕉根茎、大丽花块根、唐菖蒲球茎等。

（2）用具　利刀、铁锹、各种基质、喷壶。

2. 操作步骤

（1）种类选择 选保存良好、无病虫害的美人蕉根茎、大丽花块根、唐菖蒲球茎。

（2）分球方法 取美人蕉根茎，用利刀分割成数块，每块带2～3个芽及少量须根，切口涂抹草木灰，分别栽植。

大丽花的块根，仅根芽部位有芽。分割时用利刀从根茎处带1～2个芽切开，在切口涂抹草木灰防腐，然后分别栽植。若根系上的芽点不明显或不易被辨认，可提前催芽，待发芽后再用上述方法分割。

唐菖蒲分球，每年秋后，当唐菖蒲枯萎后，将地下球茎挖出，母球周围一般有2个以上新球，新球上又附生着许多小球。将其分开，剔除老球，再按大小分类，装入布袋，挂在通风处，阴干备用。用新的大球茎繁殖，可当年开花；用子球繁殖，第二年才能开花。如果球茎数量少，想多繁殖，可采用切开球茎的方法进行繁殖。两年生的球茎一般有4～6个芽眼，呈直线排列，用刀切球茎时，要使每部分都带有芽眼和生根部分，栽植后才能萌芽生根，长成新的植株。

（3）栽植。

3. 检查

（1）分球时间是否适宜。

（2）栽植前伤口是否进行消毒处理。

【关键问题】

如何提高园艺植物分株成活率？

（1）选择适合分株的季节：酷寒或酷热不宜分株，避免寒害或脱水死亡。

（2）避免在开花期间分株，开花期间勿分株，否则影响开花。

（3）应确定新株已发根，以利提升成活率。

（4）分株前减少灌水，方便分株作业。

（5）分株宜在傍晚进行，茎叶水分养分消耗减缓。

【思考与讨论】

1. 园艺植物分离繁殖包括哪几类？
2. 分株繁殖时需要注意什么问题？
3. 影响分株成活的主要因素有哪些？
4. 适宜分球繁殖的园艺植物有哪些？

【知识拓展】

兰花是我国的十大名花之一，以其超凡脱俗的气质为我国人民所喜爱。兰花常规繁殖以分株为主，兰花分株繁殖应注意以下几点。

1. 分株时期　分株通常在种植后二三年，兰簇已经长满全盆时进行；也有为快速增加品种数量，对具有 4 株以上的连体兰簇进行分株的；还有为防止芽变及植株的退化，对仅是一老一新连体子母簇株进行分株的。

兰花的分株繁殖，一般一年四季均可进行。按其生理特性，最佳时机是在花期结束时，因为此时兰株的营养生长疲顿，不仅新芽没有萌发，而且连芽的生长点也尚未膨大，不易分株，易造成误伤。同时，花期已结束，一般不会再有花芽长出，也就不存在因分株而损害花芽的问题了。另外，通过分株，还可以促其营养生长的活跃，提高兰簇的复壮力和萌芽率。

2. 分株方法、步骤

（1）起苗　对已长满盆的兰盆，脱盆时不可强行将其拔出，否则对兰簇损伤太大。因此，应毫不吝惜地将兰盆敲破，取出兰苗。然后抖掉根团中的基质，进行分簇。如果基质板结或黏腻，就只能用水冲散后再分簇了。

（2）洗根、晾根　洗根最好用自来水冲刷。泡洗容易传染菌病。基质洗去后，将兰簇摊在日光下，用遮阳网遮住兰叶，将兰根翻晒二三小时，使兰根柔软、坚韧，以利于分株。

（3）分株　因兰花植株喜聚簇而生，故应依其习性，以二代或三代的连体株为单位进行分离。

（4）清杂、消毒　进行分株繁殖时，要剪除枯朽的叶梢和叶柄，其伤口可用多菌灵、托布津杀菌剂涂抹消毒。

3. 栽植注意事项　分离后的兰簇，在上盆栽植时应注意两点：

（1）别让含有基肥的基质靠近兰株创口，以防溃烂。有效办法是用厚纸或薄塑料板做一个比兰盆直径小二三厘米的套筒，套住茎根，置于花盆内后，先在套筒内充填不含基肥的基质，后在套筒外充填掺加基肥的基质，填好后再小心取出套筒。

（2）在基质未偏干时，不能浇水；在新根未长出时，尽量不施肥，以防发生烂根。但可以一周喷施叶面肥或促根剂一次。也可将叶面肥和促根剂稀释数倍后，做隔天喷施。

任务五　嫁接繁殖

【案例】

观察 1：图 1-5 中的植物是嫁接而来的，还是自然长成的？

观察 2：图 1-5 中植物有哪些部分构成？

图 1-5 蟹爪兰嫁接

案例：图 1-5 中所示植物是蟹爪兰嫁接在仙人掌上长成的。方法是在仙人掌砧木的适当位置用消毒过的刀横切一刀，然后再从砧木髓部垂直纵切成深 1～2cm 的 V 形裂口，摘取 1～2 节健壮蟹爪兰植株茎节作接穗，并将其削成 V 形；立刻把接穗插入砧木切口中央，用蜡将整个切口密封。用同样的方法在三个棱角各切一个 V 形裂口，将 3 片削好的接穗分别插到砧木的 3 个棱裂口处，同时蜡封。将接口的植株置于温暖遮阴处，半个月后，若接穗保持鲜绿不皮软，证明嫁接成功，再过半个月即可转入正常管理。

【知识点】

嫁接即人们有目的地将一株植物上的枝条或芽，接到另一株植物的枝、干或根上，使之愈合生长在一起，形成一个新的植株。通过嫁接培育出的苗木称嫁接苗。用来嫁接的枝或芽叫接穗或接芽，承受接穗的植株叫砧木。嫁接用符号"＋"表示，即砧木＋接穗，也可用"/"来表示，但它的意义与"＋"表示的相反，一般接穗放在"/"之前。如桃/山桃，或山桃＋桃。

1. 嫁接苗的特点

（1）嫁接苗能保持优良品种接穗的性状，且生长快、树势强、结果早。因此，有利于加速新品种的推广应用。

（2）可以利用砧木的某些性状如抗旱、抗寒、耐涝、耐盐碱、抗病虫等增强栽培品种的适应性和抗逆性，以扩大栽培范围或降低生产成本。

（3）在果树和花木生产中，可利用砧木调节树势，使树体矮化或乔化，以满足栽培上或消费上的不同需求。

（4）多数砧木可用种子繁殖，故繁殖系数大，便于在生产上大面积推广种植。

2. 嫁接成活的原理与影响因素

（1）嫁接成活的过程　当接穗嫁接到砧木上后，在砧木和接穗伤口的表面，由于死细胞的残留物形成一层褐色的薄膜，覆盖着伤口。随后在愈伤激素的刺激下，伤口周围细胞及形成层细胞分裂旺盛，并使褐色的薄膜破裂，形成愈伤组织。愈伤组织不断增加，接穗和砧木间的空隙被填满后，砧木和接穗的愈合组织的薄壁细胞便互相连接，将两者的形成层连接起来。愈合组织不断分化，向内形成新的木质部，向外形成新的韧皮部，进而使导管和筛管也相互沟通，这样砧穗就结合为统一体，形成一个新的植株。

（2）影响嫁接成活的因子　砧木与接穗的亲和力：嫁接、亲和力即指砧木和接穗经嫁接能愈合并正常生长的能力。具体地讲，指砧木和接穗内部组织结构、遗传和生理特性的相识性，通过嫁接能够成活以及成活后生理上相互适应。嫁接能否成功，亲和力是其最基本的条件。亲和力越强，嫁接愈合性越好，成活率越高，生长发育越正常。一般亲缘关系越近，亲和力越强。

砧、穗不亲和或亲和力低现象的表现形式很多，如下所述。

①愈合不良：嫁接后不能愈合，不成活；或愈合能力差，成活率低。有的虽能愈合，但接芽不萌发；或愈合的牢固性很差，萌发后极易断裂。

②生长结果不正常：嫁接后虽能生长，但枝叶黄化，叶片小而簇生，生长衰弱，以致枯死。有的早期形成大量花芽，或果实肉质变劣，果实畸形。

③砧穗接口上下生长不协调，造成"大脚"、"小脚"或"环缢"现象。

④后期不亲和：有些嫁接组合接口愈合良好，能正常生长结果，但经过若干年后表现严重不亲和。如桃嫁接到毛樱桃砧上，进入结果期后不久，即出现叶片黄化、焦梢、枝干，甚至整株衰老枯死的现象。

（3）嫁接的时期　嫁接成败与气温、土温及砧木与接穗的活跃状态有密切关系。要根据树种特性、方法要求，选择适期嫁接。在雨季、大风天气嫁接都不好。

（4）温度　一般以20～25℃为宜。不同树种和嫁接方式对温度的要求有差异。如葡萄室内嫁接的最适温度是24～27℃，超过29℃则形成的愈伤组织柔嫩，栽植时易损坏，低于21℃愈合组织形成缓慢。

（5）接口湿度　保持较高的湿度利于愈伤组织形成，但不要浸入水中。

（6）氧气　愈伤组织的形成需要充足的氧气，尤其对某些需氧较多的树种，如葡萄硬枝嫁接时，接口宜稀疏的加以绑缚，不需涂蜡。

（7）光线　光线对愈伤组织生长有抑制作用。

（8）砧穗质量　接穗和砧木发育充实，贮藏营养物质较多时，嫁接易于成活。草本植物或木本植物的未木质化嫩梢也可以嫁接，要求较高的技术，如野生西瓜嫁接无籽西瓜。

（9）嫁接技术　要求动作速度快、削面平、形成层对准、包扎捆绑紧、封口要严。

3. 砧木与接穗的相互影响

（1）砧木对接穗的影响　砧木对地上部的生长有较大的影响。有些砧木可使嫁接苗生长旺盛高大，称乔化砧，如海棠、山定子是苹果的乔化砧；棠梨、杜梨是梨的乔化砧。有些砧木使嫁接苗生长势变弱，树体矮小，称矮化砧，如 M_9、M_{26} 等为苹果的矮化砧。

砧木对嫁接树进入结果期的早晚、产量高低、质量优劣、成熟迟早及耐贮性等都有一定的影响。一般嫁接在矮化砧上的树比乔化砧上的树结果早、品质好。

对抗逆性和适应性的影响。目前生产上所用的砧木，多系野生或半野生的种类或类型，具有较强而广泛的适应能力，如抗寒、抗旱、抗涝、耐盐碱、抗病虫等。因此，可以相应地提高地上部的抗逆性。

（2）接穗对砧木的影响　接穗对砧木根系的形态、结构及生理功能等，也会产生很大的影响。如杜梨嫁接上鸭梨后，其根系分布浅，且易发生根蘖。

（3）中间砧对砧木和接穗的影响　在乔化实生砧（基砧）上嫁接某些矮化砧木（或某些品种）的茎段，然后再嫁接所需要的栽培品种，中间那段砧木称矮化中间砧（或中间砧）。中间砧对地上、地下部都会产生明显的影响。如 M_9、M_{26} 作元帅系苹果中间砧，树体矮小，结果早，产量高，但根系分布浅，固地性差。

4. 砧木的选择及接穗的采集和贮运

（1）砧木选择　不同类型的砧木对气候、土壤环境条件的适应能力，以及其对接穗的影响都有明显差异。选择砧木需要依据下列条件。

①与接穗有良好的亲和力；资源丰富，易于大量繁殖。

②对接穗生长、结果有良好影响，如生长健壮、早结果、丰产、优质等。

③对栽培地区的环境条件适应能力强，如抗寒、抗旱、抗涝、耐盐碱等。

④能满足特殊要求，如矮化、乔化、抗病。

（2）接穗的采集　为保证品种纯正，应从良种母本园或经鉴定的营养繁殖系的成年母树上采集接穗。接穗本身必须生长健壮充实，芽子饱满。

由于嫁接时期、方法和树种不同，用作接穗的枝条要求也不一样。秋季芽接，用当年生的发育枝；春季嫁接多用1年生的枝条；夏季嫁接，可用贮藏的1年生或多年生枝条，也可用当年生新梢。

（3）接穗的贮藏　硬枝接或春季芽接用的接穗，可结合冬季修剪工作采集。采下后要立即修整成捆，挂上标签标明品种、数量，用沟藏法埋于湿沙中贮存起来，温度以0～10℃为宜。少量的接穗可放在冰箱中。近年来，一般采用贮存蜡封接穗的方法，其优点是对接穗保湿效果好，使田间操作简便，只需把接口部分用塑料薄膜绑缚严密即可，接穗部分不用另加措施保湿。实践证明，对硬枝接穗采用蜡封技术，可显著提高嫁接成活率。不贮存的接穗，嫁接前蜡封也可。

生长季进行嫁接（芽接或绿枝接）用的接穗，采下后要立即剪除叶片，保留叶柄，以减少水分蒸发。剪去梢端幼嫩部分后打捆，挂标签，写明品种与采集日期，用湿草、湿麻袋或湿布包好，外裹塑料薄膜保湿更好，但要注意通气。一般随用随采为好，提前采的或接穗数量多一时用不完的，可悬吊在较深的井内水面上（注意不要沾水），或插在湿沙中。短时间存放的接穗，可以插泡在水盆里。

（4）运输　异地引种的接穗必须做好贮运工作。蜡封接穗，可直接运输，不必经特殊包装。未蜡封的接穗及芽接、绿枝接的接穗及常绿果树接穗要保湿运输。将接穗用锯木屑或清洁的刨花包埋在铺有塑料薄膜的竹筐或有通气孔的木箱内。接穗量少时可用湿草纸、湿布、湿麻袋包卷，外包塑料薄膜，留通气孔，随身携带，注意勿使受压。运输中应严防日晒、雨淋。夏秋高温期最好能冷藏运输，途中要注意检查湿度和通气状况。接穗运到后，要立即打开检查，安排嫁接和贮藏。

5. 嫁接的时期

（1）枝接的时期　枝接一般在早春树液开始流动，芽尚未萌动时为宜。北方落叶树在3月下旬至5月上旬，南方落叶树在2～4月份；常绿树在早春发芽前及每次枝梢老熟后均可进行。北方落叶树在夏季也可用嫩枝进行枝接。

（2）芽接的时期　一般以夏秋芽接为主。绝大多数芽接方法都要求砧木和接穗离皮（指木质部与韧皮部易分离），且接穗芽体充实饱满时进行为宜。落叶树在7～9月份，常绿树在9～11月份进行。当砧木和接穗都不离皮时采用嵌芽接法。

6. 嫁接的方法　嫁接按所取材料不同，可分为芽接、枝接、根接三大类。

（1）芽接法　凡是一个芽片作接穗的嫁接方法称芽接。优点是操作方法简便，嫁接速度快，砧木和接穗的利用都经济，1 年生砧木即可嫁接，而且容易愈合，接合牢固，成活率高，成苗快，适合于大量繁殖苗木。适宜芽接的时期长，且嫁接当时不剪断砧木，1 次接不活，还可进行补接。常见的芽接方式有以下几种。

①T 形芽接：因砧木的切口很像 T 字，也叫 T 字形芽接。T 形芽接是果树育苗上应用广泛的嫁接方法，也是操作简便、速度快和嫁接成活率最高的方法。

②嵌芽接：对于枝梢具有棱角或沟纹的树种，如板栗、枣等，或其他植物材料砧木和接穗均不离皮时，可用嵌芽接法。

（2）枝接法　把带有数芽或 1 芽的枝条接到砧木上称枝接。枝接的优点是成活率高，嫁接苗生长快。常见的枝接方法有切接、劈接、插皮接、腹接和舌接等。

①切接。适用于根颈 1～2cm 粗的砧木坐地嫁接。

②劈接。这是一种古老的嫁接方法，应用很广泛。对于较细的砧木也可采用，并很适合于果树高接。

③舌接。常用于葡萄的枝接，一般适宜砧穗粗细大体相同的嫁接。

（3）根接法　以根系作砧木，在其上嫁接接穗。用作砧木的根可以是完整的根系，也可以是一个根段。如果是露地嫁接，可选生长粗壮的根在平滑处剪断，用劈接、插皮接等方法。也可将粗度 0.5cm 以上的根系，截成 8～10cm 长的根段，移入室内，在冬闲时用劈接、切接、插皮接、腹接等方法嫁接。若砧根比接穗粗，可把接穗削好插入砧根内；若砧根比接穗细，可把砧根插入接穗。接好绑缚后，用湿沙分层沟藏，早春植于苗圃中。

【任务实践】

实践一：芽接

1. 材料用具

（1）材料　供嫁接用的接穗和砧木各若干。

（2）用具　修枝剪、芽接刀、枝接刀、盛穗容器、湿布、塑料绑扎条、油石等。

2. 方法步骤

（1）剪穗　采穗母本必须是具有优良性状、生长健壮、无病虫害的植株。选采穗母本冠外围中上部向阳面的当年生、离皮的枝作接穗。采穗后要立即去掉叶片（带 0.5cm 左右的叶柄）。注意穗条水分平衡。

（2）嫁接方法　主要进行 T 字形芽接和嵌芽接实习。

（3）嫁接技术　切削砧木与接穗时，注意切削面要平滑，大小要吻合，用麻绳或塑料薄膜带将切口处扎好，绑扎要紧松适度，叶柄可以露出，也可以不外露。

（4）管理　接后要及时剪断砧木，两周内要检查成活率并解绑、适时补接、除萌和进行其他管理措施。

3. 检查

（1）剪穗是否符合嫁接要求。

（2）嫁接的切面是否平滑，嫁接后是否剪断了砧木。

实践二：枝接

1. 材料用具

（1）材料　供嫁接用的接穗和砧木各若干。

（2）用具　修枝剪、芽接刀、枝接刀、盛穗容器、湿布、塑料绑扎条、油石等。

2. 方法步骤

（1）采穗　枝接采穗要求用木质化程度高的一、二年生的枝。穗可以不离皮。

（2）嫁接方法　主要进行劈接、切接、插皮接等的实习。

（3）嫁接技术　切削接穗与砧木时，注意切削面要平滑，大小要吻合；砧木和接穗的形成层一定要对齐、绑扎要紧松适度。嫁接后要套袋或封蜡保湿。

（4）嫁接后及时检查成活率，及时松绑，做好除萌、立支柱等管理工作。

3. 检查

（1）剪穗是否符合嫁接要求。

（2）嫁接的切面是否平滑。嫁接后是否剪断了砧木。

实践三：根接

1. 材料用具

（1）材料　供嫁接用的接穗和砧木各若干，如观赏桃、银杏。

（2）用具　修枝剪、嫁接刀、竹签、盛穗容器、夹子等。

2. 方法步骤

（1）砧根收集　在园艺植物休眠时，收集 5 年内生的根系，选其颈根多、无病虫、未损伤、直径 0.5～1.5cm 的作砧根。把砧根捆成小把，置于室内湿沙坑中埋藏备用，坑内沙的湿度应保持手握成团、手松即散的状态。

（2）接穗采集　一般在嫁接时随采随接。应选择优质、抗逆性强的优良品种，在树冠外围剪一年生叶芽饱满的壮枝作接穗。如果在冬季结合修剪采集接穗，应将接穗捆成小把，埋在湿沙坑中贮藏备用，其沙的湿度应与贮藏砧根湿沙相同。

（3）嫁接方法　嫁接宜在园艺植物即将萌动时进行。可在室内或室外背风处嫁接。常用切接和劈接法，接穗长 8～12cm，保留根砧须根；在砧根上端（大头）光滑平直的一边作接位，两者形成层至少要对准一边，用塑料薄膜带绑扎好接口。

（4）提早整地　应在接苗定植前的上年冬季整地挖穴，回填细碎表土，分层施足基肥，回填的土壤要高出地面 20cm 以上。当次年春季接苗定植时，种植穴的土壤已陷实，并且含有较多的水分，有利于接苗定植后的成活和生长。

（5）接苗定植　定植前接苗用适宜的塑料袋套住，下口在接口下扎住。定植时在种植穴内挖小穴，将砧根置于穴内，把细土培壅于根际，覆盖土壤至接口下 3cm 处，踩紧土壤，并做成馒头形。定植后要用大于穴面的地膜覆盖穴面，中间剪孔使接穗露出，地膜四周和中间用土壤压实。如土壤干燥，定植时要浇定根水。

（6）植后管理　穴内土壤干燥时，可在穴中间浇水。当接穗新梢充满塑料膜袋时，剪去膜袋上端，使新梢露出，数天后除去套袋并选留一根健壮的新梢培养成树冠，余者抹除，并解除膜袋。此后应根据接苗生长情况，进行集约管理，第二年可结果，第三年能丰产。

3. 检查

（1）剪穗是否符合嫁接要求。

（2）嫁接用的竹签是否消毒过。嫁接后接口处是否腐烂。

【关键问题】

如何提高嫁接的成活率？

一是选择亲和力强的砧木和接穗。

二是选择生命力强的砧木和接穗。

三是选择适宜的时间嫁接。一般枝接宜在果树萌发前的早春进行，因为此时砧木和接穗组织充实，温度、湿度等也有利于形成层的旺盛分裂，加快伤口愈合。而芽接则应选择在生长缓慢期进行，以今年嫁接成活，明年春天发芽成苗为好。

四是利用植物激素促愈合。接穗在嫁接前用植物激素进行处理，如用 200～300mg/kg 的萘乙酸浸泡 6～8h，能促进形成层的活动，从而促进伤口愈合，提高嫁接的成活率。

　　五是技术操作要规范，要求快、平、准、紧、严。

　　六是加强嫁接后的管理。及时剪去接芽以上砧木，以促进接芽萌发；剪砧后砧木基部会发生许多萌蘖，须及时除去，以免消耗水分和养分。接穗成活、萌发后，遇有大风易被吹折或吹歪，会影响成活和正常生长。需将接穗用绳捆在立于其旁边的支柱上，直至生长牢固为止。

【思考与讨论】

　　1. 嫁接成活的原理是什么？嫁接后如何管理？

　　2. 嫁接繁殖有哪些优点？嫁接方法有哪几种？

　　3. 影响嫁接成活的主要因素有哪些？

【知识拓展】

图1-6　辣椒-茄子的靠接

图1-7　萝卜-甘蓝

　　1. 远缘嫁接　远缘嫁接就是不同科、属、种之间的嫁接。远缘嫁接在育种上的运用源于20世纪的前苏联科学家米丘林，在育种上叫蒙导，就是通过砧木性状的转移实现接穗品种的突变来培育植物新品种。如图1-6、图1-7所示。

　　随着生物科技知识的普及及人们对自然科学知识的追求，在新时期的观光农业科普教育基地中，也有它尽展风姿的一块天地，就是利用远缘嫁接技术培育一些形态变异或性状超群的超级怪异植物，让一些看似风马牛不相及的植物组合在一起，对观光者产生视觉及理性认识的震撼，从而达到观光吸引人的效果。在这种科学临界交叉的边缘，常常会产生令人不可思议的结果与实证，观光农业也就是利用这种令人费思的效果起到了轰动效应。

　　2. 微嫁接　微嫁接是一种在试管内将砧木与接穗进行嫁接的技术，它是植物组织培养与嫁接技术的结合。应用微体嫁接技术，已得柑橘、桃等木本植物无病毒苗。

（1）微嫁接的种类　根据所选接穗不同分为茎尖嫁接、微枝嫁接、愈伤组织嫁接和细胞嫁接等。

①茎尖嫁接是指在无菌条件下将生长枝的茎尖嫁接在去顶的试管苗或茎段上，在适宜的条件下培养成为新植株。

②微枝嫁接是指在无菌条件下将试管苗的茎段嫁接到另一株去顶的试管苗或茎段上，在适宜条件下培养成为新植株。

③愈伤组织嫁接是指将不同植物的愈伤组织进行混合培养，以获得嫁接嵌合体的方法，它可避免整体嫁接时由切割造成的隔离层对接穗与砧木细胞真正关系的掩盖作用。

④细胞嫁接是指将不同植物的细胞或原生质体进行混合并继代培养，诱导根、茎、叶的分化，形成植株。

（2）特点　与常规的嫁接方法相比，微嫁接具有其自身特有的优越性。

①周期短、费用低、占地少、成活率高，有利于进行嫁接亲和力的研究。

②进行微嫁接后，生长条件可人为控制，提高了有关科学研究的可信度。

③不受季节的限制和环境的影响，可以在实验室常年进行。

任务六　组织培养

【案例】

图 1-8　蝴蝶兰

蝴蝶兰花姿婀娜，花色高雅，在世界各国广为栽培。蝴蝶兰如何繁殖？

思考 1：蝴蝶兰喜欢什么样的栽培环境？

思考 2：蝴蝶兰能不能进行种子繁殖？

思考 3：蝴蝶兰能不能用组织培养方式繁殖？如能，如何进行？

蝴蝶兰花梗繁殖法是先选择成熟及健壮的兰花，整枝剪下花梗后去掉花梗的上部及尾端，将剩下的花梗斜剪成约 3cm 且带有腋芽的短截，之后用脱脂棉蘸取 70％酒精由下往上反复擦拭，在腋芽外的苞叶薄膜也要仔细地擦拭内部，然后用刀片将此苞叶薄膜割下，完成后在烧杯内用 70％酒精消毒 5min（要注意，花梗如果太长，培养的结果可能只长花梗而不生小苗），之后置于次氯酸钠液中消毒 10min，再取出花梗用无菌水冲洗 3 次，每次 1min，然后直接将此花梗接种至培养瓶内移至培养室中培养。当芽从花梗上长大后切下置入另一培养瓶内使其生根，此时若改变培养基的组成成分及环境的光线，即可控制所需的芽体，如加入生长激素（如：BA 5mg/L，NAA 1mg/L）在培养基中，可长出原球茎或不定芽，经分切生根等步骤，瓶苗数成级数成长，可培养出大量的无菌兰花组培苗。如图 1-8 所示。

【知识点】

植物组织培养是指通过无菌操作，把植物体的器官、组织或细胞（即外植体）接种于人工配制的培养基上，在人工控制的环境条件下培养，使之生长、发育成植株的技术与方法。由于培养物是脱离植物母体，在试管中进行培养的，所以也叫离体培养。

1958 年，英国科学家 Steward 等用月季根的愈伤组织细胞进行悬浮培养，成功诱导出胚状体并分化为完整的小植株，不但使细胞全能性理论得到证实，而且为组织培养的技术程序奠定了基础。

1. 应用领域

（1）快速繁殖　运用组织培养的途径，一个单株一年可以繁殖几万到几百万个植株。例如，一株兰花一年繁殖到 400 万株。

（2）种苗脱毒　针对病毒对农作物造成的严重危害，通过组织培养可以有效地培育出大量的无病毒种苗。

（3）远缘杂交　利用组织培养可以使难度很大的远缘杂交取得成功，从而育成一些罕见的新物种。

（4）突变育种　采用组织培养可以直接诱变和筛选出具抗病、抗盐、高赖氨酸、高蛋白等优良性状的品种。

（5）基因工程　基因工程主要研究 DNA 的转导，而基因转导后必须通过组织培养途径才能实现植株再生。

（6）生物制品 有些极其昂贵的生物制品，如抗癌首选药物——紫杉醇等，可通过组织培养方式生产。

2. 植物组织培养的分类 广义的组织培养依外植体不同，可分为以下几种。

（1）器官培养。

（2）茎尖分生组织培养。

（3）愈伤组织培养。

（4）细胞培养。

（5）原生质体培养。

外植体：由活体植物体上提取下来的，接种在培养基上的无菌细胞、组织、器官等。

愈伤组织：人工培养基上在外植体上形成的一团无序生长状态的薄壁细胞。

3. 植物组织培养特点

（1）培养条件可以人为控制。

（2）生长周期短，繁殖率高。

（3）管理方便，利于工厂化生产和自动化控制。

4. 培养基 培养基是植物组织培养的重要基质。培养基的成分主要可以分水、无机盐、有机物、天然复合物、培养体的支持材料等五大类。

国际上流行的培养基有几十种，常用的培养基有 MS 培养基、B_5 培养基、White 培养基、N_6 培养基。

MS 培养基：1962 年由 Murashige 和 Skoog 为培养烟草细胞而设计的。特点是具有无机盐且离子浓度较高，为较稳定的平衡溶液。其养分的数量和比例较合适，可以满足植物的营养和生理需要。它的硝酸盐含量较其他培养基为高，广泛地用于植物的器官、花药、细胞和原生质体培养，效果良好。

B_5 培养基：1968 年由 Galmborg 等为培养大豆根细胞设计的。其主要特点是含有较低的铵，这可能对不少培养物的生长有抑制作用。

White 培养基：是 1943 年由 White 为培养番茄根尖而设计的。1963 年 White 又对其做了改良，改良品被称作 White 改良培养基。改良培养基提高了 $MgSO_4$ 的浓度和增加了硼素。其特点是无机盐含量较低，适于生根培养。

N_6 培养基：1974 年朱至清等为水稻等禾谷类作物花药培养而设计的。其特点是成分较简单，KNO_3 和 $(NH_4)_2SO_4$ 含量高。在国内已广泛应用于小麦、水稻及其他植物的花药培养和其他组织培养。

5. 园艺植物组织培养实验原理

（1）植物细胞的全能性　植物细胞具有该植物体全部遗传的可能性，在一定条件下具有发育成完整植物体的潜在能力。科学研究表明，处于离体状态的植物活细胞，在一定的营养物质、激素和其他外界条件的作用下，就可能表现出全能性，发育成完整的植株。人工条件下实现的这一过程，就是植物组织培养。

（2）植物细胞的全能性的表达

脱分化：将来自分化组织的已停止分裂的细胞从植物体部分的抑制性影响下解脱出来，恢复细胞的分裂活性。

再分化：经脱分化的组织或细胞在一定的培养条件下可转变为各种不同细胞类型的能力。

6. 无菌　无菌技术是植物组织培养能否获得成功的关键。植物组织培养不同于扦插、分根、叶插等常规无性繁殖。用植物组织培养所利用的植物材料体积小、抗性差，所以对培养条件的要求较高，对无菌操作的要求非常严格。如果不小心引起污染，将可能造成培养工作前功尽弃。

无菌技术包括培养基消毒灭菌和植物材料（外植体）的消毒灭菌。对培养材料进行表面灭菌时，一方面要考虑药剂的消毒效果；另一方面还要考虑植物材料的耐受能力。不同药剂、不同植物材料，甚至不同器官要区别对待。

【任务实践】

实践一：接种

1. 材料用具

（1）材料　接种材料（根、茎、叶等）；无菌水。

（2）用具　超净工作台、75%的酒精、盛有培养基的培养瓶、接种器械（主要指解剖刀、剪刀、镊子等）、接种器械灭菌器、0.1%的升汞（或漂白粉）。

2. 操作步骤

（1）在接种前打开接种室紫外灯照射20min。

（2）正式接种前30min，开超净工作台上的紫外灯和风机，20～30min后接种。

（3）用肥皂水洗净双手，在缓冲间内穿好灭过菌的实验服、帽子与拖鞋，进入接种室。

（4）用75%的酒精擦拭工作台面和双手。

（5）用蘸有 75％酒精的纱布擦拭装有培养基的培养器皿，放进工作台。

（6）把解剖刀、剪刀、镊子等器械放入灭菌器中。

（7）把植物材料放进 75％的酒精中浸泡约 30s，再在 0.1％的升汞中浸泡 5～10min，或在 10％的漂白粉溶液中浸泡 10～15min，浸泡时可进行搅动，使植物材料与灭菌剂有良好的接触，然后用无菌水冲洗 3～5 次。

（8）用火焰烧瓶口，转动瓶口使瓶口各部分都烧到，打开瓶口。

（9）取下接种器械，在火焰上灭菌。

（10）小心打开三角瓶，把外植体用镊子插入瓶内，摆正位置，盖上封口膜。操作期间应经常用 75％酒精擦拭工作台和双手，接种器械应反复在灭菌器中灭菌。

（11）用记号笔在瓶壁上写明培养材料、培养基代号、接种日期。

（12）接种结束后，清理和关闭超净工作台。

（13）培养：接种完毕后，取出培养瓶，置于 25℃光照培养箱中培养。观察记录生长情况，并照相存档。

3. 检查

（1）消毒时间是否精确。

（2）打开封口膜后操作时有无瓶口朝上。

（3）接种操作是否符合规范。

实践二：百合鳞茎的组织培养

1. 材料用具

（1）材料　百合。

（2）仪器　超净工作台、解剖刀、长把镊子、烧杯（500mL）、培养皿等。

（3）试剂　培养基、75％酒精、0.1％升汞、无菌水。

2. 方法步骤

（1）外植体消毒　取健康的百合鳞片，先用洗涤剂清洗干净，再用 75％酒精消毒 30s 和 0.1％升汞消毒 10min 左右，最好加一点吐温，以得到良好的消毒效果，再用无菌水冲洗 3 次。

（2）外植体的接种和培养　将消毒后的鳞片小切块，在无菌条件下直接接种于固体培养基中培养。培养室温度一般为 25℃±1℃，每天光照 10h 左右。光照度为 1 000～1 500lx。

（3）培养基的选用　培养基一般以 MS 培养基为主，只要附加适当的植物激素即可。生长素一般用 NAA（或 2，4-D 及 IBA）0.5～1.0mg/L。细胞分裂素一般用 BA（或 KT）0.1～1.0mg/L。

（4）试管苗的诱导

①由鳞片小切块诱导成苗：鳞片小切块接种后，一般先分化出黄绿色或绿色的球形突起的小芽点，继而芽点逐渐增大长成小鳞茎，并可生长出叶片，形成苗丛，生根后即可以从试管（或三角瓶）中取出，移栽于营养钵或大田中，也可将小鳞茎继代培养扩大繁殖。

②由叶片诱导成苗：用鳞片小切块诱导分化出的苗丛，在超净台上取其无菌叶片，接种于培养基中，培养半个月后即可分化出带根的小鳞茎。培养两个月后，每个单叶片形成的小鳞茎一般又可分化出带有根系的<u>丛生小鳞茎 4～6个</u>。叶片培养可直接插入培养基中，但要注意极性，不可倒置。叶片也可平放于培养基中培养。

③由无菌小鳞片诱导成苗：利用试管中的无菌小鳞茎，在超净台上将小鳞片逐片接种于培养基中（鳞片基部向下或内侧面向上）。培养半个月左右即可开始分化，培养一个月左右即可分化出小鳞茎和根系，培养两个月后，每个小鳞片一般又可分化出带有根系的<u>丛生小鳞茎 4～6 个</u>。

④由愈伤组织诱导成苗：上述外植体在分化成苗的过程中，常常也可伴随着增殖具有颗粒状似胚性细胞团的愈伤组织。该愈伤组织在连续不断地继代培养中，一方面继续不断地增殖相似的愈伤组织，另一方面又不断地分化成苗。一般每个试管里的愈伤组织可分化成苗 20～40 个。这样即可周而复始地分化出大量的试管苗。

3. 检查

（1）总结接种步骤是否条理清楚，无误。

（2）消毒步骤是否符合要求。

（3）接种时手是否接触到瓶口。

实践三：月季茎段培养

1. 材料用具

（1）材料　月季茎段。

（2）仪器　超净工作台、解剖刀、长把镊子、烧杯（500mL）、培养皿等。

（3）试剂　培养基，75％酒精、0.1％升汞、无菌水。

2. 操作步骤　超净工作台操作：

（1）用 70％酒精擦拭工作台。

（2）将接种所需的 $HgCl_2$、70％酒精、镊子、接种刀、内有无菌滤纸的培养皿、培养基、无菌水等放入超净工作台。

（3）打开紫外灯照射 30min 后，打开风机吹 10min。

月季茎段的取材与处理：

（1）取新鲜月季茎，用去离子水洗净。

（2）在月季茎上切一段含有茎节，放入磨口三角瓶中，倒入适量 1% 多菌灵。

（3）倒去多菌灵溶液，无菌水洗涤 3～4 次，彻底清除残留叶面和瓶内的多菌灵溶液。

接种步骤：

（1）先用肥皂洗手，穿上灭菌过的专用实验服、帽子与鞋子，进入接种室。

（2）放入培养瓶和灭菌后的接种用具（镊子、解剖刀、接种针）、镊子、解剖刀、接种针插入内盛 70% 酒精的广口瓶中。

（3）将处理好的茎段放入灭菌过的广口瓶（200mL），用 70% 酒精消毒 1min，无菌水冲洗 3 次，每次 1min。

（4）将茎段在 0.1% $HgCl_2$ 消毒 8min，无菌水冲洗 6 次，每次 1min。

（5）用镊子把月季夹入培养皿内的无菌滤纸上，吸干水珠，把月季切成含有茎节部分的小段，基部切成斜面，待接种。

（6）小心打开三角瓶，把茎段用镊子插入瓶内，摆正位置，盖上封口膜。

（7）用记号笔在瓶壁上写明培养材料、培养基代号、接种日期。

（8）培养：接种完毕后，取出培养瓶中，置于 25℃ 光照培养箱中培养。观察记录生长情况，并照相存档。

3. 自我检查

（1）接种操作是否符合规范。

（2）消毒时间是否精确。

（3）接种后茎段：有些绿色，稍有褐色。

4. 注意事项

全部接种操作都是在无菌条件下进行的，所以要特别认真仔细，以防杂菌污染。

【关键问题】

1. 如何降低组织培养中的污染率

（1）加强接种室消毒　用甲醛添加高锰酸钾熏蒸消毒 1 次/月。甲醛与高锰酸钾的比例为 1∶1 或 1∶0.5。每次接种前，接种室须用紫外灯进行照射，时间不应少于 30min，同时超净工作台也同样用紫外灯消毒，随后超净工作台吹风 30min 以上，每周用 70% 酒精溶液来喷雾降尘一次，每次工作完成后要用浸有来苏儿的拖布擦净地面，保证接种室的清洁。

（2）双手杀菌　接种开始之前，操作人员应注意用 70% 酒精溶液完全擦遍双手，或用 70% 的酒精加新洁尔灭完全擦遍双手，效果会更好。

（3）接种工具灭菌　接种期间，注意对镊子、剪刀等接种工具进行杀菌处理，每次接种后及时灼烧直至烧红接种工具的尖端为止，待冷却后再进行下一次接种，一般每人配备两把镊子，轮换使用，可提高工作效率，请注意无菌工具的中后半截不能接触瓶口，在操作过程中因不能确认工具的中后半截是否已经有菌，如工具（主要指镊子）碰到了瓶口，瓶口的灭菌可能不完全，瓶口的灭菌一般的情况，也只是仅限于用酒精灯的火焰进行灼烧，故易引发接种后污染的发生。

（4）接种工作台上摆放的物品不宜过多，否则会造成室内的气流流通不畅，致使操作区的空气得不到净化，诱发污染。

（5）检查封口膜的质量　一般培养瓶的封口膜反复使用几次，常常出现因封口膜老化造成的轻微开裂或老化后发硬，致使培养容器的透气孔隙变大等现象，但没有引起人们足够的重视。

（6）接种完成后瓶口的封闭，如是塑料盖，一定要拧紧瓶盖；如用聚丙乙烯薄膜，用绳子捆紧，注意越紧越好。此工作应是整个接种过程中最容易忽略的问题。

（7）忌频繁走动　做好准备工作，接种时操作人员严禁在接种室内频繁走动或进出接种室，防止接种室内气体的无序流动和由此引发的有害杂菌的传播。

（8）外植体严格消毒　一般从室外采集到的外植体，根据材料的性质用自来水冲洗 5～15min 即可，关键在于带入超净工作台的外植体用何药剂处理。现在常用的有 70% 乙醇溶液、4% 的次氯酸钠溶液和 0.1%～0.2% 的升汞溶液。最常用的为 70% 的乙醇和用 0.1% 的升汞溶液，或者对于较难灭菌的就用二者组配，先用 70% 的乙醇 10～30s，再用 0.1% 的升汞溶液消毒 8～10min，即可杀死附着在外植体表面的芽孢、细菌、真菌。应注意的是经升汞灭菌的外植体必须用无菌水冲洗 6～8 次，否则外植体上残留的汞离子会对后期组培苗生长不利。

2. 如何培养组培苗　组培过程中，创造一个适宜组培苗生长，抑制有害菌类繁衍的环境条件十分重要。因此定期对培养室进行熏蒸，保持相对无菌的环境；平时保持培养室适宜的温度、湿度和光照，以促进组培苗健壮生长必需的措施，具体方法包括以下几点。

（1）定期熏蒸　一般以 3 个月为一个周期，用甲醛添加高锰酸钾熏蒸消毒 1 次。要求：甲醛与高锰酸钾的比例为 1:1 或 1:0.5。一般每年的 7～8 月份期间，温度偏高、空气湿度较大，是有害菌类繁衍的高峰季节，每月熏蒸 1

次。但须在培养室内腾空的情况下进行。

（2）降尘消毒　培养室空间每 7 天喷洒一遍甲酚皂水溶液，作降尘消毒，用来杀死空间的真菌孢子。每 7 天全室紫外灯消毒一次，时间为 2～3h。

（3）环境调控　及时降温、排湿，将培养室的室内温度控制在 25～28℃、空气相对湿度调至 60％以下；光照以植物的特征特性而定，不足时应及时使用日光灯予以补充。平时尽量减少工作人员进出培养室的次数，以免室内空气流动。室内的窗户应密封，不与外界流通，换气用空调进行抽湿换气即可。

【思考与讨论】

1. 植物组织培养技术有哪些实际用途？为保证无菌，操作时有哪些注意事项？

2. 植物激素与器官分化有何关系？

3. 怎样理解在中药提取活性成分时要把握好药材的采收时间？

【知识拓展】

1. 植物脱毒　在无性繁殖的植物种类中，由于病毒通过营养体进行传递，病患在母株内逐代积累，危害日趋严重。病毒的危害给植物生产带来的损失是很大的，如葡萄扇叶病毒使葡萄减产 10％～18％，花卉病毒的危害一般会影响花卉的观赏价值，其表现是花少而小，产生畸形、变色等。用组织培养方法生产无毒苗，是一个积极有效的途径。常见的脱毒方式有以下几点。

（1）茎尖培养脱毒　感染病毒植株的体内病毒的分布并不均匀，病毒的数量随植株部位及年龄而异，越靠近茎顶端区域的病毒感染的深度越低，生长点（为 0.1～1.0mm 的区域）则几乎不含或含病毒很少。这是因为分生区域内无维管束，病毒只能通过胞间连丝传递，赶不上细胞不断分裂和活跃的生长速度。在切取茎尖时，茎尖越小越好，但茎尖太小则不易成活，过大又不能保证完全除去病毒。茎尖培养脱毒，固其脱毒效果好，后代稳定，所以是目前培育无病毒苗最广泛和最重要的一个途径。

（2）愈伤组织培养脱毒　通过植物的器官和组织的培养去分化诱导产生愈伤组织，然后从愈伤组织再分化产生芽，长成小植株，可以得到无病毒苗。但是，愈伤组织脱毒的缺陷是植株遗传性不稳定，可能会产生变异植株，并且一些作物的愈伤组织尚不能产生再生植株。

（3）珠心胚培养脱毒。

（4）茎尖嫁接脱毒。

（5）花药培养脱毒。

2. 转基因技术　转基因技术运用科学手段从某种生物中提取所需要的基因，将其转入另一种生物中，使之与另一种生物的基因进行重组，从而产生特定的具有优良遗传形状物质的技术。利用转基因技术可以改变动植物性状，培育新品种，也可以利用其他生物体培育出人类所需要的生物制品，用于医药、食品等方面。遗传转化的方法按其是否需要通过组织培养、再生植株可分成两大类：第一类需要通过组织培养再生植株，常用的方法有农杆菌介导转化法、基因枪法；另一类方法不需要通过组织培养，目前比较成熟的主要有花粉管通道法。

通过组织培养进行遗传转化的主要方法有以下几点。

（1）农杆菌介导转化法　农杆菌是普遍存在于土壤中的一种革兰氏阴性细菌，它能在自然条件下趋化性地感染大多数双子叶植物的受伤部位，并诱导产生冠瘿瘤或发状根。根癌农杆菌和发根农杆菌中细胞中分别含有 Ti 质粒和 Ri 质粒，其上有一段 T−DNA，农杆菌通过侵染植物伤口进入细胞后，可将 T−DNA 插入到植物基因组中。因此，农杆菌是一种天然的植物遗传转化体系。人们将目的基因插入到经过改造的 T-DNA 区，借助农杆菌的感染实现外源基因向植物细胞的转移与整合，然后通过细胞和组织培养技术，再生出转基因植株。

（2）基因枪介导转化法　利用火药爆炸或高压气体加速（这一加速设备被称为基因枪），将包裹了带目的基因的 DNA 溶液的高速微弹直接送入完整的植物组织和细胞中，然后通过细胞和组织培养技术，再生出植株，选出其中转基因阳性植株即为转基因植株。与农杆菌转化相比，基因枪法转化的一个主要优点是不受受体植物范围的限制，而且其载体质粒的构建也相对简单，因此也是目前转基因研究中应用较为广泛的一种方法。

（3）原生质体融合　将不同物种的原生质体进行融合，可实现两种基因组的结合。也可将一种细胞的细胞器，如线粒体或叶绿体与另一种细胞融合，此时，是一种细胞的细胞核处于两种细胞来源的细胞质中，这就形成了胞质杂种。

模块二　工厂化育苗技术

实践目标

本模块包括花卉和蔬菜的工厂化育苗等内容，掌握花卉和蔬菜的播前处理、基质配置、组织培养等技术。

模块分解

任务	任务分解	要求
1. 花卉工厂化育苗	1. 参观考察一个花卉工厂化育苗车间 2. 三色堇的工厂化育苗	1. 掌握工厂化育苗的含义与作用 2. 了解工厂化育苗的控制系统 3. 掌握工厂化育苗方法 4. 学会穴盘育苗的操作流程
2. 蔬菜工厂化育苗	1. 蔬菜种子质量鉴别 2. 种子播前处理 3. 育苗基质配置 4. 育苗穴盘的选择与消毒 5. 播种 6. 培养基的配制	1. 掌握新陈种子的识别方法 2. 掌握种子播前处理技术 3. 掌握穴盘选择与育苗基质配置 4. 掌握播种技术 5. 掌握苗期管理技术 6. 掌握组织培养体系的建立技术

任务一 花卉工厂化育苗

【观察】

图 1-9 某工厂化育苗车间内部

图 1-9 中，采用工厂化生产育苗有什么优势？

【知识点】

1. 工厂化生产育苗的含义与作用

（1）工厂化生产育苗的含义 工厂化生产育苗是工厂化农业的重要组成部分，是将先进的工业技术与生物技术结合，为花卉育苗和生长发育创造适宜的环境条件，并按照市场经济规律和实际需要进行有计划、有规模和周年生产的科学生产体系，以提高花卉苗木产品的质量和档次，以获高效的经济效益和社会效益。

（2）工厂化生产育苗的作用

①迅速扩大园林植物新品种的群体。

②推动园林苗圃生产技术和管理水平的提高。

③创建高产、高效的生产模式，经济效益明显。

④具有良好试验示范和推广辐射作用。

⑤环保、节能并带动其他产业快速发展。

2. 工厂化生产育苗的不足

（1）一次性投入大，能耗成本高。

（2）管理体制，机制不完善。

（3）温室内环境控制水平及设备配套能力不够。

（4）产量和劳动生产率低。

（5）缺乏系列化温室栽培专用品种。

3. 工厂化育苗特点

（1）工厂化生产育苗必须有保护设施，这是工厂化生产的最根本特征。

（2）工厂化生产育苗车间配置有增温降温、补光、自动喷淋设备。

（3）节省能源，容器育苗比重大。

（4）工厂化生产育苗能实现种苗的标准化生产。育苗基质、营养液等采用科学配方，实现肥水管理和环境控制的机械化和自动化。

4. 工厂化育苗的场地、设施、方法

（1）场地　工厂化育苗的场地由播种车间、催芽室、育苗温室及附属用房（包装间、组培室等）组成。播种车间占地面积视育苗数量而定，一般为 $100m^2$ 左右，主要放置播种流水线、搅拌机及一部分基质、肥料、育苗盘、推车等。催芽室一般 $15m^2$ 左右，设有加热、增湿和空气交换等自动控制和显示系统，室内温度、光照可调，相对湿度能保持在 $85\%\sim90\%$ 范围内，室内的温度、湿度、照度在误差允许范围内应相对一致。另外，还有育苗温室。

（2）设施

①穴盘精量播种设备和生产流水线为工厂化生产育苗的重要设备，它包括以每小时 $40\sim300$ 盘的播种速度完成拌料，育苗基质装盘，刮平，打洞，精量播种，覆盖，喷淋全过程的生产流水线。

②育苗环境自动控制系统主要指育苗过程中的温度、湿度、照度等的环境控制系统。

加温系统：以燃油热风炉为宜，水暖加温往往不利于出苗前后的升温控制。育苗床架内可埋设电加热线，以保证秧苗根部温度的任意调控。

保温系统：温室内设置遮阴保温帘或入冬前加装薄膜保温。

降温排湿系统：主要是内外遮阳网、天窗、侧窗、南侧配置大功率排风扇，北侧配置水帘墙。

补光系统：通常在苗床上部配置光通量为 16 000lx，光谱波长 $550\sim600nm$ 的高压钠灯。

控制系统：常由传感器、计算机、电源、监视和控制软件组成。

③肥、水、药一体化灌溉系统：常见的有行走式喷灌系统、滴灌系统、悬垂式喷灌系统。运苗车与育苗床架：运苗车包括穴盘转移车和成苗转移车。育苗床架可选择固定床架和育苗框组合结构或移动式育苗床架。移动式育苗床架可使温室的空间利用率由 70% 提高到 80% 以上。

（3）方法　目前工厂化生产育苗主要是采用穴盘育苗。穴盘育苗是一种采用一次成苗的容器进行种子播种及无土栽培的育苗技术，是目前国内外工厂化专业育苗采用的最重要的栽培手段，也是蔬菜、花卉苗木生产中的现代产业化技术。

①穴苗盘的选择。市场上穴盘的种类比较多，且穴盘的种类与播种机的类型又有一定的关系，因而穴盘应尽量选用市场上常见的类型，并且供应渠道要稳定。市场上一般有 72 穴、128 穴、288 穴、392 穴等类型，长×宽为 550mm×280mm。各种穴盘对应的容量为 72 穴-4.2L、128 穴-3.2L、288 穴-4L、392 穴-1.6L。所用的基质量由此可以计算出来，在实际应用中还应加上 10％的富余量，以使基质能填满穴盘。穴盘孔数的选用与所育的品种、计划培育成品苗的大小有关。一般培育大苗用穴数少的穴盘，培育小苗则用穴数多的穴盘。为了降低生产成本，穴盘应尽量回收，并在下一次使用前进行清洗消毒。

②穴盘育苗的基质。采用的基质主要有泥炭土、蛭石、珍珠岩等。泥炭土也称草炭，是地底下多年自然分化的有机质，无病菌、杂草、害虫，是较好的基质。蛭石是工业保温材料，经高温烧结后粉碎，无病菌、害虫污染，且保水透气性好，含有效钾 5％～8％，酸碱度中性，作配合材料极佳。珍珠岩也可作配料，但含养分低，持水力弱，价格高。买来的优质泥炭土和蛭石等仍然含有杂物，如草根、泥团、石块、矿渣等，必须经过筛选、粉碎后才能使用。各种基质和肥料要按一定的比例进行配制，并在配制过程中喷上一定量的水，加水量原则上达到湿而不黏，用手抓能成团、一松手能散开的程度。当采用泥炭土和蛭石（2∶1）的混合料时，一般播种前含水量应达到 30％～40％，或视具体情况而定。

③播种和催芽播种由播种生产线（精量播种机）来完成。播种生产线由混料设备、填料设备、冲穴设备、播种设备、覆土设备和喷水设备组成。穴盘从生产线出来以后，应立即送到催芽室上架。催芽室内保证高湿高温的环境，一般室温为 25～30℃，相对湿度 95％以上，根据不同的品种略有不同。催芽时间 3～5d，有 60％～70％成的幼芽露头时即可运出催芽室。

④温室内培育。育苗的温室尽量选用功能比较齐全，环控手段较高的温室，使穴盘苗有一个好的环境生长。一般要求冬季保温性能好，配有加温设备，保持室内温度不低于 12～18℃。夏季要有遮阳、通风及降温设备，防止太阳直射和防高温，一般温室室温控制在 30℃以内为好。育苗期内需要喷水灌溉，一般保持基质的含水量在 60％～70％。

⑤穴盘苗出室。园林苗木（种苗）在室内生长和室外生长所处的环境不

同。在出苗前3～5d应注意逐渐室内环境条件向室外环境条件的过渡，以确保幼苗安全出室。穴盘苗可作为种苗销售，以也可出室露地培植成品苗，但在严冬季节出苗一定要处理谨慎，以免对小苗造成冻害。大田移植应计算每天的定植株数，按每天的移植株数分批出苗，保证及时定植。

⑥出室后管理。幼苗出室后对外界环境的适应性较差，必须精心管理，才能确保全苗、壮苗。定植后一周内要注意苗床温度，增加叶面喷雾的次数，适当遮阳。一周后可渐喷雾次数和遮阳时间，直到小苗完全适应外界的环境条件之后，免去遮阳，转入正常管理。

日常管理。水分管理做到干干湿湿，促进小苗的根系生长。施肥应以追肥为主，每隔3～5d根外追肥一次，用0.2%磷酸二氢钾喷雾。撒施或随水追施，每公顷需用复合肥150～240kg。追肥后应及时浇水，防止烧苗。同时，应注意防治幼苗的病虫害。

⑦穴盘育苗简易流程。基质库→（基质处理工段）粉碎→过筛→混拌→（精量播种生产线）→装料→压穴→精播→覆盖→喷水→（催芽室）→催芽→（育苗温室）→脱盘取苗，移栽练苗→（穴盘周转工段）→清刷、消毒、干燥、入库。

【任务实践】

实践一：参观考察一个花卉工厂化育苗

1. 使用工具 相机、钢笔等。

2. 操作步骤

（1）调查工厂化育苗车间，正在培育的幼苗种类。

（2）观察工厂化育苗车间，所用的温度控制装置、空气湿度控制设备、遮阳补光设备等，并进行适当操作，拍照记录。

实践二：三色堇的工厂化育苗

1. 材料用具

（1）材料 三色堇种子。

（2）用具 育苗盘、泥炭、珍珠岩、蛭石等。

2. 操作步骤

（1）基质配制泥炭、珍珠岩和蛭石的比例为5：3：2。

（2）催芽播种前用30℃以下的温水浸种24h，淋干水分后在18℃条件下催芽，待种子露白即可播种。

（3）播种。播种时每穴播种种子2～3粒，然后覆盖蛭石或者河沙0.5cm左右。

（4）灌水。采用浸盆方式灌透水分。

（5）温度。控制温度影响种子萌发、幼苗生长速度及株型，影响根系矿质养分吸收。

3. 检查

（1）基质中各成分配比准确。

（2）播种时种子是否露白。

（3）覆土厚度要适宜。

【关键问题】

1. 种子处理和催芽 穴盘苗生产对种子的质量要求较高，出苗率低易造成穴盘空格增加，形成浪费。出苗不整齐则使穴盘苗质量下降，难以形成好的商品。因此，穴盘育苗通常需要对种子进行预处理。国外一些公司的种子产品质量好，很多品种的出苗率可达95％以上，且已经经过包衣，可以不必经过种子处理直接播种。一般的种子可采用先浸种、催芽、再播种的方法。播前采用温汤浸种，将选好的种子放入55℃水中并迅速搅动至液温降到30℃以下，开始浸种。不同种类的蔬菜浸种时间不同。浸泡后的种子反复搓洗几次，洗净后沥干水分，根据生产的需要可催芽也可直接点播。

2. 苗床管理

（1）苗期水分管理 水肥管理是育苗的重要环节，穴盘育苗供水最重要的是均匀度，在人工浇灌时应力求均匀。一般种子点播后应浇一次透水，以后保持基质湿润就行。在幼苗顶出基质后，过湿容易引发苗期病害，过干子叶不能顺利"脱帽"。子叶展开后可适当控制基质水分，使基质表面湿润，具有较多的氧气，促使根系向下生长，并能防止基质表面青苔的生长。这个阶段选用细雾喷头，尽量避免冲倒幼苗。心叶伸出后，幼苗进入快速生长阶段，此时幼苗对水的需求量也较高，要轻重结合，轻一次，重一次。

（2）苗期肥料管理 无土穴盘苗大龄秧苗需要及时补充肥料。随着幼苗的生长，肥料浓度也逐渐增加，施肥的次数与花卉的品种和苗龄有关，但在阴天弱光时尽量不施或少施肥料。所选用的肥料最好是含有微量元素的优质高效且完全溶于水的肥料。

（3）苗期温度、光照管理

①温度。温度管理是培育高素质种苗的重要环节。

②光照。植物形态与光有关，植物自种子萌发后若处于黑暗中生长，易形成黄化苗。其上胚轴细长、子叶卷曲无法平展且无法形成叶绿素，植物接受光照后，则叶绿素形成，叶片生长。

【思考与讨论】

1. 查阅资料，了解常见花卉种子的催芽温度。
2. 通过考查工厂化育苗车间，熟悉温度、湿度、光照等控制系统。
3. 苗期病虫害如何防治？

【知识拓展】

1. 无土栽培的产生与发展　无土栽培的实质是用营养液代替土壤，而营养液的产生，是以李比西的植物矿质营养学说为依据的。因此，矿质营养学说是无土栽培的理论基础。早在 1840 年，李比西就提出矿质营养学说，认为作物是通过吸收溶解于水的无机物来进行生长发育的。以后，许多学者进一步证实，补充和完善这一学说。

1842 年德国科学家卫格曼和波斯托罗夫等人利用容器砂培成功。

1859—1865 年，萨克斯和克诺普应用化学分析方法分析植物体，明确了其中含有氮、磷、钾、钙、镁等营养元素，并首先利用无机肥料配制营养液培育作物，并获得成功。

1935 年，美国科学家霍格兰和阿农等人分析研究了不同土壤溶液的组成及浓度，进一步阐明了添加微量元素的必要性。并对营养液中营养元素的比例和浓度进行了大量的研究，在此基础上发表了许多营养液配方。

在上述理论的指导下，经过长期研究，终于使无土栽培发展成为一门新技术，并使其实用化。

无土栽培的基本原理，就是不用天然土壤而根据不同作物的生长发育所必需的环境条件，尤其是根系生长所必需的基本条件，包括营养、水分、酸碱度、通气状况及根际温度等，设计满足这些基本条件的装置和栽培方式来进行无须土壤的作物栽培。

2. 一种新型植物克隆新技术——闭锁型光自养苗木生产系统

农业生产主要是以动植物的生理生长为基础，以人工的作业为特征，所形成的生产活动。而植物的生长更因为它没有动物灵活的移动性，而表现出对环境因子的人为依赖，所以固有环境控制是植物生长最重要的技术环节，它决定植物生长好坏，直接影响到农业生产的结果。而农业生产也是以植物生长的环节及对环境因子的不同而组成的。

通常植物栽培由以下 3 个环节组成，第一是苗的生产，第二是栽培生产，第三才是收获，这些构成了农业生产的时令及技术。不管是温室调控下的植物生长，还是露天没有任何保护设施下的传统生产，移栽时的季节及种苗的质量对于收获时的产量与质量影响是极大的，而且种苗的价格构成了生产成本的10％，有些珍贵品种价格还会更高。所以栽培农户对于苗的质量与价格最为关心，如能否不受季节气候的影响，随时可向生产供给种质纯正质量良好的种苗，做到均衡稳定的供给生产所需；能否有操作简易，技术操作要求较低而且不需耗费诸如嫁接等精细操作环节的技术；能否利用现代设施园艺技术进行高效益的生产；能否造就一种免受病虫危害的环境，以培育出健壮的生态的没有环境污染的良种苗等。

以上这些都是针对传统育苗所提出的新课题与技术方向，最近几年不管是农场经营，还是专业户的蔬菜、花卉、瓜果、药材、林业等经济植物的生产，在育苗栽培与收获环节上越来越体现出分工、分化的精细化专业化，种苗生产已由自育自栽阶段开始走向种苗的商业大流通时代，种苗的市场化趋势与商业苗大流通态势日益增强，许多专业生产种苗的企业专业户与日俱增。所以，在种苗市场的竞争上也表现出越演越烈的局面，谁家能生产出质量最好、价格最低的种苗，谁家就最获竞争力。这些因素都促使种苗生产越趋产业化、精准化、简易低成本化，也就是种苗只有走向如商品般的大工业化生产，才能形成最终的优势。

除此以外，21世纪是生态环保的时代，都市的绿化、荒山地的造林、沙漠化的治理、对农产品种类与数量需求的剧增等，都将促成种苗生产产业化、种苗生产工厂化的形成，而且市场的竞争促成了低成本高效率育苗技术的产生，如近年研究的植物非试管快繁技术就是当前我国从传统育苗走向现代育苗所迈出的第一步，也是预示着我国种苗产业走向工厂化生产的开始。但是，人们对成本及种苗质量与数量的追求是永无止境的，如在这种先进的育苗技术基础上是否还能有所提高与促进，成本是否还能降低，操作是否还会更简易，对环境的要求是否还具有更大的灵活性，这些思考促成了又一种新型育苗技术的形成，也就是基于植物非试管快繁技术基础上的一种突破性技术，叫闭锁型苗木生产系统。它除了原先植物非试管快繁技术的优势外，还具环境稳定性更强、生产计划性更易掌握、稳定如期供苗的特点，可以对于一些环境要求更高的植物进行精准化的生产，可以利用室内地下室进行更高效率的分层式立体式生产，可以安全脱离外界气候环境不受任何影响地进行工厂化生产，而且成本更低，资源利用率更高。这就是新型育苗技术，基于光自养基础上的闭锁系苗木培育新技术，它可以运用于绝大多数绿色植物，特别是对于技术要求性原本较高的品种，采用该系统更具优势，可培育出商品性更好、更一致、更标准的商业用苗。

任务二　蔬菜工厂化育苗

【案例】

工厂化育苗是农业现代化的一个重要组成部分，它是利用先进的设施设备，人为地控制各种蔬菜种子的催芽出苗、幼苗绿化、幼苗生长、囤苗炼苗等生长环境，不受外界不利的自然环境影响，在统一技术、集中管理的条件下，成批生产优质秧苗，从而达到秧苗生产的专业化、种苗供应的商品化。工厂化育苗生产的优点如下所述。

工厂化育苗的点播技术使种子在每个穴孔中生长环境基本一致，再加上进入温室后的规范化管理，使穴盘苗的出苗期和生长势保持均匀一致，从而为用户提供高质量的商品苗。

在生产过程中，幼苗根系与穴孔内基质网结成坚固的根坨，移栽时不易伤根系，适宜远距离运输和机械化定植。移栽时带基质入土，保证植物根系营养生长的连续性，移栽后不经缓苗就能迅速恢复生长，成苗率高。

采用工厂化育苗，可以缩短育苗时间，节约种子用量，提高成苗率并实现苗齐苗壮。同时还可省工、省力、省种子、省土地，传统育苗营养土重量500～700g，而工厂化育苗的穴盘育苗基质不到50g，通过机械化播种，工厂化育苗达到商品化供苗标准。

由于统一育苗、统一管理，从而保证了播种任务的完成和各种早晚茬口按计划搭配。另外，也有利于新品种的及时推广，是实现良种良苗的重要途径。

思考1：蔬菜工厂化育苗如何对种子进行播前处理？

思考2：育苗容器如何选择和消毒？

思考3：育苗基质如何配置？

思考4：育苗环境如何调控？

案例评析：蔬菜工厂化育苗主要包括以下技术环节。

种子处理：将种子在阳光下晾晒，然后进行温汤浸种，放适宜环境条件下催芽，先出芽部分可以先放到10℃环境下炼芽。

育苗容器选择与消毒：香瓜选32孔穴盘，黄瓜、西瓜选50孔穴盘，番茄选72孔穴盘，辣椒选105孔穴盘。用药剂、洁净的自来水等清洗育苗容器，并晾晒。

基质配制：草炭＋蛭石＋珍珠岩基质，三者混匀比例是6：2：2。

穴盘播种：每穴一粒发芽种子，播种深度1～1.5cm。上面用基质覆盖，浇水至育苗盘底部有水滴渗出为止。然后在盘上覆盖塑料薄膜，如果气温高，又没有太好的降温措施，在塑料膜上再盖一层遮阳网或报纸。

环境调控：靠接类的砧木苗和插接类的接穗苗播种季节温度偏高，所以采取遮阳网或报纸遮光，通过放风降温排湿改善育苗设施内的温光条件。

肥水一体化：采用商品复合肥配方（氮、磷、钾、硫含量各 15％，微量元素均 5％，浓度 0.3％）。清水与营养液分三个阶段浇施：一次营养液两次清水，一次营养液一次清水，两次营养液一次清水。采用营养母剂配制营养基质，仅浇水，不要浇透，后期补充营养液或叶面肥。

株型调控：采用非化学调控技术和矮壮素等植物生长调节剂化学调控技术，防徒长，提高秧苗素质。

【知识点】

1. 蔬菜工厂化育苗的优点

（1）采用自动化播种，集中育苗，节省人力物力，人均管理苗数是常规育苗的 10 倍以上，每万株苗耗煤量是常规育苗的 25％～50％。与常规育苗相比，成本可降低 30％～50％。

（2）穴盘苗重量轻，每株重量仅为 30～50g，是常规苗的 6％～10％。基质保水能力强，根坨不易散，适宜远距离运输。

（3）幼苗的抗逆性增强，并且定植时不伤根，没有缓苗期。

（4）可以机械化移栽，移栽效率提高 4～5 倍。

2. 蔬菜种子的发芽特点　种子发芽是蔬菜育苗的初始阶段，是蔬菜栽培成败和能否育成苗的前提。因此，了解蔬菜种子发芽生理是育苗管理的基础。蔬菜种子发芽过程一般分为吸水膨胀、萌动和发芽三个阶段。

（1）吸水膨胀　干燥的种子含水量很低，仅占干重的 10％以下。干燥种子的细胞液浓度很高，蛋白质呈凝胶状态，种子维持着最低限度的生命活动。播种以后的蔬菜种子，在一定的温度、水分和氧气条件下，种子开始吸水膨胀，这是种子萌发的第一个阶段。一般来讲，种子对水分的吸收可分为两个阶段。

①第一个阶段为急剧吸水阶段。这一阶段的吸水是一个被动过程，与种子的呼吸代谢无关，已死亡的无生命力的种子在这一阶段也具备这种吸水能力。

②第二阶段为缓慢吸水阶段。该阶段的吸水是一个主动的生理过程。吸水的动力来自胚的生命活动，吸水速度比较慢，无生命力的种子没有这一吸水阶段。缓慢吸水阶段持续 5～10h，不同种类的蔬菜种子在该阶段吸水持续的时间不尽相同，如番茄 5～6h、茄子 7～8h。种子吸水膨胀以后，种皮或果皮软

化，甚至种皮破裂，透气性增加，使氧气容易通过，以供给胚呼吸之需。此外，种子吸水以后，有助于原生质的活动，以及种子中贮藏物质的转化与运转。这都为种子幼胚的萌动奠定了基础。

（2）萌动　有生命力的种子吸水膨胀以后，在一定的温度和氧气条件下，细胞中的酶开始活动，活性增强。在酶的作用下，贮藏的高分子物质被水解为可供胚生长利用的低分子物质，此时呼吸作用加强，细胞开始分裂、伸长。种子萌动，首先是胚根从发芽孔伸出，这种现象在我国蔬菜生产上通常称为"露白"或"露根"。萌动的种子对环境条件极为敏感，当环境条件不适应种子萌动时，会延长种子萌动的时间，或者种子萌动不良，甚至导致萌动停止。

（3）发芽　种子萌动后，在适宜的条件下，种子的胚根、胚轴、子叶、胚芽生长加快，在胚根向下生长的同时，胚芽向上生长，子叶借助覆土的压力脱出种壳露出地面，子叶继续伸长，子叶便展开，生产上一般以子叶展开作为种子发芽阶段的结束。由于子叶和幼芽的出现，尤其是当子叶展开以后，由子叶进行光合作用，根从土壤中吸收养分，至此，幼芽由依靠母体营养的异养过程转变为依靠子叶进行光合作用的自养过程。从生理角度讲，这一转变过程的完成标志着种子发芽的结束，以后幼苗就进入了独立营养生长的阶段。

3. 影响蔬菜种子萌发的因素　蔬菜种子发芽率除了与蔬菜种子的遗传特性有关系之外，发芽环境也是影响的主要因素，环境中的温湿度、光照强度等参数是直接影响其发芽率的主要因素，环境中的这些参数是多变的，而使用植物生长室可为蔬菜种子的发芽创造最佳的环境。在蔬菜种子发芽过程中影响发芽率的内外因素有：

（1）外在环境因素

①水分：水分是种子发芽的关键性因素，没有水蔬菜种子不能萌发，但是水分过多则会增加蔬菜种子霉烂和病菌感染的概率。

②温度：在适宜的温度条件下，蔬菜种子发芽的温度控制有恒温和变温两种。具体采取哪种控温模式，要根据不同作物种子对温度的具体要求来定。蔬菜种子的发芽温度可以从 0～40℃的范围，但每一种植物都有其发芽适温，也就是最适合于发芽的温度。植物的发芽适温因原产地而异，一般而言，温带蔬菜种子以 15～20℃为最适，亚热带及热带植物以 25～30℃为适。

③氧气：一般来说，发芽床上水分多，氧气少，则长芽；反之，水分少，氧气多，则宜于长根。种子开始活动就要进行呼吸作用，也就需要氧气。所以，播种时浇水太多，种子反而会腐烂，就是因为缺氧的缘故。只有少数水生植物的种子，能在缺氧状况下发芽。

④光照：蔬菜种子发芽对光照的反应不同，一般分为需光型种子、需暗型

种子和光不敏感型种子。在实践中多数蔬菜种子对光不敏感，在光照或黑暗条件下均能良好发芽，但最好还是采用光照。这些因素只要使用人工智能气候室进行操作就能够避免以上问题的出现。有些蔬菜种子需要有光线才能发芽，也有些蔬菜种子则正好相反，前者称为好光性种子，后者称为嫌光性种子。所以，播种后应考虑植物对光线的好恶来决定覆土与否。一般细小的种子由于养分储藏少，不足以支持胚芽由土中长出而仅能在地表发芽，多属于好光性。

（2）蔬菜种子的内在因素

①蔬菜种子成熟度：成熟度高的蔬菜种子发芽率高。这是因为正常成熟的种子能够为其萌发提供充足的营养物质，而未正常成熟的种子则不能。

②种子休眠。大多数植物的种子成熟后即可萌发，但有些植物的种子在脱离母体后即使外界条件非常优越也不能萌发，必须经过一段时间的休眠，如番茄、茄子、胡萝卜、瓜类等。

③种子含水量。在一定范围内和相同的试验条件下，种子本身含水量越高越有利于萌发。

4. 蔬菜种子的播前处理　在蔬菜生产中，播种后都应力争使种子早发芽，达到早出苗、早齐苗的要求，才能培育成壮苗，为早熟、丰产打下稳重的基础。为达此目的，一个极其重要的农艺措施就是播种前种子的处理，通过不同方法的处理达到种子消毒，促进种子发芽、出苗整齐、迅速，增强种子幼胚和秧苗抗性，减少病虫害发生的目的。

（1）选种　在确定优良的品种后，首先对种子播种品质进行室内检验，然后进行选种。选种时，可根据不同作物种子的大小，采用筛选法或水洗法。筛选法可采用适当大小网眼的竹筛或铁筛进行。水选法可结合浸种催芽进行，捞去水面干瘪、不饱满的种子与杂物，如辣椒，先浸水 10～15min，再除去不沉水的瘪籽。

（2）浸种　浸种是保证种子在有利于吸水的温度条件下，在短时间内吸足从种子萌动到出苗所需的全部水量的主要措施。有些种子由于种皮较厚或具角质层，吸水困难或较慢，为提高出苗率，须用水浸种。根据浸泡水温浸种可分为温汤浸种、热水烫种和普通浸种。水温高低及时间长短取决于种子种皮厚薄及吸水的难易。浸种一定要浸透，使种子充分吸水。但是要防止水温过高烫死种子，或浸种时间过长，导致种子内部养分外渗，甚至缺氧死亡。

①普通浸种。普通浸种的水温为室温（25～30℃），浸种时间依不同种类的吸水快慢而定。适宜于种皮薄、吸水较快的种类，如甘蓝、花椰菜、菜豆等。普通浸种对种子只起供水作用，没有消毒种子和促进种子吸水的作用。

②温汤浸种。温汤浸种的水温为 50～55℃，在 15～20min 恒温处理期间

不断搅拌，然后使水温降低到一定温度（喜凉菜类为20～22℃，喜温菜类为25～28℃）后继续浸种至种子吸胀。浸种时间是茄果类、黄瓜、南瓜、甜瓜、丝瓜、冬瓜、西葫芦8～12h；西瓜、苦瓜、芹菜、胡萝卜、菠菜24h；莴苣7～8h；白菜类、萝卜4～5h，豆类1～2h。由于55℃是大多数病菌的致死温度，10min是在致死温度下的致死时间。因此，温汤浸种对种子具有消毒作用，但促进吸水效果仍不明显，还需要继续进行一般浸种。温汤浸种适用于种皮较薄、吸水快的种子。

③热水烫种。热水烫种的水温为70～80℃，一般用在种皮厚、硬、吸水难的冬瓜、丝瓜、蛇瓜等种子。热水烫种技术要点是水量不超过种子量的5倍，种子要经过充分干燥。烫种时要用两个容器，使热水来回倾倒。最初几次倾倒的动作要求快和猛，使热气散发并为种子提供氧气。一直倾倒至水温降到55℃时再改为不断地搅动，并保持这样的水温7～8min，待水温降至30～40℃时停止搅拌，继续浸种。

种皮易生黏液的茄子、黄瓜、西葫芦等种子浸种时应在清水中搓洗，将黏液洗净；否则会影响发芽期间通气性，造成种子发芽不整齐，甚至生霉、烂种。

（3）消毒处理　许多病害是种子带菌传播的，如黄瓜炭疽病、枯萎病、白菜黑斑病，茄子黄萎病、褐纹病、猝倒病，马铃薯病毒病、环腐病等。因此，播种前进行种子消毒处理是一项重要的农业综合防治措施。常用的消毒方法有以下几种。

①温汤浸种。可杀灭附在种子表面及潜伏在种子内部的病菌。多用50～55℃热水，时间为15～20min，可结合浸种催芽进行。

②药粉拌种。方法简易，一般取种子重量的0.3%～0.4%杀虫剂和杀菌剂，在浸种后使药粉与种子充分拌匀即可。也可与干种子混合拌匀，把干种子与药粉混合装入罐子或瓶子内，充分摇动5min以上，让药粉均匀沾在种子上。常用杀菌剂有70%敌克松、50%福美锌、50%退菌特等；杀虫剂有90%敌百虫粉等。拌过药粉的种子不宜浸种、催芽，应直接播种，也可贮藏起来，待条件适宜时再播种。

③药水浸种。浸种前一般先把种子在清水中浸泡5～6h，然后浸入药水中，按规定时间消毒。捞出后，立即用清水冲洗种子。药水浸种常用的药剂有100倍福尔马林（40%甲醛）、1%硫酸铜、10%磷酸三钠、2%氢氧化钠等。

（4）化学处理　主要有微量元素浸种、生长调节剂浸种、渗调处理等方法。

①微量元素浸种。利用一些微量元素溶液浸种，可促进种子内一些酶的活

性，增强种子的呼吸作用及其他生理活性，从而促进秧苗的生长发育。常用的微量元素有硼酸、硫酸锰、硫酸锌、钼酸铵等500～1 000mg/kg 溶液。如黄瓜和辣椒多用500～700mg/kg 处理，番茄和茄子可用700～1 000mg/kg 处理；黄瓜浸种12～18h，茄果类蔬菜浸种6～10h。处理后可提高秧苗质量，缩短苗期，同时对促进黄瓜根系生长，加快甜椒、茄子、番茄地上部生长，提早花芽分化等方面均有良好的作用。

②生长调节剂浸种。生长调节剂如赤霉素、细胞分裂素等应用于种子处理的研究较多。试验表明，用100mg/kg 激动素溶液或500mg/kg 乙烯利溶液浸泡莴苣种子，可促进种子在高温季节发芽。赤霉素是常用的种子处理的生长调节剂，能有效打破休眠，促进种子萌发。硝酸钾也有类似的效果。番茄种子用硝酸钾处理后，可促进番茄齐苗、壮苗，提高早期产量。用0.2％硝酸钾溶液处理芥菜、甘蓝、芜菁、辣椒、番茄、菊苣、芹菜、苋菜均可以明显促进发芽。此外，用小苏打液、碘化钾、尿素等溶液浸种，亦可促进发芽、加速幼苗的生长。

③渗调处理。渗调处理是将种子用高渗溶液浸泡处理，通过调节吸水进程，达到促进种子萌发、齐苗及增强幼苗生长势的效果。目前常用的渗透剂是聚乙二醇（PEG），处理蔬菜种子以浓度20％～30％，温度10～15℃为宜。在渗透液中加入赤霉素、激动素等可提高渗调效果。PEG 处理在菠菜、豌豆、番茄、胡萝卜、芹菜上效果良好。另外，交联型聚丙烯酸钠（SPP）处理效果也很好。但由于PEG、SPP 价格较高，目前仅用于小粒种子与名贵花卉种子的播前处理。

（5）物理处理　如阳光辐照处理、激光处理、静电处理和磁化处理，可不同程度提高发芽率、发芽势、秧苗吸水肥能力与光合能力，使种子提早成熟，而且增产10％～20％。在寒冷地区或低温季节采收的种子通常不够成熟或成熟度不一致时，这样可进行干热处理。处理时将种子放在较高的温度（50～60℃）环境下，经10～20min 后再进行浸种催芽，这样可提高种子的发芽率。

（6）催芽　催芽是在保证种子吸足水分后，促使种子的养分迅速分解运转，供给幼胚生长的重要措施。保水可采用多层潮湿的纱布、麻袋布、毛巾等包裹种子。催芽期间每4～5h 松动一次包内的种子以换气，并使包内种子换位。种子量大时，每20～24h 用温热水洗种子一次，排净黏液，以利于种皮进行气体交换，当有75％左右种子破嘴或露根时，可停止催芽，等待播种。催芽所需时间：白菜类、黄瓜12h；莴苣16h；甜瓜、丝瓜7～20h；番茄48～55h；冬瓜72h 左右；茄子、辣椒80h 左右。十字花科种子小，以胚根突破种皮为宜；茄果类种子以不超过种子长度为宜；瓜类种子催芽以催1cm 短芽为宜。催芽过程中，采用低温处理和变温处理这样有利于提高幼苗的抗寒性和提高种子的发芽整齐度。

①低温处理。将浸胀后即将萌芽的种子放在0℃左右的冷冻环境中1～2d，再置于适温中催芽，可促进种子发芽，增强秧苗的抗寒性。此方法常用于茄果类、瓜类蔬菜播种前的种子处理。实践表明，有些种子如莴苣、芹菜发芽的适温范围较窄，种子经过一段时间低温处理后有利于发芽，如莴苣种子浸种后经5～10℃处理1～2d再播种，这样可明显种子促进发芽。

②变温处理。变温处理大大有利于种子发芽率的提高，促进种子的气体交换作用可能是其重要原因。将催芽的种子进行较高温度（25～32℃）与较低温度（1～5℃）下变换处理12～16h，反复数天，直至出芽。变温处理可大大提高发芽率，增强秧苗的抗寒力，并可加快秋苗生长发育速率。此处理对茄果类与瓜类种子有明显效果。

5. 工厂化育苗的配套设施 穴盘育苗的配套设施主要包括精量播种系统、育苗温室、催芽室三部分，配套材料包括穴盘和育苗基质。

（1）精量播种系统 精量播种系统是工厂化育苗生产线的核心部分。根据播种器的作用原理不同，可以分为真空吸附式和机械转动式两种类型。真空吸附式播种机对种子形状和粒径大小没有严格要求，播种前无需对种子丸粒化加工即可播种。机械转动式播种对种子粒径的大小和形状要求比较严格，除十字花科蔬菜的一些品种外，播种前均需把种子加工成近于圆球形。

（2）育苗温室 育苗温室的选型必须结合本地区的地理位置和气候条件来考虑，北方地区可以采用二代节能日光温室作为育苗温室。温室需要配备可调温的供暖系统和行走式喷水灌溉系统。设计上要考虑冬季室内最低气温不应低于12℃，出现低温天气需采取临时加温措施，所以需配备加温设备。育苗温室务必选用无滴膜，防止水滴落入苗盘中。夏季育苗要注意防雨、通风及配备遮阳设备。

（3）催芽室 工厂化育苗是将裸籽或丸粒化种子直接通过精量播种机播进穴盘里。冬春季为了保证种子能够迅速整齐地萌发，通常把播完种的穴盘首先送进催芽室，待种子60%拱土时将其挪出。催芽室应具备足够大的空间和良好的保温性能，内设育苗盘架和水源，催芽室距离育苗温室不应太远，以便在严寒冬季能够迅速转移已萌发的苗盘。如果育苗量较少，也可将催芽室放在育苗温室里，用塑料薄膜隔成一间小房子，提供足够的温度条件即可。在催芽室内将盘与盘垂直放在床架上，室内温度控制在20～33℃，湿度控制在95%以上。

（4）穴盘 因选用材质不同，穴盘可分为美式穴盘和欧式穴盘。美式穴盘一般采用塑料片材吸塑而成，而欧式穴盘是选用发泡塑料注塑而成。美式穴盘较为适用。

穴盘的外形和孔穴的大小采用国际统一标准，穴盘宽 27.9cm，长 54.4cm，高 3.5～5.5cm。根据孔穴数量和孔径大小不同，穴盘分为 50、72、98、128、200、288、392 和 512 孔。我国使用的穴盘以 50、72、98、128 和 288 孔者居多。

番茄、茄子、早熟甘蓝育苗多选用 72 孔或 98 孔穴盘；辣椒及中晚熟甘蓝大多选用 128 孔穴盘；春季育小苗则选用 288 孔穴盘；夏播番茄、芹菜选用 288 孔或 200 孔穴盘；其他蔬菜如夏播茄子、秋菜花等均选用 128 孔穴盘。或根据苗态选用穴盘，育 2 叶 1 心苗用 288 孔穴盘，4～5 叶苗用 128 孔穴盘，5～6 叶苗用 72 孔穴盘。

（5）育苗基质　育苗基质要求有良好的通气性、保水能力、离子代换能力、对植株的固着性，以及基质自身密度与 pH 等综合特性。

①基质的种类和选择。可用于无土栽培的基质种类很多，草炭土、森林腐叶土、蛭石、珍珠岩等都是蔬菜和花卉理想的育苗基质材料。按基质的组成分为有机基质和无机基质。有机基质如草炭（泥炭）、树皮、蔗渣、碳化稻壳、风化煤等；无机基质如砂、炉渣、石砾、岩棉、蛭石、珍珠岩等。

②基质处理。泥炭是地底下多年自然风化的有机质，无病菌、害虫、杂草，是较好的基质。蛭石是工业保温材料，经高温烧结后粉碎，无病菌、害虫污染，且保水透气性好，含有效性钾（为 5%～8%），酸碱度中性，作配合材料极佳。珍珠岩也可作配料，但含养分低，持水力弱，价格高。即使优质的泥炭土和蛭石等仍然含有杂物，如草根、泥团、石块、矿渣等，必须经过筛选、粉碎后才能使用。各种基质和肥料要按一定比例进行混合搅拌，并在搅拌过程中喷上一定量的水，加水量原则上达到湿而不黏、用手抓能成团、一松手能散开的标准。当采用泥炭土和蛭石（2∶1）混合料时，一般播种前含水量达到 30%～40%，应视具体情况确定。

③配制基质。穴盘育苗一般使用复合基质，即用两种或两种以上的基质按一定的比例混合制成。穴盘育苗单株营养面积小，每个穴孔盛装的基质量很少，要育出优质商品苗，必须选用理化性好的育苗基质。目前国内外一致公认草炭、蛭石、珍珠岩、废菇料等是蔬菜理想的育苗基质材料。草炭最好选用灰藓草炭，pH5.0～5.5，养分含量高，亲水性能好。

适合冬春蔬菜育苗的基质配方为草炭∶蛭石＝2∶1，或平菇渣∶草炭∶蛭石＝1∶1∶1；适合夏季育苗的基质配方为草炭∶蛭石∶珍珠岩＝（1～2）∶1∶1。为满足蔬菜苗期生长对养分的需求，在配制育苗基质时可加入适量的大量元素。基质配制方法是按草炭与蛭石2∶1，或草炭与蛭石与发酵好的废菇料1∶1∶1的比例混合，配制时每立方米加入氮磷钾三元复合肥（1、5-1、5-1、5）2～2.5kg，或每立方米基质加入1kg尿素和1kg磷酸二氢钾，或1.5kg磷酸二铵，肥料与基质混拌均匀后备用；或选用生产厂家已配好的商品育苗基质，每1 000穴盘需用基质4.65m³。基质的消毒可用50％多菌灵500倍液喷洒，拌匀，盖膜堆闷1d，待用。

（6）育苗床架　育苗床架的设置，一是为育苗者作业操作方便；二是可以提高育苗盘的温度；三是可防止幼苗的根扎入地下，有利于根坨的形成。冬天床架可稍高些，夏天可稍矮些，一般高为50～70cm。为考虑浇水等作业管理方便，苗盘码放时要按一定间隔留有通道。

（7）肥水供给系统　采用微喷设备，自动喷水喷肥。没有微喷设备，可以利用自来水管或水泵，接上软管和喷头，进行水分的供给，需要喷肥时，在水管上安放加肥装置，利用虹吸作用补给水分和养分。

6. 装盘播种

（1）装盘　将准备好的基质装入穴盘中，刮掉盘面上多余的基质，使穴盘上每个孔口都能清晰可见。72孔穴盘每1 000盘备用基质4.7m³，128孔穴盘每1 000盘3.7m³，288孔穴盘每1 000盘2.8m³。

（2）压穴　把装有基质的穴盘，摞在一起4～5个为一组，上放一个空穴盘，两手均匀下压穴盘，压至穴深1～1.5cm为止。

（3）播种　72孔盘播种深度应大于1cm，128孔盘和288孔盘播种深度为0.5～1.0cm。浇水后各格室清晰可见。每穴放入1粒饱满种子，播种后用基质覆盖穴盘，且刮掉穴盘上面多余的基质，以露出格室为宜，整齐排放。在播有种子的穴盘面上喷水，以从穴盘底部渗水口看到水滴为宜。

7. 苗期管理

（1）水分条件　播种覆盖作业完毕后，将育苗盘基质充分浇透水。子叶展开至2叶1心，基质含水量控制在最大持水量的70％～75％。3叶1心至商品苗销售，基质含水量控制在最大持水量的65％～70％。

穴盘育苗浇水方法和传统育苗方法不同，浇水次数也频繁，因穴盘苗每穴中的基质量少，又多是干籽直播，所以装盘前，要将基质拌湿，要求播后的水一定要浇透。冬春季幼苗出土前可加小拱棚保温保湿，出苗前不用再浇水；夏季水分蒸发快，要小水勤浇，保持基质湿润，以利于出苗，但水也不能过多，防止沤种；起苗前一天要浇一次透水，使苗坨容易被取出，避免长距离运输时发生萎蔫、散坨和死苗的现象。

（2）温度条件　温度条件是指育苗温室的气温、幼苗根际周围的地温及昼夜温差 3 个方面。

育苗场所的气温条件是培育壮苗的基础条件。在幼苗生长过程中，气温的高低极大地影响着幼苗的生长速率和质量；当气温高于幼苗生长的适温时，尤其是夜温过高时，地上部分生长速率加快，植株容易形成徒长苗；气温长期低于幼苗生长的适温时，植株生长速率变慢，容易形成老化苗或出现沤根观象。

昼夜温差对于培育壮苗有着极为重要的作用，白天应保持秧苗生长的适宜温度，增加秧苗的光合产物，适当降低夜温有利于光合产物的积累。

在一般播后的催芽出苗阶段，是育苗期间要求温度最高的时期，待 60% 以上的种子拱土后，温度适当降低防止出现高脚苗，但仍需保持适宜温度，以保证出苗整齐；当幼苗第一片真叶展开后，可将温度调整到作物苗期适宜生长的温度。

定植前 5～7d 逐渐加大放风，降低温度，该温度以定植区的环境条件为参照，以达到炼苗的目的。

（3）光照条件　光照是幼苗进行光合作用和提高育苗场所温度的能源，光照可直接影响幼苗的生长发育质量、养分积累和花芽分化，是培育壮苗不可缺少的因素。若幼苗长期处于弱光的条件下，易形成徒长苗，造成秧苗高脚、茎细、叶片数少、叶面积小、叶色发黄、花芽分化推迟，导致幼苗素质下降。

夏秋季育苗，光照过强，需用遮阳网遮阴，以达到降温防病的效果；冬春季育苗又需尽可能地加强光照，通过适时揭开草苫，选用防尘、无滴、消雾多功能覆盖材料，定期冲刷膜上的灰尘，以保证秧苗对光照的需求。

（4）气体条件　适当增加二氧化碳是培育壮苗的有效措施之一。所以，在保障温度的前提下，育苗设施要经常进行通风换气，保持温室内空气新鲜，以满足蔬菜幼苗生长对气体的需要。有条件的可进行二氧化碳施肥。

（5）营养条件　基质中已含有丰富的有机质及一定量的矿质元素，对于日历苗龄较短的幼苗，基质中的养分足够幼苗生长所需，一般不需追肥。日历苗龄较长的幼苗（35d 以上），幼苗真叶充分展开后，每 10～15 天随水浇 2 000 倍磷酸二氢钾营养液。在定植前 2～3d 可追肥 1 次，喷施相应农药，做到带药定植。

（6）病虫害控制　相对常规育苗而言，穴盘育苗的病虫害危害较轻，但仍需针对性地对猝倒病、立枯病、沤根等苗期病害进行预防。猝倒病、立枯病发病初期，可喷淋 72.2% 普力克水剂 400 倍液，喷淋配好的药液 2～3kg/m^2；或 12% 绿乳铜乳液 600 倍液 3kg/m^2。

基质温度长期低于 12℃，再加上浇水量过大或遇到连阴天气时，可能发生沤根现象。在高寒季节育苗，可采用电热线加温，保持基质温度在 16～

18℃以上；依据天气好坏，正确掌握浇水与放风的时间、次数。

育苗期虫害主要有蚜虫、白粉虱、潜叶蝇等。固穴盘育苗都在设施内进行，所以可采用黄板、蓝板等对虫害进行诱杀，药剂防治可首选烟雾剂熏蒸。对于蚜虫和白粉虱，还可进行叶面喷施吡虫啉、功夫浮油防治，潜叶蝇可用虫螨克、潜克叶面喷施防治。育苗场所还应注意防鼠害。

（7）优质壮苗的标准　穴盘苗与常规育苗不同，一般日历苗龄和形态苗龄都较小。壮苗的标准是根系发育好，侧根多呈白色，子叶肥大，茎粗壮，节间短，叶色深绿。以茄子为例，用 72 孔苗盘育苗的，株高 16～18cm，茎粗 4～4.5mm，叶面积为 110cm^2，达 6～7 片真叶并现小花蕾，日历苗龄 80～85d；128 孔苗盘育苗的，株高 8～10cm，茎粗 2.5～3mm，4～5 片真叶，叶面积 40～50cm^2，日历苗龄 70～75d。

（8）穴盘苗的运输　作为商品生产的蔬菜穴盘苗，苗龄大小应根据穴盘运输距离的远近来确定。一般来说，远距离运输的穴盘苗龄不宜太大，应以小苗为主。近距离运输时，穴盘的苗龄可适当大些。为缩短起苗至定植的时间，起苗后应尽快运输。果菜类运输的适宜温度一般为 10～21℃，若在低于 4℃ 或高于 25℃ 的温度条件下运输幼苗，会降低定植以后的成活率。叶菜类蔬菜运输的适宜温度为 5～6℃。由于蔬菜在运输的过程中没有光照，如果运输时间长、温度高，幼苗容易黄化，便定植成活率降低。因此，在蔬菜苗运输时，既要控制好温度，又要尽量缩短运输的时间，以保证幼苗的质量，提高定植后植株的成活率。

【任务实践】

实践一：蔬菜种子质量鉴别

1. 材料用具

（1）材料　各种蔬菜种子。

（2）用具　镊子、放大镜等。

2. 操作步骤

（1）从种子的外观、感官检查　种子的外部形态、种皮的特征（种脐、种脊、种孔）是鉴定种子的依据之一，种子的大小与播种量、种子播前处理、幼苗生长关系密切。若种子外观饱满、色泽鲜明，浸种时漂浮数量少，很少有其他杂质，浸种后用手挤压有弹性，多为质量好的种子。相反的，不充实饱满，有病虫害，其他杂质多，颜色暗，浸种时瘪籽漂浮多的是质量较差的种子。

（2）测定种子的发芽　随机取定量的蔬菜种子（一般小粒种子 100 粒）放在适宜的发芽环境中催芽。经过一定天数，计算发芽的种子粒数，计算出发芽率。质量优良的种子发芽率应在 95% 以上，发芽率不足 60% 的种子，一般不要用于播种，如要用，必须加大播种量，保证出苗。如式 1-1 所示。

$$发芽率（\%）＝发芽种子粒数÷供试种子粒数×100\%$$

（式 1-1）

（3）测定种子的净度。随机取出一定数量的种子样品（小粒种子最少10~20g，大粒种子 50~100g），检除一切非种子的夹杂物，再称一下纯洁种子的重量，计算种子净度。如式 1-2 所示。

$$净度（\%）＝纯洁种子重量÷样品重量×100\% \quad （式 1-2）$$

3. 检查

（1）检查蒜种处理水温。

（2）是否按照要求进行了操作。

实践二：种子播前处理

1. 材料用具

（1）材料　黄瓜、西瓜、番茄、茄子和其他蔬菜种子。

（2）用具　培养皿、滤纸、镊子、烧杯、玻璃棒、开水、温度计、恒温箱。

2. 操作步骤

（1）浸种

①温汤浸种。番茄、青椒、黄瓜、南瓜、西葫芦这类蔬菜的种子用 50~55℃ 的温水浸种（即二份开水加一份凉水），将种子浸入温水后不断搅拌，水温降至 30℃ 时停止搅拌，再浸泡 3~4h。

②热水烫种。对种皮厚而硬，吸水较难的冬瓜、丝瓜、蛇瓜、苦瓜、茄子等这类蔬菜种子，可用 70~80℃（温开水）的热水浸种，一定要迅速搅拌，到水温降至 40℃ 停止搅拌，冬瓜、丝瓜、蛇瓜种子需浸泡 10~12h。茄子要浸泡 6~8h。

③普通浸种。结球甘蓝、花椰菜、菜豆等这类蔬菜种子的种皮较薄，吸水容易，可用 20~30℃ 水浸泡 1~2h，其中有些品种报春、中甘 11 号甘蓝、浸种后常显著降低发芽率，可直接播种干种子。

④浸种时种皮易产生黏液的黄瓜、西葫芦、南瓜等蔬菜种子，应将黏液搓洗掉，在清水中洗干净。有利于种子发芽的通气，避免发芽不整齐，甚至烂种的现象。

（2）催芽

①将浸种的种子用毛巾和湿纱布包好，放在电热恒温箱内，瓜类、茄果类蔬菜掌握在 25~30℃，每天用净水（凉水）淘洗 1~2 次，种子经翻动，处于松散状态，使种子之间有空气，可提供种子发芽需要的氧气。

②在催芽期间，如遇特殊情况，需推迟播种，可将温度降低到 5~8℃；

若种子发霉，须用温水将种子洗干净，再继续催芽。

3. 检查

（1）检查处理温度。

（2）掌握处理时间。

实践三：育苗基质配置

1. 材料用具

（1）材料　草炭、蛭石、珍珠岩、废菇料等。

（2）用具　穴盘、铁锹、打孔器等。

2. 操作步骤

（1）配方选择

①适合冬春蔬菜育苗的基质配方为草炭：蛭石＝2：1，或平菇渣：草炭：蛭石＝1：1：1。

②适合夏季育苗的基质配方为草炭：蛭石：珍珠岩＝（1～2）：1：1。

（2）在配制育苗基质时可加入适量的大量元素。基质配制方法是按草炭与蛭石比例为2：1，或草炭、蛭石与发酵好的废菇料比例为1：1：1混合，配制时每立方米加入氮磷钾三元复合肥（1、5-1、5-1、5）2～2.5kg，或每立方米基质加入1kg尿素和1kg磷酸二氢钾，或1.5kg磷酸二铵，肥料与基质混拌均匀后备用。

（3）基质的消毒可用50%多菌灵500倍液喷洒，拌匀，盖膜堆闷1d，待用。

3. 检查

（1）检查基质配置比例。

（2）是否按照要求进行操作。

实践四：穴盘的选择与消毒

1. 材料用具

（1）材料　各种规格穴盘。

（2）用具　铁锹、肥料等。

2. 操作步骤

（1）穴盘外形尺寸多为54.9cm×27.8cm，穴盘规格分别为50、72和108孔比较适宜。

（2）1kg漂白粉加99kg水配制而成100倍的漂白粉溶液。

（3）将苗盘放进100倍的漂白粉溶液，浸泡8～10h，取出晾干备用。

3. 检查

（1）检查漂白粉溶液是否适当。

（2）是否按照要求进行操作。

实践五：播种

1. 材料用具

（1）材料　黄瓜种子（播前处理过）。

（2）用具　穴盘、育苗基质等。

2. 操作步骤

（1）装盘

①首先应该准备好基质，将配好的基质装在盘中。

②用刮板从穴盘的一方刮向另一方，使每个穴盘都装满基质，尤其是四角和盘边的孔穴，一定要与中间的孔穴一样，基质不能装得过满，装满后各个格室应要清晰可见。

（2）压穴　装好的盘要进行压穴，以利于将种子插入其中，可用专门制作的压穴器压穴，也可以将装好基质的盘垂直码放在一起，4～5盘一摞，上面放一只空盘，两手平放在盘上均匀下压至要求深度为止。

（3）播种　将种子点在压好穴的盘中，每穴一粒，避免漏播，发芽率偏低的种子每穴播2粒。

（4）覆盖基质　播种后用蛭石覆盖穴盘，方法是将蛭石倒在穴盘上，用刮板从穴盘的一方刮向另一方，去掉多余的蛭石，覆盖蛭石不要过厚，与格室相平为宜。

（5）苗盘入床　将已播种的育苗盘铺放在苗床中，及时用清水将苗盘浇透，浇水时喷洒要轻而匀，防止将孔穴内的基质和种子冲出，然后在苗床上平铺覆盖一层地膜，以防止育苗盘内水分散失。在覆盖地膜时，需在育苗盘上安放一些小竹条，使薄膜与育苗盘之间留有空隙而不粘结，也可在基质装盘后播种前将盘浸放到水槽中，水从穴盘底部慢慢往上渗，吸水较均匀，然后再放入苗床内。

3. 检查

（1）检查覆盖基质是否合适。

（2）是否按照要求进行了操作。

实践六：培养基的配制

1. 材料用具

（1）材料　大量元素、微量元素、铁盐、植物激素 IAA、NAA。

（2）用具　天平、烧杯等。

2. 操作步骤

（1）母液的配制

①大量元素母液：配成 10 倍液。用感量 0.01g 天平称取大量元素，分别

溶解后按顺次混合，加蒸馏水使其总量达 1L，即为大量元素的母液。配培养基时，每配 1L 取母液 100mL。

②微量元素母液：因用量小，常配成 100 倍或 1 000 倍母液，即将每种化合物的量加大 100 倍或 1 000 倍。逐次溶解并混在一起。在配制 1L 培养基时，取母液 10mL 或 1mL。为了配制不同培养基时使用方便，也可将维生素类物质分别配制。配制时用感量 0.001g 的天平称取。

③铁盐母液：铁盐是单独配制的，用感量 0.01g 天平称取，分别溶解、混合加水定容至 500mL。每升培养基取此液 5mL。

④维生素母液：用感量 0.001g 的天平称量，分别用容量瓶配成所需的浓度（0.1～10mg/L），用时按培养基配方中要求的量分别加入。

⑤植物激素的配制：单个称量，分别贮藏，一般配成 0.1～0.5mg/mL 的溶液。由于多数激素难溶于水，可采用以下方法配制。IAA（吲哚乙酸）：先溶于少量 95% 酒精中，再加水至一定浓度。NAA（萘乙酸）：可溶于热水中，也可用少量 95% 酒精溶解，再加水至一定浓度。2，4-D：不溶于水中，可用 1mol/L 的 NaOH 溶解后，再加水至一定浓度。KT（6-呋喃氨基嘌呤）及 BA（6-氨基嘌呤）：先溶于少量的 1mol/L 盐酸中，再加水至一定浓度。激素的用量，一般采用 mol/L 表示。

（2）培养基的配制

①根据采用培养基配方的要求，从母液中取出（用量筒或移液管）所需要的大量元素、微量元素、铁盐、维生素及植物激素等，放于烧杯中，加蒸馏水补足 1 000mL。

②把琼脂放入少量水中，加热使其溶化后，加入①中，并不断搅动使其混合均匀。

③用 pH 计或 pH 试纸测 pH。用 1mol/L 的氢氧化钠或 1mol/L 的盐酸，将 pH 调至要求的值。

④把配好的培养基用漏斗分装到培养用的玻璃容器内（试管、三角瓶或罐头瓶均可）。这些玻璃器皿要事先清洗干净、烤干。分装后用牛皮纸、铝箔纸或用 2～3 层称量纸包扎封口，然后准备高压灭菌。

⑤高压灭菌。一般采用 1.1kg/cm² 压力消毒 15～20min。不可时间过长或温度过高，以免引起培养基的变化。灭菌后的培养基最好置于 4～5℃ 条件下保存，含 IAA 的培养基要在一周内使用，其他培养基也不要超过一个月。正常情况下半月内用完。

3. 检查

（1）检查灭菌时间是否合适。

（2）是否按照要求进行操作。

【关键问题】

1. 组织培养体系的建立

（1）外植体获得

①将外植体（用镊子）夹到其中一个空培养罐中，倒入 75％的酒精消毒 30s，重复 3 次。

②倒入升汞消毒 4min，一次。

③倒入蒸馏水清洗，重复 3 次。盖上盖子，备用。

④点燃酒精灯，在另一只空的培养罐中倒入些 75％的酒精（用于铁制仪器消毒）。将铁架子在酒精灯上进行消毒，镊子和手术刀浸入培养罐中，然后放在酒精灯上灼烧，起杀菌作用。

⑤用镊子夹住一培养皿在酒精灯上稍微烫一下，以灭菌。在培养皿中倒入少量的蒸馏水。

⑥用经冷却的镊子将外植体夹到带少量蒸馏水的培养皿中，用刀切取其腋芽，将腋芽外的壳小心剥去，再在腋芽的尖端切一刀，使其暴露生长点。

⑦打开培养基瓶子之前在酒精灯上稍微烫下，打开瓶盖后，瓶口在酒精灯上灼烧下，以防污染。

⑧用镊子将腋芽植入培养基中，瓶口灼烧下，旋紧盖子。

注意：镊子和手术刀要经常灼烧，必要时可将镊子和刀柄进行高压灭菌，以防污染。

（2）组织培养诱导芽再生

①点燃酒精灯，从装有酒精的培养罐中拿出刀和镊子在酒精灯上灼烧。

②用镊子夹住一培养皿在酒精灯上稍微烫下，灭菌。

③待刀和镊子冷却后，从一培养瓶中取出芽丛放在准备好的培养皿上。

④用刀切取其嫩芽，并把老芽切短。

⑤将嫩芽植入培养基中，通常是每瓶培养瓶中接 6 颗老芽或 7 颗嫩芽。

注意：镊子和手术刀要经常灼烧，必要时将镊子和手术刀进行高压灭菌，以防污染。

（3）组织培养诱导根再生　　具体操作和注意同上，不同的是此过程只需要用到健壮的幼芽。

（4）植物移栽、驯化

①从瓶中取出竹苗，洗净培养基。

②寄栽于育苗箱的基质上（珍珠岩：砂壤土＝1：1），浇足定根水，定期

喷洒营养液（MS培养液）。

③用塑料膜调节温度、湿度和光照。

④统计成活率及育苗生长状况，待植株新发健壮根系后移往大棚。

2. 水分管理　穴盘内育苗的基质容量小，空隙度大，可吸纳的水分较少，苗床对幼苗供水的缓冲性小，稍有疏忽，便极易产生失水现象，夏秋高温季节要在清晨和傍晚气候凉爽时及时喷洒水分。

【思考与讨论】

1. 为什么要进行播前处理？
2. 苗期管理要点有哪一些？

【知识拓展】

1. 幼苗株型控制　对于商品苗生产者来说，整齐矮壮的穴盘苗是育苗者共同追求的目标。很多育苗者为此付出了很大的努力。最多的做法是先在育苗中期人工移苗一次，解决整齐矮壮苗圃的问题。

很多育苗者在生产实践中会选用化学生长调节剂的办法来调控植株的高度，以实现矮壮苗的培育。注意，这是一种虽然效率较高，但也是比较危险的做法。首先我们不赞成在食物上使用化学激素，其次使用激素有很多的后遗症，而且使用化学激素对使用方法和环境条件有一定的要求。比如说，矮壮素只有在叶片湿的时候才可以慢慢进入叶内，所以最好在傍晚使用才好。在植物缺水的时候一定不要使用激素，否则容易产生药害。

这里介绍几种激素以外控制株高的方法。

（1）负的昼夜温差（夜间温度高于白天温度3～6℃，3h以上）对控制株高非常有效，生产上的做法是尽可能降低日出前后三四个小时的温度。

（2）降低环境的温度、水分或相对湿度，用硝态氮肥来取代铵态氮肥和尿素态肥，或整体上降低肥料的使用量、增加光照等方法都可以抑制植物的生长。

（3）另外，还有一些机械的方法，如拨动法、振动法和增加空气流动法，都可以抑制植物的长高。例如，每天对番茄植株拨动几次，可使株高明显下降，这种做法要注意避免损伤叶片。辣椒等叶片容易受伤的作物就不适合这样做。

当然，如果使用激素特别是矮壮素过度，会导致药害的出现。除喷施相反作用的激素来解除药效之外，还可适当增加水分和铵态氮来促进生长，也可以尝试用叶面喷施海藻精的办法，会收到明显的效果。

2. 关于仪器使用

（1）pH 计的使用方法

①调试：打开开关，用温度计测缓冲溶液的温度，按"温度"按钮调节温度与温度计显示相同，先 pH 计放入定位缓冲液中，待读数稳定后，按定位键（pH 灯光闪烁），调到 6.86，按确定键，即可。用蒸馏水清洗干净 pH 计，再将 pH 计放入斜率缓冲液中，待读数稳定后，按斜率键（pH 灯），调到 4.00，按确定键，调试完成。

②使用：调试完成后，先用温度计测量待测溶液的温度，按温度键，调节温度至温度计显示的度数，按"确定键"，用蒸馏水清洗 pH 计后，把 pH 计放入待测溶液中，调节 pH 到所需 pH，即可。

注意：使用前后都要用蒸馏水清洗 pH 计；不用时，要保持 pH 计笔头湿润，在笔套里放一定量的 KCl 外参比补充液。

（2）分光光度计使用方法（主要用于测量农杆菌液的 OD 值，使用波长为 600nm）　打开开关，转动波长转钮至所需波长，按 MODE 至 T 灯亮，按"0％T"，度数显示为 000.0，放入待测溶液，盖上盖子，拉动拉环至参考溶液管，按"100％T"，度数显示为 100.0，按 MODE 至 ABS 灯亮，拉动拉环至所测溶液管，此时显示度数即为溶液 OD 值。

（3）摇床的使用方法温度 28℃，转速 160r/min。

（4）高压灭菌锅的使用方法

①先加蒸馏水到灭菌锅里，直至水位灯显示高水位。

②再将要灭菌的东西放入灭菌锅中。

③旋紧灭菌锅盖，打开放气气阀，关闭安全气阀。

④调节灭菌温度为 121℃，调节灭菌时间为 25min。

⑤其温度达到 100℃以上，放气一段时间后，可关闭放气气阀。

⑥灭菌结束时会有一次鸣叫提醒，但不用急着打开灭菌锅盖。

⑦等温度降至 90～100℃的时候，打开安全气阀放气，取出东西。

技术实训：黄冠菊顶梢扦插繁殖

一、目的要求

掌握植物顶梢扦插繁殖的原理和主要技术要点。

二、主要内容

切取黄冠菊等花卉分枝的顶梢，保留部分叶片，蘸生根液后插入品氏泥炭基质中，使其生根发芽成为新植株。扦插繁殖上述植物合计 2 000 株。

三、材料用具

1. 植物材料　黄冠菊、迷迭香等。

2. 用具　32孔穴盘、品氏泥炭、剪刀或小刀、生根液等。

四、实施案例

1. 选合适的黄冠菊、迷迭香等母株，用小刀、剪刀或直接用手搬下5～10cm的枝梢部分作为插穗。切口平剪且光滑，位置靠近节下方。插穗随采随放入装有清水的盆或桶中备插。

2. 去掉插穗部分叶片，保留枝顶2～4片叶子。

3. 装填用水充分发制好的品氏泥炭入32孔穴盘，要求土壤含水量50%～60%。

4. 将插穗沾生根液8～10s后插入基质中2～3cm，略压实。

5. 把穴盘放入遮阴环境，扦插后第一阶段，每天喷雾2～3次，以保证其空气及土壤湿度，确保插穗新鲜直到愈伤组织形成。

6. 插穗扦插后第二阶段，每天喷雾1～2次，以促进插穗新根形成。

7. 插穗扦插后第三阶段，移穴盘入全光喷雾育苗场，以促进生根后插穗根叶充分生长备用。

五、注意事项

1. 选取的插穗以老嫩适中为宜。过于柔嫩易腐烂，过老则生根缓慢。

2. 母本应生长强健、苗龄较小，生根率较高。

3. 扦插最适时期在春、夏之交。

4. 适宜的生根环境为：温度20～25℃，基质温度稍高于气温3～6℃。土壤含量50%～60%，空气湿度80%～90%，扦插初期忌光照太强。适当遮阴。

六、思考与要求

1. 软材扦插如何保留叶片？为什么？

答：软材料扦插也叫嫩枝扦插，是在生长季节进行的温度较高，蒸腾量较大，同时生根又需要叶片通过光合作用取得一些合成激素，为了二者兼顾，对插穗上一个芽外带的叶保留一部分，一般采用复叶者仅流下面一对小叶，单叶者剪掉一半。

2. 记录扦插实训结果。

3. 进行扦插繁殖后的成本核算。

2

单元二 园艺植物的栽植

模块一　果树的栽植

实践目标

本模块主要包括果树苗木定植、幼树整形修剪等内容，掌握果树定植和幼树修剪技术。

模块分解

任务	任务分解	要求
果树苗木定植	1. 苹果小冠疏层形的整形修剪 2. 桃树的整形修剪 3. 2年生葡萄的整形修剪	1. 掌握果树的树形结构 2. 掌握果树的修剪方法 3. 掌握常见树种的整形修剪技术

任务一　果树苗木定植

【案例】

每年春季果树苗木定植后，一些果树苗木常出现以下现象。

假活：苗木发芽展叶快，但生长一段时间，突然又会枝干叶枯死亡。

假死：苗木迟迟不发芽，但折断枝条看，里面却嫩绿且枝条柔软，并没有干枯，过段时间甚至第二年，它才发芽生长，这种现象叫"假死"。

思考1：为什么会出现假活或假死现象呢？

思考2：果树定植技术有哪些？

思考3：果树定植后应该注意哪些问题？

案例评析：果树定植技术要点。

定植时期：落叶果树和常绿果树的定植均应在苗木地上部分生长发育相对停止，土壤温度5～7℃以上时为宜。落叶果树一般在冬季落叶后至新梢发芽前定植，常绿果树一般在春季萌芽前定植。营养袋育苗全年均可定植。

栽植密度：株行距柑橘类3～3.5m×4m，桃、李、奈、梅、杨梅4m×4m，梨、板栗、柿5m×5m。

定植方法：

1. 定植前的准备

（1）定点挖穴　定植前做好果园的规划和设计，平整地面。在测好的定植点上挖长宽深1m×1m×0.8m的大穴，挖穴时表土与心土分开堆放，填土时将表土和山皮土放穴底，然后分层压埋有机物（可用绿肥、杂草、稻草、垃圾等），一层草料，一层土，适当撒些石灰。上层应施饼肥、钙镁磷肥、厩肥等，并与土充分拌匀，然后做成20～30cm高的土墩。要求下大肥，即每穴下草料2担，土杂肥2担，饼肥1.5～2.5kg，钙镁磷1～1.5kg，石灰1～1.5kg。

（2）苗木选择。要求苗木品种纯正，根系完整、发达，2～3个分枝，枝粗节短，芽饱满，嫁接口愈合完好，苗高达规格要求，无检疫性病虫害的健壮苗木。

（3）苗木处理。定植前将苗木进行分级，分类种植，并把根的断口剪平；对主根发达的品种进行断主根处理或垫根；对苗木进行解绑和消毒，对没带土移栽的苗应进行根系沾泥浆。

2. 定植技术

定植时先将苗木放入穴内，再把混有腐熟有机肥的表土填入根部，边填土边舒根。土盖满根部后，将苗木略加摇晃，轻轻提起，使根部舒展，并使根部与土壤紧密结合，然后继续填土踏实。如果是带土球的果苗，直接将苗放入穴中，填土后浇水即可，注意不能将土球压散。要浅栽植，即嫁接口应露出地面 12cm（但杨梅应深种）。定植后将苗木周围的土培成外缘稍高、中间稍低的圆盘，浇足定根水，再盖上稻草或杂草，立一根支柱，以防大风吹动苗木。定植后晴天时每周浇水一次，阴天半个月浇水一次，直至成活。

【知识点】

1. 园地选择

选择果树园地时，要充分考虑到所栽果的习性和生活环境，如海拔、坡度、坡向、土壤、土质等。

（1）海拔　虽然海拔不是选择园地的先决条件，但是海拔每升高 100m，气温就下降 0.5～0.6℃。所以，为了选择适应果树生长气候的条件，就必须考虑到海拔因素的影响。

一般情况下，年平均气温在 6℃ 以上，绝对气温在 −30℃ 以上的地方都可根据不同果树种类对环境条件的要求定植种类果树。另外，随着海拔的升高，温度日较差增加，对于各类果树果实着色和各种有机营养物质的累积、品质的提高很有利。

（2）坡向　坡向对温度、温差、湿度、光、风等都有较大影响。一般南坡较北坡温和，昼夜温差较北坡大，大陆性气候较北坡明显，光照较北坡强；在冬季，南坡受来自西北方向的冷燥气流影响小，北坡受来自西北方向的冷燥气流影响较大。因此，应根据果树种类、品种的物候期、抗寒性、耐旱性、喜光程度等加以选择。如果是丘陵地果园，因高差不大，一般不考虑坡向问题。

（3）坡度　坡度对土壤肥力、土壤水分和土层厚度有较大的影响，坡度可分为四级：坡度在 10° 以下为缓坡，10～25° 为斜坡，25～40° 为陡坡，40° 以上为峻坡。坡度越大，果树生长条件越差。

各种果树对坡度的适应性不同，但大多数果树均以在缓坡或斜坡上栽植为宜。坡度过陡，往往水土易流失，土层较薄，对果树生长不利，而且修筑梯田也比较困难，所以很少在 40° 以上的峻坡上建立果园。

（4）土层与土质　因为一般山地的中下部土层较为深厚，有利于果树的生长发育，管理运输也较为方便，所以应尽量选择山的中下部建园。土质以沙质壤土或壤土为宜，砾质壤土稍次。土层达不到要求时，需经深翻、爆破、换土等，改土后再栽植果树。南方山地土壤，往往酸性很强，除选栽适应酸性土壤的果树种外，还应采取施石灰等改土措施。

（5）土壤　不同果树种类对土壤条件要求不同，但土层深厚、土壤结构良好、质地疏松、富含有机质、较肥沃的微酸到微碱性土壤有利于果树生长。

2. 果园规划

果树是多年生、商品率高的作物，一经栽植，就在一地生长，结果多年。因此，栽植前的规划对于充分发挥果树生产潜力，获取更高的经济效益有重要意义。果园规划一般包括经营规划、园址选择、用地计划、栽植设计及建设投资预算和经济效益预测等。规划依据主要考虑建园目的、果园规模和经营方式，同时要充分考虑到当地的气候、土壤自然条件和交通、市场等社会条件。将果园分为以下三类。

（1）专业化商品生产果园 以生产优质果品，获取最大经济效益为目的，宜在这类果树最适的栽植地区，选用最适宜的品种建园。大型果园要有配套的生产设施和机具，并配有包装、贮运、加工和信息服务等条件。

（2）庭院式及观光果园 以服从城市、公园、建筑等的整体布局为前提，选择观赏、食用兼用，不同熟期与花期的品种，使周年花果相继，美化环境经济。

（3）果粮间作是中国农业生产多种经营的一种特有形式。规划时，要考虑到粮食和果品生产两个方面，以农业为主，选择适宜的间作果树，充分利用空间、土壤及水肥资源，形成相互补益的生态环境。中国北方利用梯田边缘，南方在水田的垄背上栽种果树。风沙地区以果树作防护林，这对开发山区、改造沙荒、提高具有重要意义。

3. 果园分区

在安排果园用地时，大、中型果园果树栽植的面积，应占总面积的80％以上，除防护林、道路外，药池、水池、粪池、房屋、机具棚、包装场等应本着节省土地、方便管理的原则，设在非耕地或薄地上。

中、大型果园要依地形、面积和树种划分栽植小区，小区的形状、大小、方位以方便作业，充分发挥机具效益，便于果园水土保持及采收运输为原则。山地丘陵果园，多按地形分区，面积不等，因地制宜；平地果园土地整齐，小区可以稍大。小型果园，不便用大型机械，可只留田间支路，不必形成明显小区，小区应尽量呈长方形，长边与主林带方向一致。果树的行间，在北半球中纬度地区，以南北向为宜。

4. 果园道路规划设计

果园道路一般设干路、支路。干路供车辆机具通行，位于小区之间。路宽按运输量及车辆机具来设计，通常3～5m；支路设在小区内，将果树的行距加宽1～1.5m即可，供田间作业用。大型果园应设主路，以连接干路和各个分场，以及包装、贮藏、加工场所。在山地、丘陵梯田或撩壕的情况下，多用梯田边缘、田埂作为支路，而干路、主路则需顺坡迂迴上下，以防止水田流失。道路设置还应与排灌系统、水土保持工程、防护林等统一设计，综合施工，尽量少占地，节省费用。

5. 果树苗木栽植设计

选择树种应为最适于当地栽植的果树。在城市郊区、工矿区及交通要道近旁设置的果园，应多树种、多品种搭配，形成多样化，但又不失之杂乱，以供应鲜果、活跃市场为主；山区交通不便的和边远地区及劳力不足的果园，应以耐储运、能就地进行初加工的树种为主，干、鲜果适当配合。品种的选择，除考虑良种化、区域化外，要预测国内外市场发展趋势，选用具有竞争潜力的品种。

栽植密度。果园建园投产年限，与全部投资的回收有直接关系。果树早期产量，通常与栽植密度呈正相关。适度密植，可以提高果园早期经济效益。因此，应按不同树种、品种的生长结果特性，对栽植密度做出适当设计，并对果树的始果期、早期增产幅度、持续高产年限、单位面积产量及投资、收益等做出预测，选定最佳方案，以便尽早回收投资且获得长期稳定的高产效益。

【任务实践】

实践一：苹果苗木栽植

1. 材料与用具

（1）材料　苹果苗木、有机肥等。

（2）用具　铁锹相关农具。

2. 操作步骤

（1）挖一个标准塘。按定植点挖长 80cm、宽 80cm、深 80cm 的定植塘，并将熟土与生土分别放置。

（2）施有机肥。挖好后每塘施 50kg 有机肥，再加 0.2kg 氮肥和 0.5kg 磷肥与熟土混匀填入塘中，后填入生土，随填土，随压实，将土填至略高于地面 20cm 为止。

（3）栽一株合格苗。要求苗木粗壮，根系发达，嫁接口愈合良好，无病虫，无损伤。栽苗时要放正、直立、埋土、轻提、踩实，使根苗根系自然舒展，与土壤密接。栽苗深度要适当，让根茎稍高于地面，栽苗过深，树不发旺；栽苗过浅，容易倒伏。

（4）浇一担定根水。栽苗打好树盘后灌足定根水。

（5）盖一块地膜。待水渗下后，封土保墒（田地里土壤的湿度），盖好 100cm×100cm 一块地膜，可起到保湿保温，提高果苗成活率的作用。

3. 检查

(1) 检查苹果苗木是否健康。

(2) 是否按照要求操作。

实践二：桃树苗木栽植

1. 材料与用具

(1) 材料　桃树苗木、有机肥等。

(2) 用具　铁锹相关农具。

2. 操作步骤

(1) 确定栽植密度　无论大棚还是日光温室均应采取南北行栽植，栽植密度根据砧木类型和树形确定。如采用"PCR"（即采后去冠）修剪法，可进行高密度栽培，以1m×1m或1m×1.2m为宜；采用纺锤形或Y形等永久性树形，以1~1.5m×2~2.5m为好。

(2) 配置授粉树　桃树大多数品种是自花授粉，自花结实，按理论讲可以不需配置授粉树，但温室不同于露地。有些品种露地栽培自花结实率较高，而在温室内栽培，自花结实率便大大下降；有些品种本身就无花粉或少花粉（如安农水蜜、砂子早生、五月鲜、长安早红等品种）或自花结实能力低（如曙光等品种）。实践证明，温室桃树就是自花结实率高的品种，经异花授粉后也可大大提高坐果率。因此，桃树温室栽培建园时，要合理配置授粉树。一般每个棚室定植花期一致或相近的品种2~3个（普通桃、油桃、蟠桃均可），以便相互授粉，提高坐果率，从而获得高产高效。

(3) 栽植方法　苗木栽植方法正确与否，直接影响苗木的成活率及生长发育。因此，栽植时必须掌握以下技术要点。

①按确定的株行距挖深、宽各60cm的定植穴（沟），并将熟土和生土分开。若行距较窄不便操作，可先隔行进行，将土回填后，再挖余下的定植穴（沟）。穴（沟）内施入有机肥，每株施30kg，与熟土拌匀施入，生土覆上，并立即浇水沉坑。

②所栽苗木要进行分级。大苗栽植在棚室后部（日光温室）或中部（塑料大棚），小苗栽植在温室的前部或大棚的肩部，以适应棚室高度的限制，合理利用空间。

③栽前用"901"生物肥等具有促根作用的微肥蘸根，可有效地促进发根，提高苗木的成活率。栽后树盘覆盖地膜，以提高地温，保持水分，促进植株生长。

④定植后应及时定干，高度30~40cm。定干也要考虑温室的高度限制，后高前矮（日光温室）或中间高两边矮（塑料大棚）。剪口用油漆涂抹封闭，

以防枝条失水抽干，影响生长。

⑤定植时要浇足水。以后还应视干旱情况，每隔半月浇一次。浇 3 次水，基本可保证成活，并能促进苗木迅速生长。

⑥在定植的同时，必须准备一定量的预备苗。预备苗可栽植在编织袋、花盆等容器中，同样加强肥水管理。若棚室内出现植株死亡、有病或生长不良的植株，可及时带土补栽，确保苗全苗旺，植株整齐。

3. 检查

（1）检查苗木是否健康。

（2）是否按照要求操作。

实践三：葡萄苗木栽植

1. 材料与用具

（1）材料　葡萄苗木、有机肥。

（2）用具　铁锹等相关农具。

2. 操作步骤

（1）苗木进行检查

①对苗木进行整理。不同级别的苗木要分开，分别集中定植，以方便管理。

②结合整理苗木，修剪根系和苗干。一般 0.2cm 以上的根系只剪留 10～15cm，根茎上的枝芽（嫁接苗在嫁接口以上）保留 3～4 个，千万不可留芽太多。

（2）定植时间

①绿苗定植一般在 5～6 月份。具体时间还要看苗木的生长、供应情况。如苗源充足，绿苗质量又符合要求，在大棚内定植可提早到 4 月份。如果是在没有大棚设施的土地上建园，就要看当地露地的气温是否达到了幼苗生长的要求。一般来说，只要在苗木、气温两方面具备的前提下，绿苗定植的时间是越早越好。

②成苗定植在南方分冬种与春种。冬种时间是在 11 月底至 12 月中旬，此时南方节令虽已入冬，但还比较暖和。特别是这个时间的地温高于气温，对苗木根系的伤口愈合有利。这时定植的苗木翌春发芽，成活率高。

③扦插定植时间只有在春季进行。上海地区的最佳时间是每年 3 月上旬。在生产上，一般不提倡绿枝扦插定植。

（3）定植方法

①定植时选择晴好天气，先按原设计密度，定点放样。

②然后按定植沟的中心线挖穴放苗，每穴一株。

③把苗扶直，根茎比地表略高，根系舒展于穴内。

④等穴内填土过半时，摇动树苗，用脚踏实，然后向上微提苗茎，使根系充分与土壤接触，再填土满穴，并在苗四周筑一圈小土坝，直径 30cm 左右。北方叫"打坝子"，南方叫"做树堰"。

⑤土坝打好后浇水。水要浇透，此次浇水名曰"搭根水"，十分重要。

⑥等水分完全渗干后在树堰周围取土，把浇过水的地方盖没，防止水分蒸发。

⑦为提高苗木成活率，种植后最好覆盖黑色地膜。覆膜前按地膜的宽度整理好畦面。选无风天气作业，这样可以达到保湿、保温的作用。

3. 检查

（1）检查苗木是否健康。

（2）是否按照要求操作。

【关键问题】

1. 如何提高果树移栽成活率

（1）整理根系　果树从苗圃地挖出后，根系已受到伤害，为减少受伤面积，要进行整理。用剪子去掉部分主根，大的侧根从受伤处剪平，不要斜剪，伤口容易恢复。

（2）整理枝叶　根系挖断后，不能从土壤中吸收充足水分供地上部枝叶蒸发，剪除 2/3 枝叶，减少蒸腾量，从而提高成活率。

（3）定植技术

①施足底肥。在定植穴内每蔸施雷力海藻肥 1kg、澳利菌肥 2kg 和澳利生物有机菌剂 0.2kg，与土拌匀后定植。

②营养液浸根。移栽前把根系放在用根旺 15mL、极可善 25mL、水 10L 比例配制的营养液中浸 30min，可促进根系伤口愈合，加快恢复根系生长，提高成活率。

③解除嫁接口处薄膜。嫁接薄膜不解除，就会出现嫁接口下部和上部生长加粗，而嫁接口处生长不同步，刮大风时易从嫁接口处折断。

④摆平根系。苗木放入定植穴内，要将根系摆平，使根系舒展，以确保根系生长正常。

⑤淋足安蔸水。将苗木放入定植穴内，盖一层薄薄细土，浇足安蔸水使根土连接紧密，再盖一层土。

⑥注意嫁接口。柑橘类果树定植时要露出嫁接口，杨梅、李、桃、板栗等果树则不要露出嫁接口，才能正常生长发育。

⑦树盘覆盖。定植后，用稻草、茅草、农作物秸秆或猪、牛粪覆盖树苑表土，保持土壤水分，有利于恢复生长。

（4）肥水管理　果树定植后第 10 天和第 20 天各浇 1 次肥水，是恢复根系生长的关键。定植后 10d，根系愈伤组织开始恢复，此时按根旺 15mL、极可善 15mL、高氮冲施肥 0.25kg 和水 50L 的比例配液，每苑淋 1L，可提高根系活力，缩短缓苗期；定植后 20d，按高氮冲施肥 0.25kg、3％甲霜·噁霉灵 23g、水 50L 的比例配液，每苑淋水 1L，能促进新梢萌发健壮。截至 8 月份，每个月淋施 1 次 0.3％的高氮冲施肥，苗木成活率达 95％。

2. 果树定植后的养护

栽植较大的乔木时，在定植后应支撑，以防浇水后大风吹倒苗木。支柱方式有单柱直立、单柱斜立、三角支架等。支柱既可在种植苗木时埋入，也可栽后打入。树干和支柱接触部位应用草垫或其他保护材料隔开，以防磨伤树皮。单柱直立，支柱立于上风向；单柱斜立，支柱立于下风向。用较小的苗木做绿篱时，应立栅栏加以保护。

树木栽植后应时常注意树干四周泥土是否下沉或开裂，如有这种情况应及时加土填平踩实。此外，还应及时地中耕，扶直歪斜树木，并进行封堰。封堰时要使泥土略高于地面，以利于护根、防风、保墒。要注意防寒，其措施应按树木的耐寒性及当地气候而定。树木栽好后，应清净施工现场，并派专人养护管理，防止人为破坏。对栽植时受伤的枝条和栽前修剪过的枝条，应进行复剪。

【思考与讨论】

1. 怎样提高果树定植成活率？
2. 果树定植时应注意哪些问题？

【知识拓展】

1. 果树挖穴机

（1）产品介绍　挖穴机能够让人们从繁重的体力劳动中解放出来，广泛应用于植树造林，栽种果林、篱笆以及在秋季果树施肥等。中挖穴机动力强劲有力、方便实用、效率高、便于携带及野外田地作业，还可配不同钻头，适用于打不同大小的坑，单人操作方便实用。

（2）用途　挖穴机用于苗木种植挖穴，畜牧围栏埋桩挖穴；葡萄、胡椒种植埋桩挖穴；果树、林木施肥挖穴。

（3）特点　挖穴机整机重量轻、动力强劲、外形美观、操作方便、劳动强度低、适合各种地形。

（4）基本参数

①成孔直径：8、10、15、18、20、25、30cm。

②成孔深度：50～80cm（可根据用户具体要求配置不同长度的钻杆）。

③成孔时间：16～40s（因土质、干湿程度、使用经验及钻杆规格而不同，在冻土或冰层上打孔成孔速度将减慢1～2倍）。

④燃油消耗：600～800g/h（因土质、干湿程度、使用经验及钻杆规格而不同）。

⑤机重：9.5～15kg。

2. 果树定植应注意的问题

（1）开沟的问题　是否开沟或挖定植穴，要看看土质的状况和树种。土质好，土壤结构紧致，无大的沙砾，一般不需要开沟或挖定植穴，只需做成一定宽度的畦，在畦内用铁锨简单挖一个小穴进行定植即可。若沙砾较多，则需挖定植穴，并将沙砾去除，客土回填。若地块容易积水，则需开沟筑台，将果树定植于台上。不耐涝果树不宜定植在这种地块，如桃树、杏树等。

（2）深度的问题　果树定植不宜过深，以苗木原来的根茎（根系与地上部分的交界处称为根茎，是果树地上部分与地下部分的交界处，是全树上下养分必经的通道）与地面持平即可。根茎在秋季最迟进入休眠，春季最早解除休眠，对环境条件的变化最敏感。因此，根茎不可埋土过深或裸露于地面。俗语道"浅栽树旺，深栽树弱"就是这个道理。

（3）定植的问题　定植果树时，若是开沟或挖定植穴，要先施基肥，深度为离地面30cm以下，然后填土灌水。待水渗透后，将果树定植入沟或穴内，再灌水。10～15d再灌1次水。若是畦内定植，则在定植后灌水，可不施基肥。

（4）定干的问题　果树定植后，要及时定干。按照所整树形的要求适度定干。一般桃树、杏树采用开心形，定干高度为50～60cm。梨树、苹果树采用纺锤形，定干高度为100～120cm；采用疏层形，则定干高度为80cm。

（5）追肥的问题　果树定植发芽后，不要追肥，以防烧苗。待5～6月再追肥，且要距离树干根部40～50cm。一次追肥的量不要太多，一般每株施复合肥0.25kg左右。7～8月再追肥1次。秋季落叶前，及时施基肥。

模块二　蔬菜的直播与栽植

实践目标

本模块主要包括蔬菜的直播和栽植等内容，掌握蔬菜种子播前处理技术、直播和定植等技术。

模块分解

任务	任务分解	要求
1. 蔬菜直播	1. 种子播前处理 2. 直播 3. 间苗与定苗	1. 掌握直播种子播前处理技术 2. 掌握直播技术 3. 掌握播后管理技术
2. 蔬菜栽植	1. 整地与做畦 2. 定植	1. 掌握定植方法 2. 掌握整地与做畦技术

任务一 蔬菜直播

【案例】

蔬菜直播技术是部分设施蔬菜和部分露地蔬菜的栽培起点，播种技术的优劣直接影响蔬菜的高产、优质、高效。蔬菜直播的优点如下所述。

用种子直播的主根较深，侧根发生较多且范围较广，不仅能分布于土壤表层，也能向土壤底层发展，吸收面积较大。

育苗定植时，幼苗的根系会受到一定程度的破坏；或在定植后一段时间内根系吸收力会减弱，而用种子直播就没有这样的障碍。如番茄、茄子、辣椒等蔬菜用种子直播，抗寒性都较强，反而生长发育快。用种子直播的番茄，可耐轻霜，甚至短时间的－5～－4℃的低温，且抗倒伏性很强。这种抗逆性的增强与直播的根系强壮及在自然变温条件下受到的锻炼，从而导致生理上的改变是分不开的。

思考1：如何对蔬菜种子进行播前处理？

思考2：蔬菜种子直播的方式有哪些？

思考3：蔬菜直播如何确定播种量？

思考4：蔬菜直播苗期如何管理？

案例评析：蔬菜直播主要包括以下技术环节。

选种：用种子直播一定要选择肥大饱满、种皮光滑无暇、生命力强的种子，质量好的种子是培育壮苗的基础，还应该是充分成熟的，并经妥善保存的。蔬菜种子大小差别很大，小粒种子千粒重1g左右，大粒种子千粒重达1 000g以上。种子大小与营养物质的含量有关，对胚的发育有重要作用，且关系到出苗的难易及幼苗生长发育的速度。

晒种：为促进种子发芽，幼苗生长健壮，使蔬菜早熟、产量高、抗病强，在直播前需进行晒种、浸种、消毒、催芽处理。可在晴天，将待播种的种子在太阳下晾晒2～3d，以杀死附在种子表面上的部分病菌，还能提高种子的生命力，促进种子发芽整齐。

播前处理：种子的萌发需经历吸水后才会萌动并发芽。通过浸种，可加快发芽，减少播种后种子在土壤中的时间，减少病虫害感染的机会，同时还可结合浸种，进行种子消毒，提高发芽率，为杀死或钝化附着在种子表面甚至内部的病菌或病毒，要进行种子消毒，然后进行催芽。

适期播种：秋茄的适播期6～7月，苗期25～30d，冷凉地区反季节栽培可在3～4月份播种，一般每亩用种量为15～20g。

【知识点】

1. 蔬菜直播技术

（1）播种方式　主要有撒播、条播和点播 3 种。

①撒播：在平整好的畦面上均匀地撒上种子，然后覆土镇压。撒播的蔬菜密度大，产量高，无需播种工具，省工省时，但也存在管理不便、用种量大等缺点。撒播多适用于生长迅速、营养面积小的绿叶菜类。

②条播：在平整好的畦面上按一定行距开沟，将种子均匀撒在播种沟内，然后覆土镇压。条播地块行间较宽，便于机械播种及中耕等管理，同时用种量也减少。条播多用于单株占地面积较小而生长期较长的蔬菜，如菠菜、胡萝卜、大蒜等。

③点播：点播是将种子播在规定的穴内。适用于营养面积大、生长期较长的大型蔬菜，如豆类、茄果类、瓜类、薯芋类等蔬菜。点播用种量最省，植株营养面积均衡，也便于机械化耕作管理，但也存在着穴的播种深度不均，出苗不整齐，播种用工多，费工费事等缺点。

（2）播种方法　分干播法和湿播法。

①湿播。为播种前先灌水，待水渗下后播种，覆盖干土。湿播播种质量好，保苗率高，土面疏松而不板结，但操作复杂，工效低。

②干播。为播种前不灌水，播种后，镇压覆土。干播操作简单，速度快，但如播种时土壤墒情不好，播种后管理不当，容易造成缺苗。如播种后大量灌水，则易造成土壤板结。

（3）播种深度　即覆土的厚度，主要依据种子大小、土壤质地及气候条件而定。种子越小，贮藏物质越少，发芽后出土能力弱，宜浅播；大粒种子贮藏物质多，发芽出土的能力较强，可深播。沙质土壤，空气容易透入，土温也高，但容易干燥，所以播种宜深；黏重的土壤，地下水位高的地方播种宜浅，高温干燥时播种宜深，天气阴湿时宜浅。此外，播种深度也应注意种子发芽特点，如菜豆种子发芽时易腐烂，其播种深度应较其他同样大小的种子浅播。瓜类种子发芽时种皮不易脱落，常会妨碍子叶的开展和幼苗的生长，故播种时除注意将种子平放外，还要保持一定的深度。

种子的播种深度一般以种子直径的 2～6 倍为宜，小型种子于疏松土层中播种深度为 2～2.5cm，黏土中 1～2cm；豆类等大粒种子，一般约 3cm。

2. 直播蔬菜的苗期管理技术

（1）间苗　蔬菜直播栽培时，为了保证全苗，一般用种量较多，幼苗出土后，常易出现拥挤而引起秧苗徒长。因此，根据播种密度要及时间苗，使秧苗保持适当的营养面积。

间苗应分次进行，由出苗到戳苗应间苗 2～3 次，一般在 1～2 片叶和 3～4 片叶时进行。苗距因蔬菜种类、品种和预定的密度来确定。间苗时应掌握"间早不间晚、先轻后重、间病留健、间弱留强"的原则，将多余的小苗、弱苗、杂苗、病苗和畸形苗及时拔掉或剪除。

（2）水肥管理　播种后必须保证出苗所需水分。每次间苗后，结合浇"合缝水"，可进行追肥，以促进植株迅速生长。浇水后 2～3d，待土层表面干结时，可进行中耕。

（3）定苗　对于那些直播蔬菜，如大白菜、萝卜、胡萝卜等，最后一次间苗也就是定苗。定苗是根据计划株距或营养面积选留优质苗，去除多余苗。选留的幼苗就是为长期培养植株，最后形成产品，所以定苗是一项重要的工作，必须了解品种形态特征，认真操作。定苗最好在晴天中午前后进行，此时温度高，水分蒸发快，异常苗尤其是根部有问题的幼苗出现凋萎易被发现。定苗时除与前几次间苗作业要求相同外，还要掌握好株间距离，按照预定的营养面积定苗。如直播蔬菜的出苗情况出现连续断畦（垄）现象时，在最后定苗时，应选择间除的部分健壮幼苗进行补苗。补苗作业与定植要求相同。对补栽的秧苗，应"偏吃、偏喝"，使小苗赶大苗，达到苗齐、苗壮。

3. 直播蔬菜的种子播前处理

在蔬菜生产中，播种后都应力争使种子早发芽，达到早出苗、早齐苗的要求，才能培育成壮苗，为早熟、丰产打下稳实的基础。为达此目的，一个极其重要的农艺措施就是播种前种子处理，通过不同方法的处理达到种子消毒、促进种子发芽、出苗整齐、迅速、增强种子幼胚和秧苗抗性、减少病虫害发生的目的。

（1）选种　在确定优良的品种后，首先对种子播种品质进行室内检验，然后进行选种。选种时可根据不同作物种子的大小，采用筛选法或水洗法。筛选法可采用适当大小网眼的竹筛或铁筛进行。水选法可结合浸种催芽进行，捞去水面干瘪、不饱满的种子与杂物，如辣椒，先浸水 10～15min，再除去不沉水的瘪籽。

（2）浸种　浸种的水温为室温（25～30℃），浸种时间依不同种类的吸水快慢而定，一般 4～6h，最长不超过 12h，即可完成吸水过程，提高水温（40～60℃）可使种子吸水加快。种皮的结构也会影响吸水，如种皮薄的种子，浸水 4～5h 就可吸足水分。但黄瓜需 3～4h，葱、韭菜需 12h。种子因过度吸水会缺氧，因此种子浸泡时，需搓去表皮的黏液，否则影响种子的呼吸。无氧或氧气不足，种子不能发芽或发芽不良。

（3）消毒处理　为杀死或钝化附着在种子表面甚至内部的病菌或病毒，可将种子放入 90～95℃ 的水中 5～7s，但必须是干燥的种子才能用这种方法处理，否则会将种子杀死。接着将种子放入 50～55℃ 的恒温的热水中，需不停地搅拌，15min 后，捞出种子，放入 25～30℃ 的温水中。将种皮上带有的黏质淘洗干净，浸泡 4～6h 之后，用 0.1%～0.5% 的高锰酸钾浸种 15min，经消毒后需用清水洗净沥干。黄瓜种子宜感染病毒，可浸在高锰酸钾中浸种 3h 后用清水清洗沥干，再将种子用湿纸巾包好催芽。

（4）催芽　催芽是在保证种子吸足水分后，促使种子的养分迅速分解运转，供给幼胚生长的重要措施。保水可采用多层潮湿的纱布、麻袋布、毛巾等包裹种子。催芽期间每 4～5h 松动包内种子一次换气，并使包内种子换位。种子量大时，每 20～24h 用温热水洗种子一次，排净黏液，以利于种皮进行气体交换，当有 75% 左右种子咧嘴或露根时，即停止催芽，等待播种。催芽所需时间，白菜类、黄瓜 12h；莴苣 16h；甜瓜、丝瓜 7～20h；番茄 48～55h；冬瓜 72h 左右；茄子、辣椒 80h 左右。十字花科种子小，以胚根突破种皮为宜；茄果类种子以不超过种子长度为宜；瓜类种子催芽以催 1cm 短芽为宜。

【任务实践】

实践一：种子播前处理

1. 材料用具

（1）材料　黄瓜、西瓜、番茄、茄子和其他蔬菜种子。

（2）用具　培养皿、滤纸、镊子、烧杯、玻璃棒、开水、温度计、恒温箱。

2. 操作步骤

（1）浸种　结球甘蓝、花椰菜、菜豆等这类蔬菜种子的种皮较薄，吸水容易，可用 20～30℃ 水浸泡 1～2h，其中有些品种报春、中甘 11 号甘蓝浸种后常显著降低发芽率，可直接播种干种子，浸种时种皮易产生黏液的黄瓜、西葫芦、南瓜等蔬菜种子，应将黏液搓洗掉，在清水中洗干净。有利于种子发芽的通气，避免发芽不整齐，甚至烂种。

（2）消毒处理

①将种子放入 90～95℃ 的水中 5～7s。

②接着将种子放入 50～55℃ 的恒温的热水中，需不停地搅拌，15min 后，捞出种子，放入 25～30℃ 的温水中。

③将种皮上带有的黏质淘洗干净，浸泡 4～6h 之后，用 0.1%～0.5% 的高锰酸钾浸种 15min，经消毒后需用清水洗净沥干。黄瓜种子宜感染病毒，可

浸在高锰酸钾中浸种 3h 后用清水清洗沥干，再将种子用湿纸巾包好催芽。

（3）催芽

①将浸种的种子用毛巾和湿纱布包好，放在电热恒温箱内，瓜类、茄果类蔬菜掌握在 25～30℃，每天用净水（凉水）淘洗 1～2 次，种子经翻动，处于松散状态，使种子之间有空气，可供种子发芽需要的氧气。

②在催芽期间，如遇特殊情况，需推迟播种，可将温度降低到 5～8℃；若种子发霉，须用温水将种子洗干净，再继续催芽。

3. 检查

（1）检查处理温度。

（2）掌握处理时间。

实践二：直播

1. 材料用具

（1）材料　各种蔬菜种子。

（2）用具　钉耙、铁锹、开沟器、打孔器等。

2. 操作步骤

（1）湿籽撒播　主要用于早春低温季节蔬菜播种，具体操作如下所述。

①准备盖种土。在蔬菜播种前，按需要先从畦面起出 3～4cm 一层土，堆放在临近的栽培畦中，最好过筛，作为覆盖用土，堆放一旁备用。

②整平畦面。将畦面用铁耙搂平，用脚先轻轻踩一遍，浇足底水。

③播种。水渗后，将每畦的种子分两侧撒两边，对于小粒种子因体积小不易撒匀的，可在种子中加适量细沙或细炉灰后再播种。如果浇水过多，也可在水渗后在苗床上撒一薄层细土，并将低洼处用细土填平后再行播种。

④覆土，用铁锹将起出的土均匀地还回原畦，按要求厚度撒匀盖严种子。

（2）干籽撒播　在气温、地温较高的季节，或时常降雨时，往往采用干播。如晚春播种韭菜、秋菠菜、秋茴香、胡萝卜等，多采用干播方式。将畦面耙平，将种子分两份撒两边，均匀地播于畦面，然后用器齿轻轻地划畦土，使种子进入土中，用脚踩一遍，即可浇水或等待降雨。

（3）条播（沟播）　多用于直播大株型的蔬菜，像大白菜、作套作，也可将习惯撒播的蔬菜改为条播，播种有湿籽播种，如萝卜、根用芥菜等；有时为便于中耕、除草或间作韭菜、茴香、小油菜、小萝卜等。条播有干籽播种，多用于雨季，趁雨后土壤墒情好，能满足发芽期对水分的需要时播种。在整好的高垄上或平畦中按预定行距，根据种子大小、土质、天气条件等开 1～3cm 深的沟，将种子均地播于沟内，用大锄推土平沟盖种，让土壤和种子紧紧贴合在一起，如秋大白菜、萝卜和根用芥菜都是如此播种。

（4）穴播（点播）　多用于大粒种子的蔬菜播种，如瓜类、豆类和萝卜等。播种时按株行距挖穴，注意播种穴的大小、深浅要一致，当每穴用种 2 粒以上时，要将种子分开放置，不要将几粒种子堆放在一起。置种的同时要注意选用籽粒饱满良种，淘汰劣种，以保出苗质量。盖土时要将土拍细碎，盖土后稍加镇压，以便种子吸水出土。对于瓜类催芽后播种的，种子要平放，种芽弯曲时，种芽向下而后覆土。切勿使种子立置胚芽向下放置，这样容易造成"戴帽"出土。

3. 检查

（1）检查播种方式是否正确。

（2）是否按照要求进行了操作。

实践三：间苗与定苗

1. 材料用具

需要间苗、定苗的苗田。

2. 操作步骤

（1）间苗

①第一次间苗：初次间苗，原则上尽早进行，避免幼苗拥挤徒长。一般在子叶展开心叶出现时进行，先去掉杂草和杂苗，然后将密集处的幼苗疏开，使其分布均匀无双颗。

②第二次间苗：一般在幼苗 1～2 片真叶时进行。

（2）定苗　在晴天上午进行，按照"稀留密，密留希，不稀不密留大的"的原则定苗。

3. 检查

（1）检查间苗时间。

（2）是否按照要求进行操作。

【关键问题】

1. 蔬菜直播播后管理技术

（1）适当温度　蔬菜种子发芽要求一定的温度，不同蔬菜种子发芽要求的温度不同。喜温蔬菜种子发芽要求较高的温度，适温一般为 25～30℃；耐寒、半耐寒蔬菜种子发芽适温为 15～20℃。在适温范围内，种子发芽迅速，发芽率高。一般种子 24h 即可出芽，但有的种子催芽时间长，为防这类种子发霉变味、变干，在发芽期间需用温水将种子再淘洗 1 次后继续催芽，即再用湿纸巾包好，等待它缓慢出苗。

（2）正确的光照　光能影响种子发芽，蔬菜种子分为需光种子、嫌光种子和中光种子3类。需光种子发芽需要一定的光，在黑暗条件下发芽不良，如莴苣、紫苏、芹菜、胡萝卜等。嫌光种子要求在黑暗条件下发芽，有光时发芽不良，如苋菜、葱、韭菜及其他一些百合科蔬菜种子。大多数蔬菜种子为中光种子，在有光或黑暗条件下均能正常发芽。

（3）适当水分 蔬菜种子发芽要求一定的土壤湿度，不同蔬菜种子发芽要求的湿度不同。湿度在适合范围内，种子发芽迅速，发芽率高。一般种子24h即可出芽，如土壤太湿容易造成种子腐烂，太干会造成苗芽干枯。

2. 直播蔬菜除草剂的使用

（1）小粒种子直播的蔬菜 此类蔬菜对除草剂较为敏感，许多除草剂都可能影响蔬菜出苗，甚至出苗后逐渐死亡。可供播前和播后苗前使用的土壤处理剂仅有33％二甲戊灵（施田补）EC、50％敌草胺（大惠利）WP、50％乙草胺EC等。因此，72％都尔EC等生产厂家特别提示道："小粒种子繁殖的蔬菜，如苋菜、香菜、西芹等，对都尔EC敏感，不宜使用"。

（2）大粒种子直播或营养器官繁殖的蔬菜 此类蔬菜对除草剂的耐药力增强，所以可供播前和播后苗前使用的土壤处理剂有48％氟乐灵EC、50％扑草净WP、50％乙草胺EC、24％乙氧氟草醚（果尔）EC、33％二甲戊灵（施田补）EC、72％异丙甲草胺（都尔）EC、50％敌草胺（大惠利）WP、60％丁草胺EC、12.5％噁草酮（恶草灵）EC等。

【思考与讨论】

1. 为什么要进行播前处理？
2. 苗期管理要点有哪些？

【知识拓展】

1. 蔬菜播种期的确定

蔬菜适宜的播种期要根据当地的气候条件、蔬菜种类、栽培方式、苗期是否分苗以及适宜的苗龄、苗床种类和定植期等条件全面考虑。黄瓜、西葫芦、番茄、辣椒、豆类等喜温性蔬菜适宜霜后露地定植；喜冷凉的甘蓝、莴苣、芹菜、小白菜等蔬菜可在终霜前20～30d露地定植；保护地早熟栽培，因有防寒保温设备，可比露地提前播种。与此同时，还要考虑各种蔬菜的适宜苗龄，一般在背风向阳、不加温条件下，番茄苗龄为60～70d，茄子、辣椒为80～90d，黄瓜为30～40d，西葫芦为20～25d，甘蓝为70～80d，莴苣、芹菜为50～60d。用电热温床育苗，黄瓜苗龄为28～35d，番茄为35～37d，茄子为55～70d。

确定定植期后，以适宜的苗龄天数向前推算出播种期。播种期确定时要考虑到蔬菜的生育特点、育苗设备及技术水平等条件灵活掌握，不可盲目提早播种。

确定适宜播种期的同时，还要确定播种量。并根据定植计划，计算出各种蔬菜播种床和分苗床的面积以及所需种子的数量。为了保证苗数，需有30%～50%的安全系数。

2. 蔬菜轮作技术

蔬菜品种多，生长周期短，复种指数高，科学地安排菜园茬口，可恢复与提高土壤肥力，减轻病虫危害，增加产量，改善品质，是一项极其重要并且极为有效的农业增产措施。实行蔬菜合理轮作，应遵循以下原则。

（1）需求肥料种类不同　如青菜、菠菜等叶菜类需要氮肥较多，瓜类、番茄、辣椒等果菜类需要磷肥较多，马铃薯、山药等根茎类需要钾肥较多，把它们连作栽培，可以充分利用土壤中的各种养分。

（2）根的深浅不同　如深根性的茄、豆类同浅根性的白菜、葱蒜类轮作，则土壤中不同层次的肥料都能得到利用。

（3）互不传染病虫害　不同种类的作物轮作，能改变病虫的生活条件，达到减轻病虫害的目的。如粮菜轮作、水旱轮作，可以控制土传病害；葱蒜类后作种大白菜，可大大减轻软腐病的发生。

（4）改进土壤结构　豆类蔬菜有根瘤菌固氮，可提高肥力，应接着种植需氮较多的白菜、茄子等，再次种植需氮较少的根菜的葱蒜类。

（5）注意不同蔬菜对土壤酸碱度的要求　包菜、马铃薯等种植后，能增加土壤酸度，而南瓜、甜玉米种植后，能减少酸度，故对土壤酸度敏感的洋葱作为南瓜后作可增产，作为包菜后作则减产。根据以上原则，各种蔬菜的轮作年限也各不相同。例如，白菜、芹菜、包菜、花菜、葱、蒜等在没有严重发病地块可连作几茬，但需增施底肥。需隔1～2年栽培的有西瓜，需隔2～3年栽培的有马铃薯、山药、生姜、黄瓜、辣椒等，需隔3～4年栽培的有番茄、芋头、茄子、香瓜、豌豆等。

任务二　蔬菜栽植

【案例】

蔬菜栽植包括分苗和定植。分苗是指蔬菜幼苗长到一定大小以后进行的苗床内移植，定植则是指将成苗移植到田间的作业。

思考1：如何对蔬菜进行分苗？

思考 2：蔬菜栽植前土壤如何处理？

思考 3：蔬菜栽植密度如何确定？

案例评析：蔬菜栽植主要包括以下技术环节。

栽植前土壤准备：菜地整地宜早，尤以早熟栽培，应及早做好整地、施基肥和作畦的准备工作。欲行地膜覆盖栽培者，更需要提高整地质量和高标准的定植质量。

栽植前秧苗准备：健壮秧苗是移栽成活的重要条件之一。由于壮苗抗逆性强，栽后易缓苗，发棵快，有提高产量和质量的效果。因此，定植前要做好秧苗锻炼、蹲苗、囤苗及保护根季等措施。

栽植方法：蔬菜秧苗的栽植方法，可分为明水栽苗和暗水栽苗两种。。

栽植密度：栽培密度直接影响到蔬菜产品的产量和质量，合理的定植密度或留苗密度是取得良好效益的基础。栽培密度因蔬菜的种类、品种、熟性及栽培管理水平和气候条件等不同而异。

【知识点】

1. 蔬菜栽植前的准备

（1）土壤准备　菜地整地宜早，尤以早熟栽培，应及早做好整地、施基肥和作畦的准备工作。欲行地膜覆盖栽培者，更需要提高整地质量和高标准的定植质量。在整地作畦之后，定植前还需要按照栽植密度要求开定植沟或定植穴，并施入一定量的底肥，与土拌和均匀后栽植。一般情况下，蔬菜定植时适合穴施或沟施的肥料有商品有机肥、生物肥、腐殖酸和氨基酸类肥料，这些肥料一般不易烧根，且所含养分全面，有利于幼苗根系伸展，穴施时一般以每穴施入 30～40g 为宜。而复合肥、尿素、碳酸氢铵等含氮量过高的肥料不易施入，因这类肥料对幼苗根系刺激较大，施后极易烧苗。需要注意的是肥料应与定植穴或定植沟内的土壤搅拌均匀，然后在上面栽苗，切忌把幼苗直接栽在肥料上。

（2）秧苗准备　蔬菜定植对秧苗大小的要求，依种类不同而有区别。一般叶菜类秧苗，以具有 4～5 片真叶为宜。豆类秧苗根系再生能力弱，侧根较少，叶面积增加快，应在 2 片真叶期定植；茄果类秧苗，根的再生力强，可带蕾定植，以提早成熟。

健壮秧苗是移栽成活的重要条件之一。由于壮苗抗逆性强，栽后易缓苗，发棵快，有提高产量和质量的效果。因此，定植前要做好秧苗锻炼、蹲苗、囤苗及保护根季等措施。凡定植的蔬菜秧苗，均提倡用营养体或营养块育苗，以少伤根系，缩短缓苗期，延长定植的适宜时期。

秧苗准备应根据事前确定的密度，准备足够的秧苗，同时还必须准备部分预备苗，以便补苗。另外，在定糙前应选苗、分苗，剔除病苗、劣苗，并按秧苗大小分级，这样日后植株生长整齐，成熟期一致，有利于集中收获上市。定植前的成苗经过一段时间蹲苗后，营养土较干，直到定植时可少量给水，以利于移植。在起苗、运苗时尽量不要扭伤秧苗茎叶，也不能以手捏根，要轻拿轻放，以免散坨伤根。

2. 栽植时期和方法

（1）栽植时期　蔬菜的适宜栽植时期，应根据当地的生产条件、气候条件、蔬菜的种类和栽培目的等不同来确定。在中国华南地区，终年温暖，各种蔬菜的播种、定植时间虽有一定的差异，但要求不严格。东北、西北到长江流域，由于冬季严寒或有霜冻，喜温蔬菜如果菜类，春季应在地上断霜、10cm地温稳定在 $10\sim15℃$ 时才能定植于露地，且必须在晚霜期过后进行；否则，轻霜也会造成部分秧苗冻死。在不受晚霜为害前提下，定植越早，秧苗成活发棵也越早，是争取产品早熟的重要环节；秋季则以初霜期为界，根据蔬菜栽培期长短确定定植期，如番茄、菜豆和黄瓜应从初霜期前推 3 个月左右定植。

长江以南对于一些耐寒或半耐寒的蔬菜种类，如蚕豆、豌豆、甘蓝、小白菜、芥菜、菠菜和洋葱等，大多在秋冬栽培。晚秋或初冬定植的越冬蔬菜，其定植期应在最冷时期以前，以能够缓苗、恢复生长为标准；而在北方地区，多在春季土壤解冻后、10cm 土温达 $5\sim10℃$ 时即可定植。

栽植时的气候条件与秧苗成活率和缓苗快慢也有密切关系。春季栽植，应选冷尾暖头无风的晴天进行，阴雨天及刮风天不宜栽植。在夏秋高温干旱季节栽植时，应选阴天及晴天的下午或傍晚进行，避免烈日暴晒。

（2）栽植方法　蔬菜秧苗的栽植方法，可分为明水栽苗和暗水栽苗两种。

①明水栽苗，整地作畦后，先按行株距开穴（开沟）栽苗，栽完苗后按畦或地块统一浇定植水的方法，称为明水栽苗法。该法田间操作省工，速度快。但在早春栽植时如栽后浇水过多，土壤水分蒸发量大，易引起地温的明显降低，不利于幼苗的根系生长，缓苗慢。同时明水栽苗易引起土壤板结、裂缝，保墒能力差，适用于高温季节定植。

②暗水栽苗，是先在畦内按行距开沟或挖穴，随即按沟（穴）灌水，在水将渗下时将苗钵按株距栽入沟（穴）内。待水全部渗下后封沟（穴）覆土。这种栽苗方法用水集中，用水量小，地温下降幅度小，覆土后土壤表层不易板结、土壤透气性好，有促进幼苗发根和缓苗等作用；但是较费工费时，对土地平整度要求高，适于早春夏菜定植。

③采用地膜覆盖时，先覆膜后栽植或先栽植后覆膜均可。采用先覆膜后栽

植时，在垄面中央按株行距打好定植穴，直径和深度分别大于育苗营养钵的直径和高度。每穴灌水后，立即放苗，待水渗透营养钵后，用细土填实孔穴，封严地膜封口，使不漏风。采用先栽植后覆膜时，先在按行距做好的小高垄上按株距挖穴定植，栽后覆膜，挖孔引苗并封严引苗孔，在小高垄两边压紧地膜，然后立即浇水。浇水量应以小高垄完全浸透水为宜。

④苗的定植深度一般应比原苗床稍深些，但栽苗的深浅还要考虑到作物根系的深浅、强弱、植株形态、需氧情况、土质、栽培季节和方式等因素。栽植过浅或过深，都不利于秧苗成活。营养钵移栽宜深燮，栽浅了易悬脚受干。菜农有"黄瓜露坨，茄子没脖"之说。黄瓜根浅，对土壤养分要求高，所以定植宜浅。茄子根深，需要培土防止植株倒伏，所以定植宜深。大白菜根浅，茎短缩，深栽宜烂心。地势低洼、地下水位高的地块宜浅栽，否则栽深了在早春土温偏低，易导致烂根。在夏季高温季节或干旱地区，定植宜深些。土质过于疏松，地下水位偏低的地方，则应适当深栽，以利于保墒。对于徒长苗，可进行斜栽，即使其茎的下端连同根部一起斜卧在定植沟或定植穴内。

（3）栽植密度　栽培密度直接影响到蔬菜产品的产量和质量，合理的定植密度或留苗密度是取得良好效益的基础。栽培密度因蔬菜的种类、品种、熟性及栽培管理水平和气候条件等不同而异。一般来讲，爬地生长的蔓生蔬菜定植密度应小，直立生长或支架栽培蔬菜的密度应大；丛生的叶菜类和根菜类密度宜小；早熟品种或栽培条件不良时密度宜大，而晚熟品种或适宜条件下栽培的蔬菜密度应小；在高温多雨的地区，应较低温少雨地区密度小些。

合理密植是蔬菜增产增收的重要措施。密植后，蔬菜作物单位面积株数增加，根系横向生长范围缩小，纵向吸水、吸肥能力加强。因此，应根据蔬菜不同种类间的生长习性及其群体结构的发展过程，通过深耕、施肥、适时灌溉、及时搭架、整枝、压蔓和摘叶等技术措施，加强田间管理，改善通风透光条件，以实现合理密植。例如，早春番茄合理密植，要求改双秆整枝为单秆整枝或一秆半整枝。此外，合理密植还应注意加强病虫害防治。对于高温多雨地区或季节，不提倡密植；在没有灌溉条件，土壤肥力又低的地区，也不宜密植。

3. 缓苗期的管理

定植后，根据天气状况可进行临时性的田间保护，以利于迅速缓苗。如气温低时，进行简易覆盖，以提高地温；栽植后阳光过于猛烈时应设法遮阴，增加空气湿度，降低光照度等。当植株缓苗后，即应进行灌溉，浇一次缓苗水。

缓苗与否一般用形态指标来进行判别：一是拔出植株，看其新根特别是根毛发生情况；二是看地上部是否有新叶展开，植株是否开始新的生长。缓苗后，应根据具体蔬菜种类及其生长发育特点，采用正常的肥水管理、土壤管理和病虫草害防治，以促进植株迅速生长。

【任务实践】

实践一：整地与做畦

1. 材料用具

运输车辆、地膜、铁锹、平耙、开沟器等。

2. 操作步骤

（1）整地　整地主要是指平整土地，包括翻地和耙地等操作过程。

①平整土地。在平整土地前，操作者要立于距待平整地块 5～10m 处，面对地块或栽培畦中部，用眼左右扫视，确定何处高、何处低。根据地块面积大小和土地不平程度选用适宜整地工具。地块面积大，土地又严重不平，调运土的距离远，数量多，需要用车辆运土或用筐抬土。对于多年菜地，每年种植前均要进行小平地，此时用铁锹平整即可。在本地块内取土平地时，为避免造成地力不均，要"花插"取土，勿要在局部大量取同一层次的土壤。

②翻耕土地　耕翻深度因土壤质地不同和种植作物不同而异，一般秋耕深23～25cm，春耕深 18～20cm。耕翻土地有机械耕翻、特征畜耕翻和人力耕翻。一般菜园面积较小时，往往需要人力翻地。方法是：铁锹与地面大致 60°，铁锹柄向左倾斜，右脚掌蹬铁锹肩部，使铁锹直立地全部插入土壤中。而后将铁锹端起 10～15cm，把铁锹翻转 180°。将土按顺序扣压好，按要求决定是否拍碎土块，翻过的地面要平整。

③耙耱土地　耕翻后，为将土壤整细弄平，需要进行适度耙耱。大面积地块，由机械或牲畜牵引先耙地直至将所有土坷耙碎达到要求，然后用耱（亦称耢或盖）耱地，进一步耱碎土坷整平地面。对小面积地块或畦，翻地后先镝碎土块，而后用铁耙进一步弄细搂平地面。

（2）做畦

①制作平畦　降雨少地区露地栽培蔬菜，蔬菜生长期间经常需要灌溉，所以普遍采用平畦。平畦规格宽 1～1.6m，长 10～15m。做畦操作，首先按要求做好灌、排水沟，而后按畦的规格拉线做标记，接着培畦埂。培畦埂时，分别从畦埂位置的两侧起土培埂，共培土 2 次，用脚踩 2 遍，按要求规格用铁锹把畦埂切直拍光，最后用铁耙搂平畦面。

②制作高垄　早春地膜覆盖栽培矮生菜豆、马铃薯，秋季栽培大白菜、萝卜等多采用高垄。高垄规格为基部宽 0.4～0.5m，高垄长 10～15m，高垄中部高 10～15cm，高垄与高垄间隔 0.4～0.5m。做高垄前，应在整块地总体布置好的基础上，先修好灌、排水道，然后按高垄宽和间隔距离拉线做标记，从高

垄两侧均匀起土培垄，培垄用土要细碎，高垄表面要求光滑平整，这对覆地膜很重要。

③制作高畦　早春为提高地温，常采用高畦覆地膜栽植番茄、茄子、甜椒、甘蓝、莴苣等蔬菜，使收入期提早 7～10d。雨水充沛，选用高畦方式，有利于雨季排水。高畦底宽 0.6～0.75m，中高 10～15cm，高畦面呈龟背形（有些高畦畦面中部略低洼），高畦长 10～15m。做高畦的方法和做高垄相同，如果需要浇水造墒时，在培高畦前，于中部开沟浇水后再同样培土做高畦。

3. 检查

（1）检查土壤整理是否符合要求。

（2）检查菜田做畦是否符合要求。

实践二：定植

1. 材料用具

（1）材料　适合定植的蔬菜适龄幼苗。

（2）用具　钉耙、开沟器、打孔器、水桶、小铲子等。

2. 操作步骤

（1）定植时期　喜温、耐热性蔬菜春季定植时期是在当地晚霜结束后或 10cm 地温达到 10～15℃时，秋季定植期以早霜之前收获完毕为准，根据生育期再向前推算；耐寒、半耐寒性蔬菜春季定植时期是当地土壤化冻或 100m 地温达到 5～10℃时，秋季定植期以早霜开始后 15～20d 收获完毕为准，根据生育期向前推算。

（2）定植密度　一般黄瓜定植密度为 3 000～4 500 株/亩，平均行距 60～80cm，株距 20～30cm；番茄定植密度为 2 500～4 000 株/亩，平均行距 50～60cm，株距 30～40cm；辣椒（每穴双株）定植密度为 4 000～4 500 株/亩，平均行距 50～60cm，穴距 30～40cm；结球甘蓝定植密度为 3 000～3 500 株/亩，平均行距 50cm，株距 40cm。

（3）定植深度　一般以不埋住子叶和生长点为宜，徒长苗适当深栽。

（4）定植方法

①打孔定植。采用暗水定植方式，即在做好的畦或垄内，先按株距、行距开穴，逐穴浇足水，待水渗下一半时，摆苗坨，水完全下渗时覆土封穴。此法因地温不易下降，常用于低温季节蔬菜定植。宜选择晴朗、无风的中午定植为宜。提前覆盖地膜提高土壤温度。选晴天上午，先用一段与垄等长的绳子上按株距做标记，然后两人各执绳子的一端，拉直，按标记用小木棍在地膜上插孔，标示打定植孔的位置。然后用自制打孔器打定植孔。打孔器前端与营养钵

外形一致，下口细，上口粗，只是没有营养钵那样的底，这样打出的定植穴的形状就能与幼苗所带的土坨完全吻合，定植后基本不要再填土，苗坨可以不高不矮、严丝合缝地被安放到定植穴中。不能像过去那样，把打孔器做成上下一般粗细的铁筒，否则定植后土坨与土壤之间有空隙，需要填土并浇两次水，才能让幼苗根系与栽培田土壤弥合。一条地膜下的双高垄由两条垄组成，在每条垄的垄背上打孔，间距 25cm，打孔深度以土面与打孔器上沿平齐为准，保证定植后幼苗土坨表面与垄面相平，不能过深，也不宜过浅。打孔后，把幼苗摆放到定植穴旁边，准备定植。

观察定植穴深度，如果过深，要用手抓土回填。之后，用水壶按穴浇水，水一定要浇足，然后趁水尚未完全渗下，迅速栽苗。一只手掌面向营养钵表面，手指夹住幼苗基部，倒扣营养钵；另一只手摘除营养钵，将幼苗带土坨取出，安放到定植穴内，水下渗的过程中，土坨会与双高垄土壤紧密结合在一起。定植的深度以苗坨与垄面相平为宜，不宜过深，并注意不要弄散土坨。定植时要注意，垄间两行要交错定植。次日，从行间抓土将苗坨与土壤、薄膜之间的空隙封严。注意不要在苗坨表面即植株茎基部培土，以保持茎基部的相对干燥状态，预防病害发生。

也可采用明水定植方法。在做好的畦内，按株行距开穴或开沟栽苗，覆土封穴（沟）后逐畦浇足水。其优点是定植速度快、省工、根际水量充足。缺点是易降低地温、表土易板结。一般用于夏秋季高温季节蔬菜定植且选择阴天、无风的下午或傍晚定植为宜。

②开沟定植。特点是便于控制定植水量，并保证定植水能有效地被幼苗所吸收，而且有利于提高地温。因此，此法适宜在低温季节的露地和保护地各类蔬菜的定植。定植沟的大小要根据幼苗土坨人小、蔬菜根系特点和计划浇水量多少来定。一般土坨大，根系深时，定植沟要宽深些，反之就开沟小些。如茄果类蔬菜开沟要深些，黄瓜开沟就要浅些。一般定植沟深 10～12cm，宽 15～20cm。与打孔定植一样，根据用定植水的先后可将开沟定植分为暗水定植、明水定植两种方式。

③挖穴定植。按株行距挖定植穴，对需要插架的蔬菜，同畦内两行定植要相对，便于支架；对于不需插架的蔬菜，两行之间定植穴相互错开。定植穴大小深浅同样要根据土坨大小、浇水方式和蔬菜根系特点来决定，埋土时要把土拍碎，并将土坨周围土压实。同是挖穴定植，一般因应用季节和场所不同，浇定植水的方法也不同，在温暖季节定植，都是定植后普遍浇水，而在低温季节于温室中挖穴定植，就要挖穴、浇水后再栽苗。另外，在保护地内或露地采用高畦覆地膜进行挖穴定植时，尤其是在露地膜前浇水造墒的，也适宜点水浇后

栽苗。这样有利于维持较高的地温，加快缓苗。

3. 检查

（1）检查定植方式是否正确。

（2）是否按照要求进行了操作。

【关键问题】

1. 定植需要注意的问题

（1）瓜类蔬菜嫁接苗多用高畦或高垄定植　这样定植的嫁接苗，能够减少浇水时泥水对接合部位的污染，接合部位不易染病。另外，高畦、高垄表面较为干燥，也不易诱发苗穗基部发生不定根。

（2）瓜类蔬菜幼苗定植深度要浅　适宜的栽苗深度为原土坨面稍高于畦面1～2cm。浅栽苗的目的是加大嫁接部位与畦面的距离，减少畦面对接穗的影响。定植后种苗上覆盖准备好的细园土1.5cm。

（3）选用大苗、壮苗定植　大苗、壮苗的接穗和砧木的接合面积大，接合质量好，定植后缓苗快，结瓜早，容易高产；而小苗和弱苗则多是由于苗穗和砧木间的接合差所造成的，该类苗的生长势弱，不易缓苗，发棵质量也较差，坐瓜晚，难获高产。

（4）适当稀植　嫁接苗的长势较旺，单株瓜秧较大，不宜密植。一般每亩的种植密度要比普通西瓜减少10％左右。

2. 定植后的施肥问题

若蔬菜定植前，一次性施入大量的肥料，像稻壳肥、鸡粪、商品有机肥、复合肥及中量或微量元素肥料，底肥充足，土壤中的营养完全可以满足蔬菜苗期生长的需要，所以初期没有必要再施用氮磷钾肥料。若施肥不当还会造成烧根，因为蔬菜定植后，部分有机肥或化肥开始逐步被土壤微生物分解，释放可以被蔬菜根系所直接利用的养分，假若再随水追肥，底肥分解加上追肥，会造成大量的养分聚集在幼嫩的根际，导致根系受伤。同时如果苗期使用较多的氮肥，还可能造成旺长，根系下扎浅，而植株旺长所带来的主要后果是花芽分化不良，开花结果延迟。所以，若基肥施用充足，没有必要追肥。

【思考与讨论】

1. 为什么要进行播前处理？

2. 苗期管理要点有哪些？

【知识拓展】

蔬菜定植时不选大苗的原因

蔬菜越早上市价格越高，不少菜农为了抢时间，早早地准备好了苗子，却要等苗龄很大（8～10片真叶）时再定植。大苗定植虽然能让第一茬果提早上市，但不易培育壮棵，后期产量低，弊大于利。

（1）大苗定植不利于蔬菜中后期花芽分化　大部分蔬菜的花芽分化从2～3片真叶展开时就开始了，到分杈期（6～7片真叶）时，花芽分化已经到了"满天星"阶段，是决定蔬菜产量、质量的关键时期。若在此期还不定植，植株已有25～30cm高，苗床上秧苗较拥挤，相互遮光，影响光合作用的进行，易造成秧苗徒长，势必会影响中后期花芽分化，导致蔬菜中后期产量大大降低。

（2）大苗定植缓苗慢，根部病害严重　大苗定植，植物光合作用降低，制造的光合产物少，根系得不到充足的营养而生长过慢。根系生长过慢，从土壤中吸收的水分和养分少，不足以供应地上部茎、叶、花的生长发育需求，因而缓苗时间长。同时，因为根系生长偏弱，抗病能力弱，一些土传病害就会趁机浸染，造成蔬菜死棵。而4～6片叶的小苗定植后，可迅速适应土壤的环境并生根，因而利于缓苗。对此，提醒菜农朋友：定植蔬菜时一定要选择小苗定植。

模块三 花卉的直播与定植

实践目标

本模块主要包括花卉的直播和栽植等内容，掌握花卉种子播前处理技术、直播和定植等技术。

模块分解

任务	任务分解	要求
1. 花卉直播	1. 草本花卉飞燕草直播 2. 整地做畦	1. 总结花卉直播的优缺点 2. 总结适合直播的花卉类型 3. 根据植物类型总结播种要点
2. 花卉定植	1. 定植前土壤准备 2. 一串红的定植	1. 掌握定植的作用 2. 总结常见花卉的定植时期 3. 学会定植前植株调整的方法 4. 总结不同花卉对水分需求特点

任务一　花卉直播

【观察】

图 2-1　公园花坛中的虞美人

思考：虞美人，如图 2-1 所示，是通过直播还是育苗定植方式进行种植的？

【知识点】

1. 花卉直播的定义

将花卉种子直接播种于花坛或花池内而生长发育至开花的过程叫花卉的直播栽培方式。选择一二年生草花，主根明显、须根少、不耐移植的花卉，运用直播方式将种于播种于花坛或花池内，使其萌芽、生长发育，达到开花观赏的目的，如虞美人、花菱草、香豌豆、牵牛、茑萝、凤仙花、矢车菊、飞燕草、紫茉莉、霞草等。

2. 花卉直播的优缺点

（1）优点

①播种方便。播种直接撒播或机播到地里自然比一株株地移植要方便得多，也易成活。

②植株抗性强。

③繁殖量大。

④易管理。

（2）缺点

①遗传稳定性差，优良特性一代后不易保持。

②繁殖条件受限，季节性强。

3. 花卉直播的整地做畦技术

（1）意义　改进土壤物理性质，使水分空气流通良好，种子发芽顺利，根系易于伸展；保持土壤水分；促进土壤风化和有益微生物的活动；有利于可溶性养分含量的增加；可预防病虫害，将土壤病虫害等翻于表层，暴露于空气中，经日光和严寒灭杀。

（2）整地深度　一二年生花卉深 20～30cm。宿根和球根花卉深度 40～50cm。

（3）整地方法

①整地时间：秋天耕地，春季整地。

②选地：光照充足、肥沃平整、水源方便、排水良好。

③整地步骤：先翻起土壤，再细碎土块，清除石块、瓦片、断茎和杂草。镇压，以防土壤过于松软，根系吸水困难。

④注意：整地应在土壤干湿适度时进行。土壤过干，费工费时；土壤过湿破坏土壤团粒结构，物理性质恶化，形成硬块，特别是黏土。新开垦的土地应进行深耕，施基肥，改良土壤，种农作物大豆。

（4）做畦

高畦：用于南方，利于排水。

低畦：用于北方，利于保水和灌溉。

做畦要求：畦面整平，微有坡度；畦面两侧有畦埂；畦面宽 100cm，定植 2～4 行。

4. 播种技术

（1）播种时期　一般一二年生花卉的播种期可分为春播和秋播两种，春播从土壤解冻后开始，以 2～4 月份为宜，秋播多在八九月份，至冬初土壤封冻前为止。

（2）播种方法

①撒播。凤仙花、牵牛等小粒种子多用于撒播。撒播要均匀，不可过密，撒播后用耙轻耙或用筛过的土壤盖，稍埋住种子为宜。

②点播或穴播。多用于大粒种子，如豆类植物的种子。先整地，后开穴，每穴 2～4 粒种子。

③条播。开沟，沟底要平，沟内播种，覆土填平。条播可以克服撒播和点播的缺点。

5. 间苗技术

（1）将播种生长出的苗，予以疏拔，以防止幼苗拥挤，扩大苗木间距。

（2）意义和作用

①使苗木间空气流通，日照充足，生长苗壮。

②选优去劣，选留强健苗，拔去生长柔弱、徒长、畸形苗。

③减少病虫害。

④间苗同时还可除草。

（3）间苗时期。在子叶发生后进行，分数次进行，最后一次间苗为定苗。具体时间一般在雨后或者灌溉后进行。

（4）方法。用手拔出，间苗后应灌水。

【任务实践】

实践一：草本花卉飞燕草直播

1. 材料用具

（1）材料　飞燕草的种子。

（2）用具　开沟器、镇压板、铁锹、耙子、米尺和绳子等。

2. 方法步骤

（1）整地　清理圃地、浅耕灭茬、耕翻土壤、耙地、镇压。

（2）做畦　做低畦，畦面整平，微有坡度；畦面两侧有畦埂；畦面宽 100cm。

（3）种子消毒　可以用 0.15％福尔马林溶液、0.3％～1％硫酸铜溶液等进行种子消毒。

（4）播种　采用条播的方法进行播种。

（5）覆土　播种后应立即覆土，覆土深度为种子横经的 1～3 倍。

（6）镇压　播种覆土后应及时镇压，将床面压实，使种子与土壤紧密结合。

（7）覆盖　镇压后用草帘或者薄膜覆盖在床面上，保温保湿，促使种子发芽。

（8）灌水　将水均匀撒在床面上，灌水一定要灌透。

3. 检查

（1）整地是否做到床面平整，土壤细碎，上松下实。

（2）灌水是否灌透。

实践二：整地做畦

1. 目的要求

土地整理包括平整、耕翻、耙松、镇压等。经过翻耕和整理之后，即可根据要求做畦，为播种和定植做准备。

2. 材料与用具

（1）材料　花卉种植田、有机肥料。

（2）用具　铁锹、齿耙、卷尺、长绳、运肥工具。

3. 方法与步骤

（1）菜园土地整理的作用和要求　应满足以下要求：①土地平整，不会积水，易于排灌；②有足够深厚的土层和耕层，一般土层应在 1m 以上，耕层在25cm 以上；③耕层土壤应有良好的物理和化学性质，能满足花卉对热量、水分、营养和氧气的需求；④没有污染，不能有农药残留、重金属及其他生物与微生物污染，保证食品和环境安全。

（2）土地翻耕

①翻耕的类型。根据翻耕的深浅可分为深耕、浅耕和耙耕。深耕是指利用铧式犁耕翻土壤的耕作方法，耕翻深度 25～30cm。浅耕是用铁锹、旋耕机等进行耕翻，深度一般为 10～20cm。耙耕是利用平耙、圆盘耙等进行的土地平整和土壤表层疏松的作业，深度一般不超过 10cm。

②翻耕的深度。一般应进行深翻，翻耕深度应在 20～25cm。在有条件的情况下应尽可能深翻，以达到秋翻效果。民间谚语"深耕细耙，旱涝不怕"及"耕地肥料库，强过施遍粪"，

③耕翻的方法。土地耕翻有机械耕翻和人工耕翻。

（3）土地平整和镇压　土地翻耕后，由于地形起伏或翻耙不均，会造成土壤表面不平整，为了便于耕作和以后的田间管理，应对土壤进行平整。

（4）基肥施用

①基肥种类。所谓基肥是指在作物播种或定植前施入田间的肥料，基肥所供给的肥料应能满足花卉的栽培需要。

②施用技术。基肥的施用方法应包括施用时间、种类、数量和方式，进行基肥施用之前必须确定施肥的时间、种类、数量和方式。

a. 施用时间。基肥的施用时间总体上均在播种或定植前进行，但仍可分为两个部分：一部分是随土壤耕翻时施入，施入后再整地做畦，即做畦前施用；另一部分是做畦后施用，与土壤混合均匀后再进行播种或定植，甚至在播种或定植时施用，因此也称种肥。施用基肥时，可以在整地时一次施入，也可分基肥、种肥两次施用。

b. 施用种类和数量。基肥施用种类和数量的确定由多种因素决定，主要取决于土壤条件、花卉种类、目标产量，当然还要考虑肥源条件。

c. 施用方式。基肥的施用方法有普施（撒施）、条施（沟施）、穴施等方法。

（5）做畦　整地完成后还应做畦，然后才能进行播种或定植。作畦的目的是便于灌溉和排水，有利于控制土壤中的含水量，并能改善土壤温度和通气条件。

①栽培畦的种类：平畦、低畦、高畦、垄。

②栽培畦的规格和走向：畦的规格应根据畦的类型来确定。平畦由于没有畦埂，因此也没有一定的规格，便于栽培管理即可；低畦的规格一般是畦宽1.2～1.5m，长6～10m，畦间做底宽20～30cm，上宽10cm，高10～15cm的畦埂；高畦的规格一般为高15～20cm，畦宽1.0～1.5m或2.5～3.0m，长6～10m，畦沟上宽50～60cm，下宽40cm；垄的规格一般为高15～20cm，上宽50～80cm，底宽30～50cm，垄距60～80cm，长度根据地形而定，可为20m左右甚至更长。

③栽培畦的建造

a. 低畦的建造。首先将土地平整，然后按设定的栽培畦规格用皮尺量好距离，再按良好的距离划线，在线的左右取土做成畦埂，畦埂高出畦面10～15cm，四面畦埂按统一规格做好后，如需要施基肥，可在畦面施入基肥，然后用四齿耙刨土使之与肥料混合，并将畦面耙平，最后用平耙将畦平整，再用铁锹轻拍畦面或用脚轻踩畦面，使土壤表面紧实，以利保墒。

b. 高畦的建造。先将土面平整，然后用皮尺根据设定的栽培畦规格量好畦宽和沟宽并划线，再量好畦长并划线，沿畦沟方向取土放在畦面，使畦面高出地面10cm左右。高畦做好后，其横切面应为梯形。在畦面施入基肥（如果需要），用四齿耙刨土使肥料与土壤混均匀，然后将畦面做平并轻轻镇压保墒。

c. 垄的建造。垄的建造与畦不同，先用皮尺按设定好的垄宽和垄距规格量好垄宽和沟宽，按垄宽和沟宽延长画线。然后，将肥料集中施于垄沟处，把肥料与土壤混匀，用混合后的土壤培垄，使垄面高出地面10cm左右。

4. 检查

（1）园地整理的作用和要求。

（2）蔬菜园地土壤翻耕的类型和基本要求。

（3）花卉栽培畦有哪些类型，其规格和特点如何，如何建造，写出实践报告。

【关键问题】

如何选择适合直播的花卉种子及播种时期？

（1）选择一二年生草花，主根明显、须根少、不耐移植的花卉，运用直播方式将种子播种于花坛或花池内，使其萌芽、生长发育，达到开花观赏的目的。如虞美人、花菱草、香豌豆、牵牛、茑萝、凤仙花、矢车菊、飞燕草、紫茉莉、霞草等。

（2）播种时期因地而异，一年生花卉，又名春播花卉，多原于产热带和亚热带，耐寒力不强，遇霜即枯死，通常于春季晚霜终止后播种。露地二年生花卉在冬季严寒到来之前，地尚未封冻时进行播种，使种子在休眠状态下越冬，并经冬春化阶段，如锦团石竹、福禄考、月见草等。还有一些直根性的二年生花卉，亦属此类，如飞燕草、罂粟、虞美人、矢车菊、香矢车菊、花菱草、霞草等。

【思考与讨论】

1. 哪些花卉适合直播？
2. 直播栽培方式有什么优点？
3. 常见花卉的播种时间？

【知识拓展】

1. 宇航员在空间站种植花卉，为人类史上，首次继在国际空间站种植大麦和生菜之后，宇航员们又开始种花了。日前，美国航天局宣布正式启动一个名为"Veggie"的花卉种植计划。如果一切顺利，国际空间站上 2018 年 1 月份就会绽放百日菊。

这是人类首次在太空种植花卉，这次尝试将为以后种植更多开花植物提供经验和信息。

据英国《每日邮报》报道，美国宇航员谢尔·林格伦最近激活了国际空间站上的一个植物种植系统，该系统中就有百日菊的种子。之所以选中百日菊，是因为该花具有生长迅速及颜色多样的特点。

林格伦将负责定时开启能发出红、蓝和绿光的发光二极管，刺激百日菊生长，激活水分和养分供给系统，并全程监控植物的生长。播种几天后，百日菊就能发芽，大约 60d 后就可以开花了。这是空间站上第一次种植开花植物，可以为将来种植更多开花植物提供经验和信息。

据报道，在太空种植植物需要一系列特殊技术，不少科研机构、太空技术公司都曾进行相关探索。比如，利用发光二极管温室照明技术，不仅可以节省能源，还能用可变光来满足某些植物在特定生长阶段的需求。

2. 绿化带内混合草花的直播技术

混合草花是将多种草花种子混合到一起。由于它们的生长特性、种子大小、开花时期及植株高矮各不相同，在播种方法及管理要求上也不同于单一草花的栽培技术。混合播种应做到每一种草花植物兼顾。一般根据各种花卉的不同生长特性配比将他们分为三种组合：耐旱组合、多年生宿根组合及矮生组合。矮生组合是由二十几种花卉组成，株高一般在 50cm 以下，本组合种粒较小，播种后注意保持土壤湿润。

任务二　花卉的苗木定植

【案例】

三色堇非常适合作为花坛布置花卉，素有花坛皇后的美誉。三色堇可秋季播种，应用于春季花坛，也可夏季播种，晚秋开花。三色堇繁育时，一般先育苗，再定植，那么如何进行定植呢？

思考 1：定植时应怎么选择苗龄？

思考 2：定植前做哪些准备？

思考 3：定植后的肥水管理？

案例评析：

定植时三色堇苗龄选择：当三色堇长出 4 片真叶时要及时移植定植。

定植前准备：移植前需浇足水，移植时需略带泥土，时间最好选择在阴天或傍晚进行。在植株长至 3～4 片真叶时，可进行适当的炼苗，促使植株健壮。此时根系也可达到 5cm 左右，此时温度应降些，防止陡长，温度应控制在 18℃，可以适当增加光照，在苗期不宜使用矮壮素。

定植后管理：定植后要及时浇灌定植水。

【知识点】

1. 定植及其作用

定植包括将移植后的大苗、盆栽苗、经过贮藏的球根以及宿根花卉、木本花卉，种植于不再移动的地方。

定植的作用：为植物植株生长提供更大的空间，有利于植物体更好地进行光合作用。

定植要把握好定植时期、定植密度和定植方式。

2. 定植时期

定植时期早晚对花卉的上市期、花期有着显著影响，确定适宜的定植花卉是生产中的重要问题。适宜的定植或播种期应根据当地气候条件、设施设备的性能、品种及产品用途来确定。一般落叶木本类的花卉在秋季植株落叶后或春季发芽前定植为宜。常绿花卉在春夏秋都能移栽定植，以新梢停止生长时较好，春夏移植时注意去掉一些枝叶，减少蒸发。草本花卉植物定植时期变化较大，可根据需要和可能随时定植。一般露地生产时，喜温性的作物只能在无霜期内栽植，春季露地定植的最早时期是当地的终霜期过后进行，而耐寒性的花卉较喜温性园艺作物能够提早1个月定植，半耐寒性作物较喜温性作物能够提早15～20d定植。

3. 定植密度

影响定植密度的因素有很多，有花卉的种类品种、当地的气候和土壤条件、栽培技术水平等。

4. 定植方式

定植密度确定后，还要由定植方式具体实施。所谓定植方式，即定植穴或单株之间的几何图形。常用的定植方式有正方形定植、长方形定植、带状定植等，观赏树木定植还有按等高线定植的，公园、风景地、道路旁绿化树木、花卉也有单植、片植、混植的规则和不规则的，花样很多。

5. 定植前种苗的准备

（1）在定植前将育好的秧苗按大、中、小分级，分别定植。同时淘汰病苗、弱苗、杂苗、伤苗，这些苗影响整齐度，也易发病或不便管理。

（2）定植前还要炼苗，利用幼苗成活。

（3）植株调整

①剪根。剪根是将一些过长的根系及烂根剪除，促进侧根、新根的发生。根系过长，团卷在定植穴内影响根的下扎生长及侧根的发生烂根，易诱发病害或死苗。

②摘叶。摘叶是为减少水分蒸腾将秧苗的一些叶片或枝条剪除掉，促进成活，加快缓苗，一般是将一些下部的较老的、发病的和枯萎的叶摘掉。

③摘心。一些花卉植物为减弱顶端优势，促进侧芽的发生，增加花枝数，定植时就摘去生长点。

（4）为防止一些病虫害的流行和扩散，定植前利用苗床秧苗集中期间喷施农药。为促进发根、提高成活率，在定植前用生根粉、生长素等沾根，可提高定植成活率和侧根发生数量。

6. 整地和挖定植穴

定植前，要根据植物的需要，改良土壤结构，调整酸碱度，改良排水条件，一般植物都需要肥沃、疏松而排水良好的土壤。整地包括平整土地、施肥、翻地、碎土、做渠、做畦等，整地质量的好坏直接影响生长期间浇水、追肥等农事操作。

7. 开穴

定植时要开穴，穴应较待种苗的根系或泥团大且深。

8. 挖苗和入穴

挖苗，一般应带护根土，土壤太湿或太干都不宜挖苗，带土多少视根系大小而定。落时树种在休眠期种植不必带土。常绿花木及移栽不易的种类一定要带完整的泥团，并要用草绳把泥团扎好。将苗茎基提近土面，扶正入穴。然后将穴周土壤铲入穴内约 2/3 时，抖动苗株使土粒和根系密接，然后在根系外围压紧土壤，最后用松土填平土穴使其与地面相平而略凹。

9. 浇水

种后立即浇水 2 次。草花苗种植后，次日要再浇水。球根花卉种植初期，一般不需浇水，如果过于干旱，则应浇一次透水。

10. 修剪和保护措施

大株的宿根花卉和木本花卉定植时要结合进行根部修剪，伤根、烂根和枯根都要剪去。大树苗定植后，还要设立支柱，或在三对角设置绳索牵引，防止倾倒。

【任务实践】

实践一：定植前土壤准备

1. 材料用具

（1）材料　飞燕草的种子。

（2）用具　开沟器、镇压板、铁锹、耙子、米尺和绳子等。

2. 方法步骤

（1）整地　清理圃地、浅耕灭茬、耕翻土壤、耙地、镇压。

（2）根据植物的需要，改良土壤结构，调整酸碱度。

（3）做畦　做低畦，畦面整平，微有坡度。

（4）挖穴　根据株间距确定合适的穴间距，根据花卉需要，将肥料施入穴底。

3. 检查

（1）整地是否做到床面平整，土壤细碎，上松下实。

（2）施肥量要适度。

实践二：一串红的定植

1. 材料用具

（1）材料　一串红幼苗。

（2）用具　小铲、耙子、米尺和绳子等。

2. 方法步骤

（1）整地　清理圃地、浅耕灭茬、耕翻土壤、耙地、镇压。

（2）做畦　做低畦，畦面整平，微有坡度。

（3）开穴　间距 30cm。

（4）幼苗大小选择及处理　选择幼苗具有 4 片真叶，留 2 叶摘心，待侧枝萌发后，即可定植。

（5）移栽　需带土定植。

（6）覆土。

（7）灌水　灌水一定要灌透。

3. 检查

（1）整地是否做到床面平整，土壤细碎，上松下实。

（2）移栽苗龄大小选择合适。

（3）灌水是否灌透。

【关键问题】

提高定植苗的成活率的关键

首先要选择合适苗龄。定植前对植株进行合理地调整，比如摘叶、摘心等；为促进发根、提高成活率，在定植前用生根粉、生长素等沾根，可提高定植成活率和侧根发生数量；定植后要及时浇灌定植水；如果花卉苗木较大，要使用保护措施。例如，设立支柱或在三对角设置绳索牵引，防止倾倒。

【思考与讨论】

1. 哪些花卉需要定植？

2. 查阅资料，了解常见花卉的定植方法？

3. 调查市场上常用的生根粉有哪些？

【知识拓展】

1. 移植与定植的区别

园艺植物的定植是指将育好的秧苗移栽于生产田中的过程。将秧苗从一个苗圃移栽于另一个苗圃称之为移植或假植，花卉从一个苗钵移栽于另一个苗钵称之为倒钵，有时也称之为定植。

2. 常见花卉的定植方法

（1）一串红　待幼苗真叶长出 4 片后，留 2 枚叶摘心，待侧枝萌发，即可移植露地苗床，株距 20cm。当植株蓬径相接时，即可带土定植，株距 30cm，定植前须摘心，以减少蒸发，促使萌发新根。

（2）矮牵牛　春播幼苗子叶展开后移植一次，后上 10cm 盆，或于 4 月中旬移植露地苗床，6月中旬定植，株距30cm。

（3）醉蝶花　幼苗小时，生长较慢，宜及时间苗，真叶发生2枚后移植一次，然后于6月初定植园地，株距30～40cm。

技术实训：园艺植物移植

一、实训目的

联系课堂上的理论知识，学习大树移植栽植实地操作技术。

二、实训工具

锯子、铁锹、黑纱网、绳子、锄头、斗车。

三、实训范例

1. 修剪

为方便起挖，防止枝条折损，提高苗木成活率，移植过程中要进行树冠修剪，减少树木的水分蒸腾量，以保证树木成活。修剪时要以保持原有树冠形态为原则，可以适当疏剪过密的主、侧枝，保留的侧枝应该适当短截，也可以摘去部分叶片。

2. 起苗

移植前，根据土壤干湿情况，进行适当浇水，以防挖掘后土壤过干而使土球松散。苗木挖掘时，树木土球为苗木胸径的7～8倍，土球的厚度一般不小于土球直径的2/3。起挖时遇到粗大根可用锋利的锯子或铲切断，尽量避免造成须根振断，使打好的泥球无效果，然后进行泥球包处理。

3. 装运、卸苗

苗木装、运、卸苗木的各环节要求轻拿、轻放，保证根系和土球完好，吊装要求轻吊轻落，严禁摔伤。苗木按顺序码放整齐，根部朝前，装车时对树干接触车厢的地方做柔软铺垫，避免损伤树皮，苗木捆牢，树冠用绳拢好。土球放稳固定好，不在车内滚动。园区运输道路较狭窄应小心行驶，卸苗时，吊带栓牢固，平稳落地。

4. 苗木种植

一般苗木移栽挖掘种植穴、槽的位置应根据苗木的冠径大小保持适当距离。种植穴、槽的大小，根据苗木根系、树木直径视情况而定，但种植不易过深。踏实穴底松土，土球放稳，树干直立，拆除并取出不易腐烂包装物，向种植穴内填土至合适的高度并踏实。种植的树木应保持直立，不得倾斜，加支撑立柱。树木种植根系必须舒展，填土分层踏实。苗木支撑固定，种植乔木设支撑物固定，支撑物应牢固，绳索柔软不得磨损树干。种植后在略大于种植穴直径的周围，筑成高度为15～20cm的灌水围堰，要求堰不漏水。新植苗木及时要浇第一遍透水，根据天气情况浇第二、三遍水，浇水渗下后，及时用围堰土封住树穴。再筑堰时，不得损伤根系。浇水时防止水流过急冲刷裸露根系或冲毁围堰，造成漏水，浇水后出现土壤沉陷致树木倾斜时，及时扶正、培土。

四、实训总结

总结移栽中需要注意的问题、相关的解决措施及增加苗木的移栽成活率的方法。

五、实训评价

1. 每组完成至少 1 种植物移栽的技术流程，并要熟练掌握。

2. 根据实训情况，撰写实训报告。

3. 实训成绩以 100 分计，其中实训态度占 20 分，实训结果占 50 分，实习报告占 30 分。

单元四 园艺植物生长发育的调控

模块一　果树的土肥水管理

实践目标

本模块主要包括果树的土壤管理、水分管理和施肥管理等内容，掌握果树的土肥水管理技术。

模块分解

任务	任务分解	要求
1. 果树的土壤管理技术	1. 果园生草技术 2. 果园清耕 3. 果园免耕	1. 学会种子的浸种、催芽 2. 总结园林植物穴盘育苗要点 3. 根据不同植物类型总结播种要点
2. 果树的施肥管理技术	1. 果树施肥 2. 果树根外施肥	1. 总结常见扦插方式 2. 总结扦插规律 3. 根据不同扦插类型总结扦插要点
3. 果树的水分管理技术	1. 果树浇水 2. 果树滴灌	1. 总结叶片扦插要点 2. 总结嫁接规律 3. 根据不同嫁接类型总结嫁接要点

任务一　果树的土壤管理技术

【思考】

图 3-1　果园耕作

思考 1：果园耕作（图 3-1）与大田耕作有何区别？

思考 2：果园土壤管理包括哪些方面？

思考 3：果园土壤管理包括哪些注意事项？

【知识点】

果树的根系从土壤中吸取养分和水分以供其正常生长和开花结果的需要。土壤管理的目的就是要创造良好的土壤环境，使分布其中的根系能充分地行使吸收功能。这对果树健壮生长、连年丰产稳产具有极其重要的意义。

（一）果园土壤

1. 土壤的物理性质

果树是多年生木本植物，树体高大，根系分布深且范围广。土壤是根系生存的环境和空间，其物理性质对果树生长发育有重要的影响。

（1）有效土层果树根系容易到达而且集中分布的土层深度为土壤的有效深度。有效土层越深，根系分布和养分、水分吸收的范围越广，固地性也越强。这可提高果树抵御逆境的能力。一般果树的吸收根集中分布多为地下 10～40cm。

（2）土壤的三相（固相、液相和氧相）组成在有效土层中，使根系生长良好、充分行使其吸收功能的条件通常。保证果树生长健壮并丰产、稳产的根系分布区的三相组成比例为固相 40％～55％、液相 20％～40％、气相 15％～37％。另外，在固相组成比例相同时，构成固相的土壤颗粒粗细的不同，也会导致土壤通透性的差异。

2. 土壤的化学特性

土壤中应含有果树所需的并且能够利用的各种元素。土壤所含的营养元素是否能被果树吸收利用，与土壤中所含元素的数量、相互关系是否平衡，以及土壤结构、pH 等状况有关。也就是说，只有在土壤中的营养元素处于可供状态时，才能被果树吸收和利用。

3. 土壤微生物

土壤有机质含量对于土壤物理、化学性质的改善具有极其重要的作用。土壤有机质只有被土壤微生物分解后，才能成为根系可吸收利用的营养物质。此外，几乎所有的果树，其根系均有菌根的存在。菌根的菌丝与根系共生，一方面从根系上获取有机养分；另一方面也扩大了果树根系的吸收范围，并增加对根系的生长危害。

（二）果园土壤的改良

我国果园在土壤状况上存在着很大的差异。有的果园在建园时没有抽槽（在我国南方主要采用的果园土壤措施之一）改土；有的虽经抽槽改土，但槽间仍存在没有熟化的土壤。因此，应根据果园土壤状况采取相应的土壤改良措施。

1. 深翻熟化

（1）在有效土层浅的果园，对土壤进行深翻改良非常重要。深翻可改善根系分布层土壤的通透性和保水性，且对于改善根系生长和吸收环境、促进地上部生长、提高果树的产量和品质都有明显的作用。

在深翻的同时增施有机肥，使土壤改良的效果更明显。有机肥的分解不仅能增加土壤养分的含量，更重要的是能促进土壤团粒结构的形成，使土壤的物理性质得到改善。有机肥的种类包括家畜粪便、秸秆、草皮、生活垃圾及它们的堆积物。最好是将有机肥预先腐熟后再施入土壤，因为未腐熟的肥料和粗大有机物不仅肥效慢，而且还可能含有纹羽病菌等有害物质。

（2）土壤深翻在一年四季都可以进行，但通常以秋季深翻的效果最好。春、夏季深翻可以促发新根，但可能会影响到地上部的生长发育。秋季深翻时由于地上部生长已趋于缓慢，果实已被采收，养分开始回流，因此对树体生长影响不大。而且，由于秋季正值根系生长的第三次高峰，伤根易于愈合，促发新根的效果也比较明显。

秋季深翻一般结合秋施基肥进行。而且，深翻后如果立即灌水，还有助于有机物的分解和根系的吸收。但在秋季少雨的地方，若灌溉困难，亦可考虑在其他时期进行。春季深翻应在萌芽前进行，以利于新根萌发和伤口愈合；夏季深翻应在新梢停长和根系生长高峰之后进行；冬季深翻的适期较长，但在有冻害的地区应在入冬前完成。

（3）深翻的深度应略深于果树根系分布区。未抽槽的果园一般深度要达到80cm左右。山地、黏性土壤、土层浅的果园宜深；沙质土壤、土层厚的果园宜浅。

（4）根据树龄、栽培方式等具体情况应采取不同的方式。通常采用的土壤深翻方式有两种。①深翻扩穴。多用于幼树、稀植树和庭院果树。幼树定植年沿树冠外围逐年向外深翻扩穴，直至树冠下方和株间全部深翻完为止。②隔行深翻。用于成行栽植、密植和等梯田式果园。每年沿树冠外围隔行成条逐年向外深翻，直至行间全部翻完为止。这种深翻方式的优点是当年只伤及果树一侧的根系，以后逐年轮换进行，对树体生长发育的影响较小。等高梯田果园一般先浅翻外侧，再深翻内侧，并将土压在外侧，可结合梯田的修整进行。

2. 不同类型果园的土壤改良

（1）黏性土果园。此类土壤的物理性状差，土壤孔隙度小，通透性差。施用作物秸秆、糠壳等有机肥，或培土掺沙。还应注意排水沟渠的建设。

（2）砂性土保水保肥性能差，有机质和无机养分含量低，表层土壤温度和湿度变化剧烈。改良重点是增加土壤有机质，改善保水和保肥能力。通常采用填淤结合增施秸秆等有机肥掺入塘泥、河泥、牲畜粪便等。近年来，土壤改良剂也有应用，即在土壤中施入一些人工合成的高分子化合物（保水剂、促进团粒结构形成）。

（3）水田转化果园。这类果园的土壤排水性能差，空气含量少，而且土壤板结，耕作层浅，通常只有30cm左右。但水田转化果园土壤的有机质和矿质营养含量通常较高。在进行土壤改良时，深翻、深沟排水、客土，以及抬高栽植通常可以取得预期的效果。

（4）盐碱地。在盐碱地上种植果树，除了对果树树种和砧木加以选择以外，更重要的是要对土壤进行改良。采用引淡水排碱洗盐后再加强地面维护覆盖的方法，可防止土壤水分过分蒸发而引起返碱。具体做法是在果园内开排水沟，降低地下水位，并定期灌溉，通过渗漏将盐碱排至耕作层之外。此外，配合其他措施，如中耕（以切断土壤表面的毛细管）、地表覆盖、增施有机肥、种植绿肥作物、施用酸性肥料等，以减少地面的过度蒸发、防止盐碱上升或中和土壤碱性。

（5）沙荒及荒漠地。我国黄河故道地区和西北地区有大面积的沙漠地和荒漠化土壤，其中有些地区还是我国主要的果品基地。这些地域的土壤构成主要是沙粒，有机质极为缺乏、有效矿质营养元素奇缺、温度湿度变化大、无保水保肥能力。黄河中下游的沙荒地域有些是碱地，应按照盐碱地的情况治理，其他沙荒和荒漠应按沙性土壤对待，采取培土填淤、增施细腻的有机肥等措施进行治理。对于大面积的沙荒与荒漠地来说，防风固沙、发掘灌溉水源、设置防风林网、地表种植绿肥作物、加强覆盖等措施则是土壤改良的基础。

二、土壤管理制度

土壤管理制度是指对果树株间和行间的地表管理方式。合理的土壤管理制度应该达到的目的是，维持良好的土壤养分和水分供给状态，促进土壤结构的团粒化和有机质含量的提高，防止水土和养分的流失，以及保持合适的土壤温度。

（一）清耕法

清耕法又称清耕休闲法，即在果园内除果树外不种植其他作物，利用人工除草的方法清除地表面的杂草，保持土地表面的疏松和裸露状态的一种果园土壤管理制度。清耕法一般在秋季深耕，春季多次中耕，并对果园土壤进行精耕细作。

清耕法的优点：可以改善土壤的通气性和透水性，促进土壤有机物的分解，增加土壤速效养分的含量。而且，经常切断土壤表面的毛细管可以防止土壤水分蒸发，去除杂草可以减少其与果树对养分和水分的竞争。但长期采用清耕法会破坏土壤结构，使有机质迅速分解从而降低土壤有机质含量，导致土壤理化性状迅速恶化，地表温度变化剧烈，加重水土和养分的流失。

（二）生草法

生草法是在果园内除树盘外，在行间种植禾本科、豆科等草种的土壤管理方法。它可分为永久生草和短期生草两类。永久生草是指在果园苗木定植的同时，在行间播种多年生牧草，定期刈割，不加翻耕；短期生草一般选择一二年生的豆科和禾本科的草类，逐年或越年播于行间，待果树花前或秋后刈割。

生草法可保持和改良土壤理化性状，增加土壤有机质和有效养分的含量；防止水分土和养分流失；促进果实成熟和枝条充实；改善果园地表小气候，减少冬夏地表温度变化幅度；还可以降低生产成本，有利于果园机械化作业。因此，生草法是发达国家广泛使用的果园土壤管理方法。我国北方果园通常间作一二年生绿肥作物，自 20 世纪 70 年代后开始推广永久生草法。

生草栽培法尽管有很多优点，但造成了间作植物和多年生草类与果园在养分和水分上的竞争。在水分竞争方面，以持续高温干旱时表现最为明显，果树根系分布层（10～40cm）的水分丧失严重；在养分竞争方面，对于果树来说，以氮素营养竞争最为明显，表现为果树与禾科植物的竞争激烈，但与豆科植物的竞争不明显。此外，随着果树树龄的增大，与生草植物间的营养竞争减少。

（三）覆盖法

覆盖法是利用各种覆盖材料，如作物秸秆、杂草、薄膜、沙砾和淤泥等对树盘、株间、行间进行覆盖的方法。

（四）清耕覆盖法

为克服清耕休闲法与生草法的缺点，在果树最需要肥水的前期保持清耕，而在雨水多的季节间作或生草以覆盖地面，吸收过剩的水分和养分，防止水土流失，并在梅雨期过后、旱季到来之前刈割覆盖，或沤制肥料。这一土壤管理制度称为清耕覆盖法。它综合了清耕、生草、覆盖三者的优点，在一定程度上弥补了三者各自的缺陷。

（五）免耕法

对果园土壤不进行任何耕作，完全使用除草剂来除去果园的杂草，使果园土壤表面呈裸露状态，这种无覆盖无耕作的土壤管理制度称为免耕法。免耕法保持了果园土壤的自然结构，有利于果园机械化管理，且施肥、灌水等作业一般都通过管理道进行。因此，从某种意义上说，免耕法所要求的管理水平更高。

【任务实践】

实践一：果园生草技术

1. 材料与用具

（1）材料　选用豆科、禾本科草种。

（2）用具　割刀等。

2. 操作步骤

（1）播种时期的选定　分为秋播和春播，春播在 3～4 月份播种，秋播在 9 月份播种。

（2）整地　进行较细致地整地，然后灌水，墒情适宜时播种。

（3）播种或栽植　直播可采用沟播或撒播，沟播先开沟，播种覆土；撒播先播种，然后均匀在种子上面撒一层干土。出苗后及时去除杂草，此方法比较费工。

移栽：采用苗床集中先育苗后移栽的方法。采用穴栽方法，每穴 3～5 株，穴距 15～40cm，豆科草穴距可大些，禾本科穴距可小些，栽后及时灌水。

（4）幼苗期管理　出苗后，根据墒情及时灌水，随水施些氮肥，及时去除杂草，特别是注意及时去除那些容易长高大的杂草。有断垄和缺株时要注意及时补苗。

（5）刈割　一个生长季刈割 2～4 次，草生长快的刈割次数多，反之则少。草的刈割管理不仅是控制草的高度，而且还有促进草的分蘖和分枝，提高覆盖率和增加产草量，割下的草覆盖树盘。刈割的时间，由草的高度来定，一般草长到 30cm 以上刈割。

（6）生草地施肥灌水　苗期注意管理，草长大后更要加强管理，草要想长得好一定要施肥，有条件的果园要灌水，一般追施氮肥，特别是在生长季前期。生草地施肥水，一般刈割后较好或随果树一同进行肥水管理。

3. 检查

（1）预防鼠害和火灾，禁止放牧　特别是冬春季，应注意鼠害。鼠类等啮齿动物啃食果树树干。可采用秋后果园树干涂白或包扎塑料薄膜预防鼠害，冬季和早春注意防火。

（2）果园秋施基肥　随土壤肥力提高可逐渐减少施肥。在树下施基肥可在非生草带内施用。实行全园覆盖的果园，可采用铁锹翻起带草的土，施入肥料后，再将带草土放回原处压实的办法。

实践二：果园清耕

1. 材料与用具

犁、旋耕机。

2. 操作步骤

（1）犁耕　在幼龄果园行间进行犁耕。

（2）旋耕　用旋耕机进行果园行间平整土地、耙碎土块、混拌肥料、疏松表土。

（3）中耕　一般在生产上杂草还未结种子之前除草进行。

3. 检查

（1）比较犁耕与旋耕的优缺点。

（2）耕作时是否伤及果树根系。

实践三：果园免耕

1. 材料与用具

（1）材料　除草剂。

（2）用具　喷雾器。

2. 操作步骤

（1）选用合适的除草剂　灭生性除草剂：百草枯属有机杂环类，是当前果园除草效果较好的药剂。草甘膦属有机磷除草剂，喷后 10d 杂草开始死亡，20d 后可全部死亡。深根性的茅草、芦苇等也不能幸免。

选择性除草剂：利谷隆属陈代脲类，是一种高效低毒选择性除草剂；扑草净和西玛津属三氮苯类、选择内吸传导型除草剂；地乐安和氟乐灵属二硝基苯胺类除草剂；甲草胺（拉索）：属酰胺类除草剂。

（2）选择合适的喷药时期　在晴天、杂草幼苗期进行喷施效果较好。

（3）喷施。

3. 检查

（1）灭生性除草剂防止喷到果树上而伤害树体，同时注意不要伤害人和牲畜等。

（2）除草剂在土壤中的残留问题，注意不要对果树和间作物产生药害和污染。

【关键问题】

如何综合提高果园土壤生产力？

（1）物理改良增进法

①深翻改土。果园表层土肥沃、疏松，而下层土壤有机质含量少，土壤团粒结构差，通过深翻交换法来调节土壤表层与地下的平衡。由于深翻无形中会造成表层根系的损伤，因此多采取局部深翻和隔年或隔两年深翻改土法，不可全园年年深翻。

②耕作保墒。耕作保墒是旱地土壤管理的主要措施之一，通过保持水分来提高土壤生产力。春季土壤解冻后，及时浅耕，耕后耱耱，不但能保蓄土壤深层向上移动的水分，还可提高地温和土壤通气性能，促进微生物活动和加速土壤硝化作用，并要坚持雨后必锄；4～6月旱季进行松土除草，以杂草出苗期和结籽前进行除草较好；8～10月雨季来临前，适当深翻土壤；立垡不耱，可以蓄积更多的雨水。

（2）化学补给增进法

①施足有机肥。通过施用有机肥，能从根本上改善土壤理化性能，形成良好的团粒结构，使土壤水、肥、气、热状况得以协调，可极大地提高土壤生产力。有机肥的使用量与有机肥的种类以果园生产水平来定，一般幼树期亩施量多为1 000kg左右，盛果期根据生产水平的高低按每亩*2 000～5 000kg施入，产高多施。以秋季采果前后施入为佳。

②化肥调节。化肥包括氮、磷、钾三大肥及钙、镁、铁、硼、锌、锰等微量元素肥。在施肥方式上基肥和追肥均可，应视情况而定。虽然化肥在提高土壤生产力方面综合性能不及施用有机肥，但其肥效快，只有做到有机肥与无机肥相结合，才能达到互补提高的目的。化肥的施用应按基肥为主、追肥为次的原则，在施入氮、磷、钾肥时，基肥的施用量应分别占到全年施用量的60%、85%和25%；追施花前花后肥时，氮肥使用量分别占到全年施用量的30%；膨大肥的追施量氮、磷、钾分别为10%、5%和10%；果实生长后期则将剩余量的磷钾肥施入，即磷肥10%、钾肥65%。

（3）微生物提高增进法　土壤微生物的种类和数量是土壤肥沃程度的重要

＊　注：1亩=666.7m²。

指标。增加果园土壤微生物的数量除通过增施有机肥以外，果园覆草，种草均能刺激土壤微生物的繁殖。因此，必须通过改革果园耕作方式，以树盘履草、树行生草为主的耕作模式要大力推广。

【思考与讨论】

1. 果树土壤管理包括哪些技术措施？
2. 果园生草有何技术措施？
3. 如何综合提高果园土壤生产力？

【知识拓展】

建立有机苹果园有哪些要求

有机苹果是指根据国际有机农业标准进行生产，并通过独立的有机食品认证机构认证的水果。有机苹果生产最根本的要求是在生产过程中禁止使用化学合成的肥料、农药和药品。适合建立有机苹果园的立地条件应满足年平均气温 7.5～14℃，最冷月份平均气温不低于 −10℃，年降水量 500～1 000 mm，年日照在 2 200～2 800h。土壤为土层深厚、排水良好的沙壤土、轻壤土和中壤土。土壤有机质含量 1% 以上，pH 5.5～8。氯化盐含量在 0.13% 以下。环境条件符合"绿色食品产地环境技术条件（NY/T 391—2000）"要求。栽植的品种最好具有一定的抗病虫能力，选择的苗木要求是无毒的一级苗。

任务二　果树的施肥管理技术

【思考】

图 3-2　果树的施肥

思考1：果园什么时候施肥合适？

思考2：果园施肥技术有哪些？

思考3：果园施肥有哪些注意事项？

【知识点】

（一）施肥的依据

果树何时施肥，施何种肥，施肥量的大小，直接影响施肥效果，果树一旦表现明显缺素症状，再施肥也效果差。科学的适期、适量施肥，不仅减少施肥次数，还可提高肥效。指导施肥的依据有以下几点。如图3-2所示。

（1）形态诊断是一种直观辅助性的施肥指标，是依据果树的外观形态，判断某些元素的丰缺，要求经营人员具有丰富的实践经验。形态诊断主要依据叶片大小、厚薄、颜色、光亮程度、枝条长度、粗度、芽眼饱满程度、果实大小、品质、风味、产量等指标，也可参照缺素症检索表。

（2）叶分析。应用叶片的营养分析，确定和调整果树施肥量，指导施肥。这是近20年来欧美国家广泛应用的技术。

果树的叶片能及时准确地反映树体营养状况，各种营养元素在叶片中的含量，直接反映树体的营养水平。分析叶片，不仅能查到肉眼能见到的症状，分析出各种营养元素的不足或过剩，分辨两种不同元素引起的相似症状，而且能在症状出现前及早测知。因此，可通过分析测定叶片中的营养元素的含量来判断树体的营养状态，指导施肥。

叶分析是按统一规定的标准方法测定叶片中各种矿质元素的含量，与标准值比较，确定各种元素的盈亏，再依据土壤养分状况、肥效指标及元素间的平衡关系，制定施肥方案和肥料配方，指导施肥。

叶分析对土壤养分的变化反应敏感，且试材也易获得。但若结合土壤分析，则更有利于分析树体缺素的原因。有些元素，进行果实分析通常更为可靠。

叶片颜色诊断（叶卡——叶片彩色标准图）是把叶分析、土壤分析、组织化学分析、叶色相结合的产物。

（3）土壤分析。分析土壤中各种营养元素的有效含量、总含量、土壤中元素的有效浓度在一定范围内与树体中养分含量有一定的相关性，各种元素的有效化速率。

（4）果树需肥规律和肥料性质。

（5）经验施肥。

（二）施肥量

（1）理论计算　肥料吸收量等于一年中枝、叶、果实、树干、根系等新长出部分和加粗部分所消耗的肥料量。养分的天然供给量是指即使不施用某种肥料，果树也能从土壤中吸收这种元素的量。一般土壤中所含氮、磷、钾三要素的数量为果树吸收量的 $1/3\sim1/2$，但依土壤类型和管理水平而异。

以氮为例，其天然供给量主要来自土壤腐殖质（落叶、腐根生草及间作物等）所含有机氮的无机化。施用的肥料，一部分表面径流或渗透流失，一部分地面挥发，还有一部分成为不供给状态。由于气候、土壤、肥料种类和形态、施肥方法等不同，肥料利用率差异较大。

（2）施肥试验　选定合适的供试园，进行施肥量的比较试验，从而取得果园施肥量的推荐用量标准，以指导当地果树生产。对于多年生的果树植物来说，这种试验要进行 10 年以上。如日本在温州蜜柑上经过 10 年的试验，认为氮肥施用量为 $300kg/hm^2$，用量过高则引起不良反应，而对于果树施用量为 150kg。

（3）叶分析　虽然不能直接提供施肥量标准，但它可以判断树体内各营养元素的不足或过剩，以调节果树的施肥量及肥料的比例。

（4）树龄、产量与施肥量　幼树根系范围小，所需的养分也较少。随着树龄增加，应得到相应的养分补充。果树在 $5\sim8$ 年生以上时为成年树；梨和桃在 $4\sim6$ 年生时为成年树。

从单位面积确定施肥量时，除树龄外，还要考虑单位面积内的栽植株数。随着矮化密植和集约化栽培的普及，生产上通常根据单位面积产量确定施肥量。

研究表明，每 500kg 新鲜果实的氮、磷、钾的含量，果树分别为 5.03kg、0.07kg、0.70kg；柑橘类为 0.82kg、0.12kg、1.06kg；梨为 0.45kg、0.75kg、0.67kg；桃为 0.6kg、0.19kg、1.97kg。因此，果实产量越高，施肥补充的量也相应增加。

（三）平衡施肥

1. 什么是平衡施肥

平衡施肥是就是养分平衡法配方施肥，是依据作物需肥量与土壤供肥量之差来计算实现目标产量的施肥量的施肥方法。平衡施肥有 5 个参数决定：目标产量、作物需肥量、土壤供肥量、肥料利用率、肥料中有效养分含量。

平衡施肥是联合国在全世界推行的先进农业技术，是农业部重点推广农业技术项目之一。平衡施肥，就是在叶分析确定各种元素标准值的基础上，进行土壤分析，确定营养平衡配比方案，以满足作物均衡吸收各种营养，维持土壤肥力持续供应，实现高产、优质、高效生产目标的施肥技术，又叫做测土配方施肥。

平衡施肥技术包括：一是测土，取土样测定土壤养分含量；二是配方，经过对土壤的养分诊断，结合叶分析的标准值，按照果树需要的营养"开出药方、按方配药"；三是使营养元素与有机质载体结合，加工成颗粒缓释肥料；四是依据平衡肥的特点，合理施用。

2. 果树为什么要进行平衡施肥

（1）果树在一年和一生的生长发育中需要几十种营养元素，每种元素都有各自的功能，不能相互代替，对作物同等重要，缺一不可。因此，施肥必须实现全营养。

（2）果树是多年生作物，一旦定植即在同一地方生长几年至几十年，不同的作物种类对各种元素的吸收利用能力不同，必然引起土壤中各种营养元素的不平衡，因此必须要通过施肥来调节营养的平衡关系。

（3）果树对肥料的利用遵循"最低养分律"，即在全部营养元素中当某一种元素的含量低于标准值时，这一元素即成为果树发育的限制因子，其他元素再多也难以发挥作用，甚至产生毒害，只有补充这种缺乏的元素，才能达到施肥的效果。

（4）多年生的果树对肥料的需求是连续的、不间断的，不同树龄、不同土壤、不同树种对肥料的需求是有区别的。因此，不能千篇一律采用某种固定成分的肥料。

（5）目前果树施肥多凭经验施用，施量过少，达不到应有的增产效果；肥料用多了，不仅浪费，还污染土壤，果树的重茬和缺素症的重要原因之一即是土壤营养元素的不平衡。即使施用复合肥，由于复合肥专一性差，也达不到平衡施肥的目的，传统的施肥带有很大的盲目性，难以实现科学施肥的效果。

3. 平衡施肥的好处

有以下几方面的好处。

（1）平衡施肥可以有效提高化肥利用率。目前果树化肥利用率比较低，平均利用率 $30\% \sim 40\%$。采用平衡施肥技术，一般可以提高化肥利用率 $10\% \sim 20\%$。

（2）平衡施肥可以降低农业生产成本。目前果树施肥往往过量施用，多次施用，不仅增加了成本，也影响了土壤的营养平衡，影响果树的持续性生产。采用平衡施肥技术，肥料利用率高，用量减少，施肥次数减少，平均亩节约生产成本 10% 左右。

（3）平衡施肥可显著提高产量和品质，提高商品果率。依据在梨、果树、桃、葡萄等果树上的试验、示范，平衡施肥明显提高百叶重，增加单果重量，提高果实甜度和品味，果面光洁，一级果率显著增加。

（4）平衡施肥肥效平缓，不会刺激枝条旺长，使树体壮而不旺，利于花芽形成和克服大小年情况。

（5）平衡施肥可有效防治果树生理病害，提高果树抗性，增强果实的耐储运性。

（四）施肥时期

1. 确定施肥时期的依据

（1）果树需肥时期和规律。

（2）土壤中营养元素和水分变化规律。

（3）肥料的性质。

2. 基肥

基肥：是较长时期供给果树多种营养的基础肥料，其作用不但要从果树的萌芽期到成熟期能够均匀长效地供给营养，而且还要利于土壤理化性状的改善。

基肥的组成以有机肥料为主，再配合完全的氮、磷、钾和微量元素。基肥施用量应占当年施肥总量的 70％以上。

基肥施用时期以早秋为好，原因如下所述。

（1）温高湿大，微生物活动有利于基肥的腐熟分解。从有机肥开始施用到成为可吸收状态需要一定的时间。以饼肥为例，其无机化率达到 100％时，需 8 周时间，而且对温度条件还有要求。因此，基肥应在温度尚高的 9～10 月份进行，这样才能保证其完全分解并为次年春季所用。

（2）秋施基肥时正值根系生长的第三次（后期）高峰，有利于伤根愈合和发新根。

（3）果树的上部新生器官趋于停长，有利丁提高储藏营养。

3. 追肥

追肥又叫补肥。是果树急需营养的补充肥料。在土壤肥沃和基肥充足的情况下，没有追肥的必要。当土壤肥力较差或采收后未施入充足基肥时，树体常常表现营养不良，适时追肥可以补充树体营养的短期不足。追肥一般使用速效性化肥，追肥时期、种类和数量掌握不好，会给当年果树的生长、产量及品质带来严重的影响。

成龄树追肥主要考虑以下几个时期。

（1）催芽肥又称花前肥。果树早期萌芽、开花、抽枝展叶都需要消耗大量的营养，树体处于消耗阶段，主要消耗上一年的储藏营养。促进春梢生长、提高坐果率和枝梢抽生的整齐度、促进幼果发育和花芽分化。以氮肥为主。

（2）花后肥（5 月上中旬）。幼果生长和新梢生长期，需肥多，上一年的储藏营养已经消耗殆尽，而新的光合产物还未大量形成。追肥除氮肥外，还应补充速效磷、钾肥，以提高坐果率，并使新梢充实健壮，促进花芽分化。

（3）果实膨大和花芽分化期追肥是追肥的主要时期。N、P、K 配合施用。

（4）壮果肥（果实膨大后期）通常在果实迅速膨大、新梢第二次生长停止时施用，一般于 7 月进行。施肥的目的在于促进果实膨大，提高果实品质，充实新梢，促进花芽的继续分化。肥料种类以磷、钾肥为主。

（5）采后肥通常称为还阳肥，为果实采收后的追肥。肥料种类以氮肥为主，并配以磷、钾肥。果树在生长期消耗大量营养，以满足新的枝叶、根系、果实等的生长需要，故采收后应及早弥补其营养亏缺，以恢复树势。还阳肥常在果实采收后立即施用，但对果实在秋季成熟的果树，还阳肥一般可结合基肥共同施用。

（五）施肥方法

果树根系分布的深浅和范围大小依果树种类、砧木、树龄、土壤、管理方式和地下水位等而不同。一般幼树的根系分布范围小，施肥可施在树干周边；成年树的根系是从树干周边扩展到树冠外，成同心圆状，因此施肥部位应在树冠投影沿线或树冠下骨干根之间。基肥宜深施，追肥宜浅施。

（1）土壤施肥应在根系集中分布区施用肥料。常见的施肥方法：

①环状施肥，即沿树冠外围挖一环状沟进行施肥，一般多用于幼树。

②放射状沟施，即沿树干向外，隔开骨干根并挖数条放射状沟进行施肥，多用于成年大树和庭院果树。

③条沟施肥，即对成行树和矮密果园，沿行间的树冠外围挖沟施肥，此法具有整体性，且适于机械操作。

④全园施肥，全园撒施后浅翻。

⑤液态施肥又称灌溉式施肥，是指在灌溉水中加入合适浓度的肥料一起注入土壤。此法适合在具有喷滴设施的果园采用，灌溉施肥具有肥料利用率、高肥效快、分布均匀、不伤根、节省劳力等优点，尤其对于追肥来说，灌溉施肥代表了果树施肥的发展方向。

⑥储贮肥水。

（2）叶面喷肥。根系是植物吸收养分的主要器官，施肥时应主要考虑通过改良土壤的结构来促进根系的生长和吸收作用。而叶片作为光合作用的器官，其叶面气孔和角质层也有一定的吸收养分的功能。叶片吸收养分具有如下优点。

①可避免某些养分在土壤中固定和流失。

②不受树体营养中心如顶端优势的影响，营养可就近分配利用，故可使果

树的中小枝和下部也可得到营养。

③营养吸收和作用快，在缺素症矫正方面有时具有立竿见影的效果。

④简单易行，并可与喷施农药相结合。

叶面喷肥在解决急需养分需求的方面最为有效。如在花期和幼果期喷施氮可提高其坐果率，在果实着色期喷施过磷酸钙可促进着色，在成花期喷施磷酸钾可促进花芽分化等。叶面喷肥在防治缺素症方面也具有独特的效果，特别是硼、镁、锌、铜、锰等元素的叶面喷肥的效果最明显。

为提高叶面喷肥的效果，选择合适的喷施时间和部位非常重要。此外，应避免阴雨、低温或高温曝晒。一般选择在上午 9～11 时和下午 3～5 时喷施。喷施部位应选择幼嫩叶片和叶片背面，可以增进叶片对养分的吸收。

我国目前许多果园土壤还未达到应有的要求，因此需要采取相应的措施改良现有土壤结构、理化性质并增加土壤肥力。果树的正常生长和发育需要不断地从土壤中吸取养分，产量越高吸取的养分也就越多，所以在果树生长发育期应该进行相应的营养补充。在对土壤和树体的营养进行补充的时候，不仅要了解果树营养的特点，而且还应了解各营养元素之间的相互关系，以及如何判断各种营养元素的不足，然后根据果树生长发育和营养分配中心的规律，采用适宜的方法进行施肥。

【任务实践】

实践一：果树施肥

1. 材料与用具

（1）材料　肥料。

（2）用具　铁锹。

2. 操作步骤

（1）观察果树生长时期，确定施肥的方法　小树适用的施肥方法：环状施肥法，在树冠下比树冠大小略往外的地方，挖一宽 30～60cm、深 30～60cm 的环状沟。盘状施肥法先在树盘内撒施肥料，然后结合刨树盘，将肥料翻入土中。

成年树适用的方法：放射状施肥法，在于树冠下，距树干约 1m 处，以树干为中心向外呈放射状挖沟 4～8 条，沟宽 30～60cm，深 15～60cm。距树干越远，沟要逐渐加宽加深。将肥料施入沟内或与土拌和施入沟内，然后覆土。条沟施肥法以树冠大小为标准，于果树行间或林间开沟 1～2 条。沟宽 50～100cm，深 30～60cm。将肥料施入沟内，覆土。穴施法，在树冠下挖若干孔穴，穴深 20～50cm。在穴内施入肥料，适用于密植园。

（2）选择合适的施肥时期。

（3）观察果树生长情况，确定合适的肥料种类。

（4）施肥。

（5）灌水。

3. 检查

（1）施肥的深度。基肥可深，追肥要浅。根浅的地方宜浅，根深的地方宜深，要尽量少伤很。

（2）施肥后是否及时灌水。

（3）观察比较施肥与无施肥果树的生长发育情况。

实践二：果树根外施肥

1. 材料与用具

（1）矿质肥料、有机肥料等。

（2）喷雾器、云梯等。

2. 操作步骤

（1）选择合适的肥料种类　根据果树的需肥情况，选择合适的肥料。

（2）确定合适的喷药时间　最好选择无风较湿润的天气进行，一天内则以傍晚时进行较好。

（3）配制药液　尿素 0.3%～0.5%；过磷酸钙 1%～3%浸出液；硫酸钾或氯化钾 0.5%～1%；草木灰 3%～10%浸出液；腐熟人尿 10%～20%；硼砂 0.1%～0.3%。

（4）喷施

3. 检查

（1）喷施肥料要着重喷叶背，喷布要均匀。

（2）根外追肥是否在傍晚时喷施。

【关键问题】

如何提高施肥效果？

（1）看温度　据多年实践，在 0～32℃，果树吸收肥料的数量速度与土壤温度呈正相关关系，低于 0℃或高于 32℃，果树的吸肥能力逐步下降。

（2）看光照

①要在光照条件好的地方适当多施氮肥，促进果树的营养生长与生殖生长；在光照条件差的地方，要少施氮肥，严防果树贪青晚熟。

②要在光照强时，深施肥料，防止光照、挥发，要多施磷、钾肥，提高水分利用率。

③要随着果树叶面积系数的增加，适当增施肥料，但应于早晨和下午 4 时后施用，以减少消耗。

（3）看水分　各地由于降雨量和水源条件不同，在施肥技术上也有差别。

①在多雨季节不应过量施用氮肥，一防果树疯长，二防肥料流失，三防污染水源。

②在干旱少雨时，应适量增施磷、钾肥，增施钾肥可以提高抗旱能力，增施磷肥可以提高对水分的利用率，并能发挥稳磷增氮的作用。

③在操作方法上应注意，土壤含水较高时，宜重肥轻施，即肥料浓度较高，但用量宜少，且要与果树植株保持一定距离。天气干旱时，宜轻肥重施，或者说肥少水多，增加浇水次数。

④看空气。土壤内和大气中的气体对肥料的施用效果也影响极大。当土壤板结时，或者含水量过高时，土壤的空隙度小，气体难以流通，会抑制根系的呼吸，阻碍微生物对养分的分解，供肥能力下降。因此，在农业生产上，一要保持土壤疏松，让空气流通正常；二要控制施肥数量；尤其是底肥的数量。三要田间沟渠配套，使降水能排、能渗、雨停田干。

【思考与讨论】

1. 果园什么时候施肥合适？
2. 果园施肥技术有哪些？
3. 果园施肥有哪些注意事项？

【知识拓展】

缓释肥：通过化学的和生物的因素使肥料中的养分释放速率变慢。主要为缓效氮肥，也叫长效氮肥，一般在水中的溶解度很小。施入土壤后，在化学和生物因素的作用下，肥料逐渐分解，氮素缓慢释放，满足作物整个生长期对氮的需求。

控释肥：通过外表包膜的方式把水溶性肥料包在膜内使养分缓慢释放。当包膜的肥料颗粒接触潮湿土壤时，土壤中的水分可透过包膜渗透进入内部，使部分肥料溶解。这部分水溶养分又透过包膜上的微孔缓慢而不断向外扩散。肥料释放的速度取决于土壤的温度及膜的厚度，温度越高，肥料的溶解速度及穿越膜的速度越快；膜越薄，渗透越快。根据成膜物质不同，分为非有机物包膜肥料、有机聚合物包膜肥料、热性树脂包膜肥料，其中有机聚合物包膜肥料是目前研究最多，效果最好的控释肥。

缓释肥和控释肥都是比速效肥具有更长肥效的肥料，从这个意义上来说，缓释肥与控释肥之间没有严格的区别。但从控制养分释放速率的机制和效果来看，缓释肥和控释肥是为区别的。

缓释肥在释放时受土壤 pH、微生物活动、土壤中水分含量、土壤类型及灌溉水量等许多外界因素的影响，肥料释放不均匀，养分释放速度和作物的营养需求不一定完全同步；同时大部分为单体肥，以氮肥为主。

控释肥多为 N—P—K 复合肥或再加上微量元素的全营养肥，施入土壤后，它的释放速度只受土壤温度的影响。但土壤温度对植物生长速度的影响也很大，在比较大的温度范围内，土壤温度升高，控释肥的释放速度加快，同时植物的生长速度加快，对肥料的需求也增加。

任务三 果树的水分管理技术

【思考】

图 3-3 果树的灌溉

思考 1：果园浇水与大田浇水有何区别？

思考 2：果园水分管理包括哪些方面？

思考 3：果园浇水有哪些注意事项？

【知识点】

果园水分管理包括对果树进行合理灌水和及时排水两个方面。一方面，我国大部分果树栽培地区只有进行适时合理的灌水才能实现果树丰产、优质和高效益栽培。我国长江以北的大部分地区属于干旱和半干旱区，降雨不足或严重不足，水分十分短缺；而在我国长江以南地区，由于降雨在季节里分配不均匀，干旱甚至是严重干旱的情况也经常发生。另一方面，无论是南方还是北方，多雨季节或一次降雨量过大造成果树涝害也时有发生。因此，正确的果园水分管理，能满足果树正常生长发育的需要，是实现我国果树丰产、优质、高效益栽培的基本保证。本章将在详细阐述果树对水分需求的生物学特点的基础上，以对果树产量和果品质量的影响为主线，以节水栽培为最终目的，重点介绍果树对水分需求的规律和果树的灌溉技术。如图 3-3 所示。

1. 水分对果树生长结果的影响

水是包括果树在内的所有植物正常生长发育的最基本条件之一。水分影响果树生长、开花坐果、果实生长及果实品质。通常情况下，适宜的土壤水分条件能供应果树充足的水分，确保果树体内的各种生理生化活动的正常进行，使果树生长健壮、丰产，提高果品质量。当土壤水分含量过高、土壤的通透能力变差时，果树的正常生理生化活动会受到阻碍；反之，当土壤供水不足时，果树会受到水分胁迫的影响。上述两种情况都会影响到果树的生长和结果，严重时会导致果树死亡。

①果树地上部营养器官的生长。在土壤干旱、果树处于水分胁迫状态下，树体地上部分的营养生长受到抑制。表现为树体新梢发生时少、新梢生长量小且长度短、茎干的加粗生长慢、树体矮小的现象。例如，Hilogeman 和 Sharp（1970）在年均降雨量为 220mm 的地区对伏令夏橙进行长达 20 年的研究，结果表明，每年灌溉 15 次、灌溉量为 1 720mm 的树，主干截面积为 344cm^2，树冠体积为 102m^3；而每年灌溉 5 次、灌溉量为 950mm 的树干截面积为 215cm^2，树冠体积为 66m^3。另外，水分胁迫还会影响叶原基的发生和叶片的膨大，使树体叶片数量减少和单叶面积缩小。在严重水分胁迫的情况下，甚至导致叶片的早衰和脱落。

关于树体营养生长与水分供应水平的关系，有如下 3 个重要特点：

第一，树体地上部分的营养生长受水分供应水平的制约，但树体营养生长总量并不和树体水分状态或土壤水分营养供应水平呈完全的直线正相关关系。通常情况下，只有当土壤水分可利用性降低到一定的水平时，树体的营养生长才会受到影响。第二，不同器官的生长发育对水分胁迫反应的敏感程度有差异，即使面对水分胁迫条件下，其生长受到的抑制程度也有差别。一般来讲，不同器官的生长发育对水分胁迫反应的敏感程度由强到弱的顺序如下：茎干的加粗生长、叶原基的发生＞枝条延长生长＞叶面积的扩展。第三，水分胁迫通常对果树茎干的加粗生长的抑制作用具有较强的后效作用，即在树体内的水分胁迫完全解除之后，茎干一慢速加粗生长仍然要持续一段相当长的时间（1～3个月）。因此，茎干加粗生长的减慢程度并不完全与果树体内承受水分胁迫持续时间的长短有关，而与在生长季节里进行水分胁迫处理的时间早晚有密切的关系。水分胁迫发生的时间越早，果树茎干的加粗生长量越小。

②果树生殖生长。花芽分化：土壤干旱通常能促进果树的花芽形成，尤以在花诱导期时干旱效果最为突出。在桃树上的研究表明，花芽形成数量与灌溉量呈直线负相关关系，灌溉量越大，花芽形成的数量越少。在果树上的研究也表明，完全不灌溉的树，其短枝成花的百分率是正常灌溉树的 2 倍。在梨树上的研究也表明，幼年梨树不灌水和少灌水的花芽形成数量远比灌溉量大的树多。此外，水分还影响果树花芽的形态分化。杏树和果树经过水分胁迫处理后，花芽形态分化的进程减慢，花期延迟。晚开的花常常发育不正常，如花丝变长或花药呈花瓣状，胚珠和花粉败育的比例也很高，柑橘经过水分胁迫后，除延迟开花外，无叶花枝和少叶花枝的比例增加。

③坐果。水分对果树坐果的影响取决于果树的种类、水分胁迫的程度和干旱发生的时期。采用地面覆盖塑料薄膜的方法可造成早春干旱，使果树的坐果率仅为对照的 1/3，干旱也加重了西洋梨的 6 月份落果。但是，水分胁迫却对桃树的坐果晚影响率，并减少了采前落果。

④果实生长。很久以来人们就认识到，干旱对果树生产最显著的不良影响是减缓果实的生长速度，导致采收时果实体积减小。但是，我们必须弄清楚以下三点。

第一，果实生长速度并不与土壤水分供应水平呈直线的正相关关系。通常只有在土壤水分可利用性降低到一定的水平时，果实的生长才会受到影响，果实的体积才会减小。

第二，果实细胞分裂和膨大这两种生物过程对水分胁迫反应的敏感程度差异很大；果实细胞分裂对水分胁迫具有较强的忍受能力，而果实细胞膨大的速率受水分胁迫的影响明显地减小。果树在果实细胞分裂期间承受一定程度的水分胁迫通常不减小采收时果实的体积，例如，果树和西洋梨在果实细胞分裂停止之后至新梢停止之前这一段时间里（持续时间为 1～2 个月），在暗柳橙果实细胞增大前期（6 月底至 8 月初）进行水分胁迫，处理树上原果实际生长速度与正常灌溉对照树上的果实生长速度相似。但在果实细胞膨大期，干旱则会导致采收时果实体积的显著减小。果实细胞膨大后期（接近果实成熟前的一段时间里）比前期（在果实果肉细胞分裂结束之后的一段时间里）对水份胁迫反应更敏感。

第三，在果实生长发育早期，果树承受水分胁迫的能力对后期果实的生长具有促进作用。也就是说，果实发育早期遇干旱，在后期恢复正常灌溉后，其生长速度可超过正常灌溉树果实的生长速度。经水分胁迫处理的脐橙和柠檬树在重新灌溉后的 3d 内，其果实生长速度要比对照高 30％左右。在脐橙上的研究表明，水分胁迫解除之后水分胁迫对果实生长的促进作用仍可持续两个多月；对桃和西洋梨的研究也获得了相同的结果。

⑤产量。由于水分影响果树的花芽形成、坐果和果实的生长，因此也显著地影响果树的产量。在干旱地区，灌溉能增加产量，但果树产量与灌溉量也并不呈完全的直线正相关关系。尤其值得注意的是，灌溉量最大的果树并不一定能获得最高的产量。例如，100％蒸发蒸腾潜势灌溉量的桃树 3 年累积产量较80％桃灌溉量树的产量低 18.5％；在桃树上连续 4 年分别灌溉 50％、100％和150％桃的量灌溉是最少的 50％桃树体累积产量也比其他的两个处理高 6％～7％；年灌溉量为 1 232mm 的果树年产量为 90t/hm²，而年灌溉量为 89tmm 的树年产量却为 961/hm²。

⑥果实品质。果实内的可溶性固形物含量与水分供应水平呈直线负相关关系。一方面，随着土壤水分供应能力的降低，采收时果实的含糖量不断增加，但是土壤水分状况对果实内的含酸量影响较小。因此，在干旱条件下，果实内的糖酸比通常增加。另一方面，水分胁迫会导致果实内的果汁含量减少、硬度增加，从而使果实的口感变差。土壤水分供应状况除影响果品的风味品质外，还会影响到果品的外观品质和贮藏品质。通常在适度水分胁迫条件下，果实着色较好，而灌溉过多或土壤过于干旱都不利于果实着色。此外，灌溉量大，则果实的耐储藏能力差。在室温条件下，采后一周的红港桃累计果实腐烂率与果实生长期间水分供应量（降雨量＋灌水量）呈直线正相关。对于果树的研究表明，贮藏病害"苦痘病"、"虎皮病"的发生也与果实生长季节里的水分供应相关，减少灌溉次数和灌溉量可以减轻果实在储藏期间上述生理病害的发生。

在此需要强调的是，从果实的综合品质上考虑，无论是灌水太多还是土壤过度干旱都会对果实品质产生不利的影响。只有当土壤水分维持在一个适宜范围内时，不利的影响才会变小，果实的综合品质才最好。另外，果实最后迅速生长期是果实品质形成对水分需求的关键时期，这一时期的水分供应状况对采收时果品质量的影响显著，主要表现为：一方面水分胁迫能导致果实体积减小，果实硬度增大；另一方面，水分胁迫能增加果实中可溶性固形物的含量和耐藏能力。

（2）果树根系的生长发育　果树根系生长与土壤水分条件密切相关。良好的土壤水分条件是保证根系正常生长、新根原基发生及保持根系正常生理功能的重要条件。干旱情况下，根系生长速度减慢，根原基发生少，因而使根的分支减少，根韧皮部形成层活力降低，根部顶端的木栓化速度加快，从而影响根的吸收功能。在果树上的早期研究表明，当土壤水势降到－0.03Mpa 时，根系的生长速度明显地受到抑制。而对于柑橘，当土壤水势降到－0.05Mpa 时，根系的生长则完全停止。

果树根系对干旱具有很强的适应能力。首先，在水分胁迫条件下，叶片中的光合产物优先供应根系的生长，而不足先供应地上部的茎干生长，因此在水分胁迫的情况下有利于糖类在根系中积累。第二，只要有一部分根系处于良好的水分条件下，果树就能从土壤中获得足够的水分供其生长发育，即使某一侧根系至全树 3/4 的根系处于严重的水分胁迫状态，果树也有能力通过侧向交叉的维管系统，将水分分配到果树的各个部位，同时树体所消耗的水分量显著减少。第三，果树根系具有土壤中生长的能力。尽管处于干旱条件下的果树根系生长速度较慢，甚至停止，但是在重新灌溉后，根系的生长仍能被刺激，其生长速度反而比在良好的水分营养条件下的果树根系快。由于具有如上特点，在大田条件下，不灌溉或较少灌溉的果树根系数量往往比经常灌溉的果树多，且根系在土壤中分布深。

2. 果树水分需求的生物学特点

果树对水分的需求量，一方面取决于果树自身的遗传特性，另一方面还取决于果树自身的生理状况和生态环境因素。此外，果树需水还具有关键时期，即和其他生长发育时期（或物候期）相比较，果树在某些生长发育阶段遭受水分胁迫，能更显著地减少果树产量和降低果实的品质。

（1）果树的遗传特性与水分需求　不同种类果树的形态结构和生长发育特点有很大差异，因此导致对水分的需求量有较大的差别。通常生长期叶幕形成快且叶面积大、叶片气孔多及体积大、树体生长速度快、产量高的树种，需水量均大，反之则需水量小。几种主要的落叶果树需水量从大到小的排列次序：梨—李—桃—樱桃—杏。对于常绿果树，柑橘的需水量大于荔枝、龙眼和枇杷。不同品质种间的需水量也存在差别，一般来讲，晚熟品种的需水量要大于早熟品种。

（2）果树的生理状况与水分需求　果树需水量与果树的生理状况密切相关，主要包括叶面积大小、树体负载量及果实的生长发育阶段等方面。

①叶面积指数。叶片是果树进行蒸腾的主要器官。因此，果树的蒸腾量取决于树体叶面积的大小。对于落叶果树，冬季蒸腾量很小，在春季萌芽展叶后，蒸腾量迅速增加。但是，当叶面积指数达到一定的值以后，由于树冠上层叶片对下层叶片遮阳的影响，树体下层叶片的蒸腾强度开始减弱，树体总蒸腾量的增加速度减慢。在桃树上的研究表明，在生长季节里，桃树下层叶片的蒸腾强度甚至不到上层叶片的 50%。

②果树的负载量。果实的存在抑制树体的营养生长，从而减少树体的叶面积，但是却能增强树体单位叶面积的蒸腾强度，增加树体的需水量。在桃树上的研究是一个很好的例子。正常结果的树，其叶片蒸腾强度远远高于疏除全部果实的树体叶片，在果实的迅速生长期，前者的蒸腾强度甚至是后者的 3 倍。在果树上的研究结果表明，连续 3 年正常结果的果树平均叶面积为 $2.48m^2$，叶面积年蒸腾量为 $180L/m^2$，而疏除所有花的树体的平均叶面积为 $4.9m^2$，叶面积年蒸腾量仅为 $81L/m^2$

③果实的生长发育阶段。果树的需水量除受树体的叶面积和树体的负载量影响外，还与果实的生长发育阶段密切相关。如桃树的需水量有两个高峰，第一个高峰发生在早春，与叶面积增长相一致；第二个高峰发生在果实迅速生长阶段，与果实的日增长动态相吻合。

④生态环境与果树水分需求。果树的需水量受所处地区生态环境的影响显著。如气温、日照、空气湿度和风力是影响果树需水量的主要环境因素。如果气温高，日照时间长和日照强烈，空气湿度低，风大，则叶片的蒸腾强度大，果树的需水量也就大，反之则小。蒸发蒸腾潜势是反映气候对植物蒸腾影响的综合指标。蒸发蒸腾潜势高的地区，作物的蒸腾量也就大。利用水分平衡法指导果树灌溉时，主要依据的是果树自身的需水量状况和气候环境因素对果树需水的影响。

（3）果树生产需水的关键时期。果树生产的目的是获得大量的（即丰产）优质果实（正常大小的体积、优良的风味及较强的贮藏性能）。从水分胁迫对果树的产量和品质这两个主要方面的影响来考虑，桃、果树和柑橘这三种主要果树的需水关键时期如下所述。

桃的需水量关键时期：花期及果实最后迅速生长期。

果树的需水关键时期：果实细胞分裂期和果实迅速生长期。

柑橘的需水关键时期：幼果期及壮果期的后期至成熟期。

需要强调的是，在果树生产对水分胁迫反应的某些敏感时期，栽培中必须维持较高的土壤供水能力，否则果树的产量或品质，甚至二者均受影响。但是也不可提供过高的水分供应，如桃和果树，早期过多的灌溉，会导致树体营养生长过旺，从而加剧树体营养生长和生殖生长对养分的竞争。又如柑橘，在壮果后期至成熟前受到严重水分胁迫会减少采收时果实的体积、风味和外观品质，但这一时期过多的水分供应，又会导致裂果，延迟果实的成熟及推迟果树进入休眠。

3. 果园灌溉技术

过多或过少的土壤水分供应都会对果树的生长发育、产量和品质产生不良的影响。果园水分管理的目标，是在保证果树正常生长发育和结果的前提下，通过尽可能少的灌溉而产生出高质量的果实。要实现这一目标，就必须应用现代灌溉技术，采用科学的手段，对果树进行合理灌溉。

进行果树灌溉，要在灌溉方式、灌溉时间与灌溉量方面合理决策。

（1）果园灌溉方式　近100年来，灌溉技术获得了很快的发展，众多的灌溉方法在果园中得到应用。我们可以把这些灌溉方法划分为四大类群：地面灌溉、喷灌、定位灌溉和地下灌溉。

地面灌溉：地面灌溉是目前我国果园里所采用的主要灌溉方式。所谓地面灌溉，就是指将水引入果园地表，借助于重力的作用湿润土壤的一种方式，故又被称为重力灌溉。地表灌溉通常在果树行间做埂，形成小区，水随地表漫流。根据其灌溉方式，地面灌溉又可分为全园漫灌、细流沟灌、畦灌、盘灌（树盘灌水）和穴灌等。但这类灌溉具有容易受果园地貌的限制和水分浪费严重等缺陷。此外，在我国北方地区，早春大水漫灌会降低地温，导致果树物候期推迟。

喷灌：喷灌又称人工降雨。它模拟自然降雨状态，利用机械和动力设备将水射到空中，形成细小水滴来灌溉果园的技术。喷灌对土壤结构破坏性较小，与漫灌相比较，能避免地面径流和水分的深层渗漏，节约用水。采用喷灌技术，能适应地形复杂的地面，水在果园内分布均匀，并防止因灌溉造成的病害传播和容易实行自动化管理。因此，这种灌溉方式自20世纪30年代问世后，从20世纪50年代起在世界范围内获得了迅速的发展。

喷灌属于全国灌溉，加之喷洒雾化过程中水分损失严重，尤其是在空气湿度低且有微风的情况下更为突出，因此与下面介绍的定位灌溉技术相比仍然存在有水分浪费的问题。

定位灌溉：定位灌溉是20世纪60～70年代开始发展起来的一种技术。定位灌溉是指只对一部分土壤的果树根系进行定点灌溉的技术。一般来说，定位灌溉包括滴灌和微量喷灌两类技术。滴灌是通过管道系统把水输送到每一棵果树的树冠下，由一个或几个滴头（取决于果树栽植密度及树体的大小）将水一滴一滴均匀又缓慢地滴入土中；微量喷灌的灌溉原理与喷灌类似，但喷头小，并设置在树冠之下，其雾化程度高，喷洒的距离小（一般直径为1m左右），每个喷头的灌溉量很小。定位灌溉只对土壤水分始终处于较高的可利用性状态，有利于根系对水分的吸收，并具有水压低和能进行加肥灌溉等优点。另外，将微喷的喷头安装在树冠上方，还能起到调节果园温度及湿度等微气候的作用；在春天低温到来时进行灌溉能减轻或防止晚霜危害的发生，在夏秋季可用于降低空气温度和增加空气湿度。

定位灌溉由于每一个滴头或喷头的出水量小，滴头或喷头的密度大，因此只能将灌溉设备一次安装好。定位灌溉设备通常由水源、过滤设备、自动化控制和灌溉区等四个部分组成。

①水源。在使用地下水灌溉时，这部分通常包括机井、水泵和机房。

②过滤设备。定位灌溉使用的工作压力低，滴头或喷头的出水孔直径小，如果灌溉水的水质不高，会经常发生堵塞。采用过滤设备能去除水中的杂质，包括泥沙和活的生物，保证灌溉的正常进行。

③自动化控制区。包括自动化灌溉仪和电动阀，可以实现灌溉的自动化。

④灌溉区。由各个灌溉小区组成，每个灌溉小区包括有支管、毛管和滴头或喷头。定位灌溉系统中通常有施肥装置，从而实现加肥灌溉。

地下灌溉：是利用埋设在地下的透水管道，将灌溉水输送到地下的果树根系分布层，并借助于毛细管作用湿润土壤的一种灌溉方式。地下灌溉系统由水源、输水管道和渗水管道三部分组成。水源和输水管道与地面灌溉系统相同，渗水管道相当于定位灌溉系统中的毛细管，区别仅在于前者在地表，而后者在地下。现代地下灌溉的渗水管道常使用钻有小孔的塑料管，在通常情况下，也可以使用黏土烧管、瓦管、瓦片、竹或卵砾石代替。

由于地下灌溉将灌溉水直接送到土壤里，不存在或很少有地表径流和地表蒸发等造成的水分损失，是节水能力很强的一种灌溉方式。需要强调的是，目前地下灌溉在世界范围内仍应用较少。一方面，设施技术还需要进一步完善，另一方面，由于管道铺设在地下使检修较困难也限制了地下灌溉的应用。

（2）果园灌溉时间和灌溉量的确定　土壤液相和气相共存于固相物质之间的孔隙中，形成一个互相联系、互相制约的统一整体。干旱条件下，土壤中水分含量少，水势低，根系吸水困难，不能满足果树生长结果的需要，从而导致果树营养生长不足，产量减少和品质降低。只有在土壤水分含量降低到对果树产生不良影响之前进行灌水，维持适宜的土壤水分状况，才能实现果树的优质丰产。但是，过多的灌溉、灌溉次数过于频繁或一次的灌溉量过大，会导致土壤中气相所占比重过小，氧气不足，也同样会降低根系的吸水速率，影响果树的生长与结果。因此，合理的灌溉水必须考虑果树生物学反应特点，应用科学的方法，确定果园每次灌水时间及合理的灌水量，将土壤水分维持在合理供水的范围内。

果树的灌溉时间和每次灌溉量的确定取决于所采用的灌溉技术。在漫灌、喷灌、微喷和地下灌溉的条件下，每次灌溉的目的是恢复土壤中的储藏水分，灌溉时应遵循次数少（即两次灌溉之间间隔时间长）、每次灌溉量大的原则；对于定位灌溉中的滴灌，由于土壤失去了储藏水分的功能，成为简单的水分导体，因此灌溉时采用的原则与漫灌等正好相反，要求灌溉次数频繁而每次灌溉量小。

对于漫灌、喷灌、微喷和地下灌溉，应避免在生长季节里灌溉开始太早或两次灌溉之间的间隔时间太短，否则会因土壤中的水分含量太高而加大水分损失，还会使果树处于高消耗状态，蒸腾量变大；土壤毛细管多而细，可将滴灌的滴头所提供的水分与根系的吸收连接起来。在生长季节里，当土壤水势开始降低时就应开始实施滴灌，并且两次灌溉之间的间隔时间不能太长。否则，会使负责横向水分运输的毛管断裂，每一个滴头能湿润的土壤体积大幅度地减小。在这种情况下，即使延长灌溉时间来增加每次的灌溉量，也仍不能恢复滴头下方邻近湿润土壤的体积，从而会对果树产量和果实品质产生不良的影响。

对于采用漫灌、喷灌、微喷和地下灌溉等技术进行灌溉的果园，每次灌溉时，应将果树主要根系分布层的土壤灌透，将果树在过去的一段时间里使用的土壤水分重新补足。通常每次的灌溉深度为 $15\sim50mm$，相当于补水 $150\sim500mm^3/hm^2$。如果涉及某一具体的果园，每次灌水量与所采用的灌溉技术在灌溉时土壤湿润度及土壤的类型密切相关，同时也与果树根系分布深度有关。采用喷灌和全园漫灌时由于对整个果园地表均进行了灌溉，地表湿润面积大，所以每次的灌溉量也大，而采用沟灌或微喷的果园，由于只对果园的一部分土壤进行灌溉，所以每次所需的灌溉量小。壤土和黏壤土中的可利用水分含量大，每次的灌溉量也大，而沙土中的利用水分含量小，每次的灌溉量小。根系分布深的果树，如梨树，每次的灌溉量大；根系分布浅的果树，如桃树，每次的灌溉量小。综上所述，每次原灌溉量可用式 3-1 计算。

灌溉量＝土壤深度×土壤中可利用的水量×灌溉面积/总面积×k

（式 3-1）

式中：k 是土壤中易被果树利用的水占总可利用的水量，单位为 mm^3/cm。

以桃园为例，在黏壤土条件下，假设其主要根系的分布深度为 60cm，每次的灌溉深度约为 40mm，相当于 $400mm^3/hm^2$ 水。若采用微喷灌或沟灌，如果湿润面积占总面积的 40%，则每次的灌溉深度约为 16mm，相当于

$160\text{mm}^3/\text{hm}^2$ 水。

使用滴灌进行灌溉的果园，每次的灌溉量为前一天树体的蒸腾量，灌溉深度通常为 $3\sim6\text{mm}$。

【任务实践】

实践一：果树浇水

1. 材料与用具

（1）材料　肥料。

（2）用具　铁锨、喷灌机等。

2. 方法步骤

（1）根据果树发育确定合适的浇水时期

①花前水。果树萌芽、开花、新梢生长期间需水较多。

②花后水。落花后半个月是果树需水临界期，新梢旺盛生长和果实迅速膨大，需要消耗大量的水分。

③花芽分化水。苹果、梨等果树春梢停止生长时或缓慢生长，花芽开始分化，果实也迅速生长，需水量较大。此时浇水能促进花芽分化和果实发育。

④封冻水。果实采收后，土壤封冻前，可结合秋施基肥浇水，以利根系生长，提高树体储藏营养水平和树体越冬抗旱能力。

（2）浇水方法

①树盘浇水。树盘周围修土埂，于盘内浇水，用水比较经济，但盘内容易板结，早春易降低低温。因此，浇水后应及时松土。

②分区浇水。将几棵树分成一个小区，浇水面积大，根系吸收均匀，适宜水源充足、地势平坦的果园。

③沟浇。在水源困难的地方，可采取树冠外围开环状沟、方沟、直沟浇法，先开出沟来后浇水。因为沟浅而宽，浇水和施肥在同一位置，这样浇水量大，浇得足，吃水根群多，效果好，但较费工。

3. 检查

（1）浇水是否充分。

（2）开沟时是否伤及根系。

实践二：果树滴灌

1. 材料与用具

（1）材料　供嫁接用的接穗和砧木各若干。

（2）用具　修枝剪、芽接刀、枝接刀、盛穗容器、湿布、塑料绑扎条、油石等。

2. 方法步骤

（1）铺装输水管网。

（2）安装毛管、滴头。配置方式一般可在果树行间铺设一根毛管，毛管上每间隔 1m 安装流量为 4L/h 的滴头 2 个，密植园可在果树前后 0.5m 处各安装 1 个滴头。一般果园在结果前在树两侧 1m 处各安装 1 个滴头或果树每株周围安装 4 个滴头（离树干 1m），大树或黏性土壤可增加 5～6 个。在无雨条件下，两次滴水的间隔时间为 3～4d。

（3）压水灌溉。可由水泵加压或利用地形落差所产生的压力。加压的水经过滤后，通过各级输水管网（包括干管即主管、支管、毛管和闸阀等）到滴头，水自滴头以点滴方式直接缓慢地滴入作物根际土壤。

3. 检查

（1）滴灌时应注意净化水质，防止滴头堵塞。

（2）各级管道接口是否漏水。

（3）果树根系附近土壤是否浇透。

【关键问题】

如何提高灌溉的效率？

（1）适时灌溉　利用径流系统对果树干径流量进行不间断监测，结合不同时期灌溉试验处理下果树产量和品质的综合表现，得出果树落花后和果实速长期是果树的关键灌水时期。

（2）适量灌溉　不同土壤质地果园全树盘灌溉方式下每次适宜的灌溉量。砂土果树园，灌水量 25mm 可达根系主要分布区，土壤相对含水量达到 55% 即可满足果实生长的水分需求；壤土果园，灌水量 75mm 可达到根系的主要分布区，保证产量与品质；黏土果园，在土壤相对含水量 50% 时（果树土壤含水量临界值），丰产期果树灌水量 100mm 可下渗到吸收根的集中分布区，初果期灌水量 50mm 即可。砂土适合少量多次的灌溉方式，而黏土适合多量少次的灌溉方式。

（3）适位灌溉　不同土壤类型条件下果树的主要吸收根的空间分布情况和最佳灌溉位置：初果期果树的最佳灌溉位置为距树干 50～140cm 的范围内，丰产期果树的最佳灌溉位置为距树干 40～160cm 的范围内。

（4）降低耗水量

①树盘聚水覆盖降耗。树盘聚水覆盖降耗技术是一种操作简单、效果显著的果园自然降水高效利用新方法，即以果园行间中线为界，一侧修成斜面（集

水面），以行间中线部分为最高点，树基部为最低点并与水平面相交，另一侧保持水平面（蓄水面），在蓄水面覆草，以达到提高自然降水利用率、降低蒸腾耗水、增加土壤有机质、改良土壤结构的目的。

②采用适宜的树形并利用修剪调节枝量。可选用主枝下垂形、高干纺锤形和圆柱形等树形。冬季休眠期修剪进行树体结构调整，疏间密挤的大枝，合理配置各级骨干枝及枝组，充分利用空间，维持树势平衡，每亩保留枝量 6 万左右。生长季节的修剪通过扭梢、拉枝、枝条软化、摘心等措施控制直立或壮旺枝的生长，疏间或极重短截徒长梢，疏间密挤的新梢，减少光合功能无效的叶量，减少树体蒸腾。

③果园覆盖。果园覆草可以减少土壤水分的蒸发量，提高水分的利用率，还有利于水土保持，减少水分径流，防止土壤冲刷；果园覆草能增加土壤有机质含量，促进土壤微生物的活动，提高土壤肥力。

用于果园覆盖的生物制品来源广、种类多，各种作物秸秆与落叶、绿肥、杂草、堆厩肥、锯末及海草等生物产生的有机物都可因地制宜地加以利用。

果园覆草一般在土壤化冻后，也可在草源充足的夏季覆盖。覆草的厚度要在 20～30cm。树下覆麦秸或杂草，第一年每亩 1 500kg，第二年每亩 1 000kg，第三年每亩 500kg，可保持覆草 20cm 厚度。据生产经验，全园覆草不利于降水尽快渗入土壤，降水以蒸发方式消耗较多，因此生产中提倡树盘覆草。具体做法是：覆草前在两行树中间修筑 30～50cm 宽的畦埂或作业道，树畦内整平使近树干处略高，盖草时树干周围留出大约 20cm 的空隙，以便降雨后水沿树干和畦尽快渗入土壤。

④喷布抗蒸腾剂。我们自主研发的"果树减蒸剂"对降低果树的蒸腾耗水具有明显的作用，与市售抗蒸剂早宝贝比较，具有使用方便、成本低等特点，且药效持续时间长，达 30d。在树体蒸腾量较大的 6～9 月份，可每隔 20～30d 叶面喷布一次抗蒸腾剂。

【思考与讨论】

1. 果树产量与浇水有何关系？
2. 滴灌有哪些优点？浇水方法有哪几种？
3. 影响果实品质的主要因素有哪些？

【知识拓展】

果园节水地面灌溉方法主要有以下两种。

(1) 小畦灌溉　能够一株果树一畦，或 2～4 株果树一畦，畦越小，越节水。小畦灌溉须修筑主渠、支渠和毛渠，影响果园机械作业，适于家庭承包的小果园，也可用软塑料管取代支渠、毛渠，原渠道占地可稍垫高，以便行走机械，抑制畦埂与渠埂多而影响机械作业的缺陷，且省水，值得倡导，但软管要接在有一定压力的水龙头上，有的果园与管道喷药同用一个供水系统，也十分便捷。

（2）细流沟灌　即行间暂时灌溉时由机械开多条沟灌水。随开沟随灌水，并及时覆土保墒。

模块二 蔬菜的土肥水管理

实践目标

本模块主要包括蔬菜的土壤管理、水分管理和施肥管理等内容，掌握蔬菜的土肥水管理技术。

模块分解

见表 3-2 所示。

表 3-2　蔬菜的土肥水管理

任务	任务分解	要求
1. 蔬菜的土壤管理	1. 中耕 2. 培土	1. 掌握中耕与培土技术 2. 掌握除草技术
2. 蔬菜的水分管理	灌溉	掌握灌溉方法 2. 掌握番茄、黄瓜、辣椒的灌溉技术
3. 蔬菜的施肥管理	1. 追肥	1. 掌握蔬菜施肥时期 2. 番茄、黄瓜、辣椒的施肥技术

任务一　蔬菜的土壤管理

【案例】

土壤质地的好坏与蔬菜栽培，成熟性、抗逆性和产量有密切的关系。沙壤土：土壤疏松排水良好，不易板结开裂，升温快，但保水、保肥能力差，有效的矿质营养少、植株易早衰。壤土：土壤松细适中，春季升温慢，保水保肥能力较好，土壤结构良好，有机质丰富，是栽培一般蔬菜最理想的土壤。黏壤土：土质细密，春季升温缓慢，保水保肥能力强，含有丰富的养分，但排水不良，雨后易干燥开裂，植株发育迟缓，适于晚熟栽培。

土壤溶液浓度与酸碱度：土壤溶液浓度与土壤组成有密切关系，含有机质丰富的土壤吸收能力强，土壤溶液浓度低，沙质土恰好相反。施肥时要根据蔬菜种类、生长期、土质及其含水量，确定施肥次数、施肥量，避免施肥过浓，造成土壤溶液浓度高于植株体内细胞液的浓度，而引起反渗透现象，致使植物萎蔫而死亡。

思考1：如何对菜田进行土壤管理？

思考2：菜田土壤管理关键技术有哪些？

案例评析：蔬菜直播主要包括中耕、培土、灌溉、排水、施肥和地面覆盖等技术环节。

【知识点】

1. 中耕

多数蔬菜作物根系分布浅，与杂草的竞争力弱；根系呼吸需氧量高，要求土壤疏松，有较好的透气性。如土壤空气中 O_2 的浓度降到10％以下，番茄的生育就显著恶化；豆类蔬菜由于根瘤菌属好气性细菌，对土壤的透气性要求更高。这就决定了中耕的必要性。中耕的次数、深浅因蔬菜种类、土壤状况和季节而异。对于根系再生能力较弱的蔬菜（如辣椒、芋等），生长中、后期不宜中耕。暴雨前亦应停止中耕，否则会加剧水土流失，加重雨害。灌溉或降雨以后中耕，有利于分蒸发，提高土温。果菜定植后如遇早春地温偏低，土壤偏湿，一般多行深中耕，以创造松、暖的土壤条件，促进生根发棵，提早结果；干旱季节则行浅中耕，以防旱保墒，降低地温，保护根系。

2. 培土

通常结合中耕进行。对茄子、辣椒等株型较大的蔬菜进行培土，可增强抗风能力，防止倒伏。在降水集中季节，蔬菜根系常因水土流失而裸露土表；雨过天晴及时培土护根，可避免曝晒伤根引起死亡。冬季对露地的植株如甘蓝、萝卜等进行培土，可预防冻害。对易生不定根的蔬菜如番茄、南瓜、冬瓜等，培土可以扩大根群，增强吸收能力。对于薯芋类蔬菜如芋、马铃薯、生姜等，培土可降低地温，创造黑暗环境，利于地下茎（球茎、块茎或根茎）的发育。培土也是使某些蔬菜作物的器官软化，提高其食用品质的重要措施。

3. 灌溉

蔬菜食用器官一般含水分 90％ 以上，这是食用时柔嫩多汁的重要原因。但蔬菜根部的吸水能力都较弱，如黄瓜根的吸水力为 4 个大气压，胡萝卜和甘蓝为 6～8 个大气压，番茄为 8～10 个大气压，仅相当于多数植物平均值（15个大气压）的 27％～67％。因此，土壤水分不足不仅会影响蔬菜的出苗，还会导致产量下降，品质变劣。一般是出苗期必须保持土壤湿润，以利种子吸水萌动和发芽；幼苗期耗水虽然不多，但因叶片的角质层和根系尚不发达，对缺水敏感，干旱时要注意轻浇勤浇；移植栽培的蔬菜，定植前数日进行控水炼苗，可增进抗旱力；定植时浇水则有利恢复生长（还苗）；旺盛生长期由于植株渐大，耗水增多，供水要相应增加；产品形成期耗水最多，缺水对产量和品质影响最明显，要保持土壤有充足的水分。但对收获后要进行储藏的产品，则收获前应适当控水，以减少产品含水量，提高贮藏性。

蔬菜灌溉技术有地面畦灌、沟灌、穴浇、喷灌等。对需水量大、耐涝力强的蔬菜，包括芋、蕹菜等，可行漫灌。

4. 排水

排水有利于保持土壤的透气性，因此无论湿润地区或半湿润地区，都是菜园管理上的一项重要作业。中国长江以南以深沟高畦为主要形式的明沟排水法，由于投资少、简便易行而得到普遍采用。从 20 世纪 60 年代起，高畦栽培已从江南向华北迅速推广。综合性的排水措施包括：疏通河道；在汛期易倒灌的地区建设排涝泵站和控水闸，必要时进行强制排水；雨季监测内河水位，必要时采取预降措施；菜田普遍筑成高畦和短畦，使小沟、大沟、河流连成一体等。20 世纪 70 年代以来，在有些国家发展了暗排（暗管排水）技术和井排技术，在中国也开始采用。

5. 施肥

由于蔬菜生产的高度集约化，施肥受到特别重视。施肥方法因蔬菜种类和需肥特性而异：①速生型蔬菜，包括生长期较短的绿叶菜，由于栽种密集，根系分布浅，植株生长快，对土壤速效养分要求较高。施肥以追肥和速效氮为主。②先形成同化器官（叶片）然后形成产品器官的蔬菜，包括薯芋类、根菜类和白菜类等，进入产品器官形成旺期以后，茎、叶生长渐趋停止。其中，以淀粉为主要储藏物质的蔬菜，宜以充分腐熟的有机肥作基肥，早施追肥，重施钾肥。对于以含氮有机物为主要储藏物质的蔬菜，则宜在施用基肥的基础上，勤施氮肥，促进发棵，在叶球（或花球）开始形成时施重肥。③同化器官与产品器官同时发育的蔬菜，包括茄果类、瓜类、豆类等，进入开花结果期后，茎叶生长并不停止，而是营养生长与生殖生长并进。为了保证植株发棵与结果协调进行，宜多施基肥，勤施追肥，氮磷钾配合。施肥的种类、数量和时期根据植株长相诊断或营养诊断决定。

6. 地面覆盖

地面覆盖是减少土壤水分蒸发和提高地温的重要方法。中国传统的地面覆盖，多以蒿秆以至砂石等为覆盖材料。20 世纪 40 年代末以来，塑料薄膜覆盖得到发展，除可减少土壤水分蒸发外，兼能防止养分流失和改善株间光照状况。用特种地膜进行覆盖还有灭草、避蚜等功能。日本是应用这项技术较早的国家，欧洲国家于 20 世纪 60 年代开始应用，中国自 20 世纪 70 年代后期推广也极迅速。

【任务实践】

实践一：中耕

1. 材料用具

铁锹、大小锄头、挠钩等相关农具。

2. 操作步骤

在作物生育期间，中耕深度应掌握浅—深—浅的原则，即作物苗期宜浅，以免伤根；生育中期应加深，以促进根系发育；生育后期作物封行前则宜浅，以破板结为主。

（1）在蔬菜移植分苗缓苗后要及时中耕松土，由于苗间距小，多用 8 号铅丝或相当粗细的钢筋挠钩，中耕 2～3 遍。中耕深度由浅入深，深达 2～3cm。

（2）大部分蔬菜在定植缓苗后到株冠封垄前，即在蹲苗期间要进行 3～4 次中耕，中耕深度为 10cm，一般黏性土中耕次数多，中耕深度较深。

（3）对沙性土中耕次数少，中耕深度也较浅。

（4）不论对何种蔬菜进行多次中耕时，都要遵照第一次中耕要浅。

（5）中耕要精细。

（6）第二、三次逐渐加深，要挠通挠透。

（7）最后一次中耕要浅。

3. 检查

（1）检查中耕时间。

（2）是否按照要求操作。

实践二：培土

1. 材料用具

铁锹、培土机等。

2. 操作步骤

（1）防倒伏　如栽培晚熟的茄子、甜椒及采种植株，由于植株高大，重心靠上，为防止倒伏，在植株封垄前后，配合中耕进行 2～3 次培土。将植株基部逐渐培成垄背，不仅提高抗风能力，还有利于雨季排水。

（2）培土软化　秋季宽行种植芹菜，到秋分节前后，配合中耕松土；将行间土分 2～3 次培于芹菜底部，使芹菜叶柄下部软化成白色，从而提高品质。在大葱栽培中为增加葱白的长度，全生长期培土 3 次。短葱白类型（鸡腿葱）培土次数少，每次培土也较薄；高葱白类型培土次数多，每次培土也较厚，并在日土温较低时进行。

（3）改善土壤环境　栽培马铃薯、生姜、大型萝卜等蔬菜时，在产品器官形成时，配合中耕培土 1～2 次，可以改善土壤环境，促进产品的形成。

3. 检查

（1）检查培土方式是否正确。

（2）是否按照要求进行了操作。

【关键问题】

1. 蔬菜中耕

蔬菜秧苗定植成活后，进行中耕除草，使土壤保持疏松，增加土温，流通空气，促进肥分分解，调节土壤水分，减少病虫害。

中耕深度一般蔬菜宜浅，以 4～7cm 为度，但不同的种类、生长期和土壤性质等中耕深度也不同。浅根性蔬菜、如洋葱、黄瓜等中耕宜浅；瓜类（除黄瓜外）、番茄、根菜类等深根性蔬菜，中耕可稍深，播种后第一次中耕宜浅。幼苗在根分布处中耕应浅，行间应稍深；长大植株，根系扩大，为避免伤根，中耕宜浅些。中耕以生长前期为主，在蔬菜栽植恢复生长后开始中耕，以后间隔 10～15d 中耕一次，每次降雨或灌溉后也必须中耕一次。生长中期叶片覆盖地面，根系布满表土层，应停止中耕，以免损伤根部，妨碍蔬菜的生长。通气好、透水性较大的沙质土，中耕宜浅，黏质土可较深。冷天中耕可稍深，使地温升高快；热天温度高，水分蒸发快，且杂草较多，一般中耕宜浅。

2. 蔬菜除草

中耕除草往往结合在一起，杂草危害性大，争肥水妨碍蔬菜生长，除草应采取除早、除小、除净的办法。撒播的蔬菜，距离较密，须用手拔草；栽植的株行距较大，可用锄头除草。

3. 蔬菜培土

培土是栽培蔬菜的一项重要工作，应结合中耕分次进行。培土后可使马铃薯、芋等地下茎肥大，防止倒伏；对易生不定根的蔬菜，如番茄，能扩大根系，加强营养，有利雨后或灌水后排水。

【思考与讨论】

1. 为什么要进行播前处理？
2. 苗期管理要点有哪些？

【知识拓展】

1. 无公害蔬菜生产

无公害蔬菜生产是指在蔬菜种植生产过程中选择良好的生产地，采取控制农药、化肥使用的技术和管理措施，使蔬菜中农药残留量。

（1）无公害蔬菜产地的选择　无公害蔬菜产地应选择在生态条件良好，种植地区域内及上风口、灌溉水源上游2km内没有排放有害物质的火力发电厂、冶金厂、化工厂、水泥厂等易造成污染的企业；远离主干线公路100m以上，高氟（水质含氟量超标）地区不适宜种植蔬菜；尽量选择土层较厚、肥沃、通透性好的地块。

（2）无公害蔬菜栽培技术

①种子：选用抗病、优质、丰产、抗逆性强、商品性好的品种。要根据种植季节不同，选择适宜的种植品种。

②种子处理和苗床消毒：采用晒种、温水、药剂浸种或药粉拌种进行种子消毒。用土壤杀菌剂进行苗床消毒。

③整地：清除前作作物旧叶、残渣，深翻土壤。

④茬口安排：尽量避免同种蔬菜连作，提倡水旱轮作或其他轮作方式。十字花科、葫芦科和茄果类蔬菜切忌连作。

⑤播种：根据蔬菜的品种特性、当年的气候状况及栽培方式，选择适宜的播种期。合理密植，提倡小高墙栽培，避免田间积水，利于通风透光，降低植株间湿度，及时清除病虫株、病残株，减少病菌和害虫数量，控制病虫害的发生。

⑥土壤及施肥：施肥以有机肥为主，其他肥料为辅；以多元复合肥为主，单元素肥为辅；以施基肥为主，追肥为辅。限制化肥的施用，有选择地施用化

肥，化肥必须与有机肥配合使用，有机氮与无机氮的比例为 1 : 1；少用叶面喷肥；最后一次追肥应在收获前 20～30d 进行。人粪尿及厩肥要充分发酵腐熟，追肥后要浇清水冲洗。控制化肥用量，一般每亩使用量不超过 25kg；提倡配方施肥，增施磷、钾肥。禁止使用硝态氮肥。化肥要深施、早施。一般铵态氮肥施于 6cm 以下土层，尿素施于 10cm 以下土层。注意根系浅的蔬菜和不易挥发的肥料宜适当浅施；根系深和宜挥发的肥料宜适当深施。城市垃圾要经过无害化处理，质量达到国家标准后才能限量使用，每年每亩用量，黏性土壤不超过 3 000kg，沙性土壤不超过 2 000kg。对非商品有机肥料要搞清其来源，并经有效的高温堆肥处理后才能使用。及时清除田园四周杂草，以及田间病叶、病株并及时清除，集中处理。

（3）病虫害防治　以预防为主，综合防治，优选采用农业防治、物理防治、生物防治，配合科学合理地使用化学防治，达到生产无公害蔬菜的目的。

①农业防治：选用无病种子及抗病优良品种；培育无病虫害壮苗；合理布局，实行轮作倒茬；注意灌水、排水，防止土壤干旱和积水；清洁田园，加强除草，降低病虫源数量。一般由于菜园土肥沃，加之蔬菜种植茬口密，造成土壤中存有多种病原菌和虫卵，这是造成蔬菜作物发病的重要原因。多数病原菌可在土壤中越冬，存活期较长，有的多达 3～5 年。可采取不同的作物轮作和水旱田轮作；深耕晒垡，使表土和深层土壤做适度混合；土壤冻垡，越冬前浇足冬水，使土壤冻结、杀死病菌等。

②生物防治：保护天敌。创造有利于天敌生存的环境条件，选择对天敌杀伤力低的农药；释放天敌，如扑食螨、寄生蜂等。

③物理防治：物理方法防治虫害在蔬菜生产中应用较多的方法有以下几种。

ⓐ人工捕杀。当害虫发生面积较小，可采用人工捕杀方法。

ⓑ阻隔防范。利用防虫网设置屏障阻断害虫侵袭。如苗期用 30 目，丝径 14～18mm 防虫网覆盖（或在放风口加防虫网），实行封闭式生产。当田间出现中心病株、病叶时，应立即拔除或摘除，防止传染其他健康植株。

ⓒ诱杀黄板诱杀。蚜虫、白粉虱对黄色表现正趋性，可以采用黄色塑料板、黄色纸板、黄色塑料条诱杀。在上述材料上涂抹 10 号机油悬挂于保护地设施中，每 20m² 挂 40×30cm 黄板一块，7～10d 复涂机油一次，使蚜虫、白粉虱沾在板上。蓟马对白色有正趋性，可用白板涂抹机油粘杀。

灯光诱杀。许多夜间活动的昆虫都有趋光性，可采用灯光诱杀。使用较多的有蓝光灯、白炽灯、双色灯等。目前效果较好，推广使用的为频振式杀虫灯。

④药剂防治（化学防治）：选用高效低毒低残留农药，选用生物农药；使用时严格执行农药的安全使用标准，控制用药次数，注意用药浓度，使用后要确保安全间隔期；只能选用低毒和中等毒性农药；严禁使用以下国家明令禁止使用的农药。国家禁止在所有农作物上使用的农药有：六六六，滴滴涕，毒杀芬，二溴氯丙烷，杀虫脒，二溴乙烷，除草醚，艾氏剂，狄氏剂，汞制剂，砷、铅类，敌枯双，氟乙酰胺，甘氟，毒鼠强，氟乙酸钠，毒鼠硅。国家禁止在蔬菜、果树、茶叶、中草药材上不得使用的农药（19 种）：甲胺磷，甲基对硫磷，对硫磷，久效磷，磷胺，甲拌磷，甲基异柳磷，特丁硫磷，甲基硫环磷，治螟磷，内吸磷，克百威，涕灭威，灭线磷，硫环磷，蝇毒磷，地虫硫磷，氯唑磷，苯线磷。

任务二　蔬菜的水分管理

【案例】

水是蔬菜的重要组成部分，不仅影响蔬菜的光合能力，而且影响植株地上部与地下部、生殖生长与营养生长之间的协调。合理浇水，不仅能够增产增收，而且能够改善蔬菜的品质。

思考 1：各种蔬菜的需水特性是怎样的呢？

思考 2：各种蔬菜在不同时期又应该怎样进行水分管理呢？

案例评析：由于不同蔬菜，地下部根系对水分的吸收能力以及地上部叶片水分的消耗能力有所不同，若根系发达，吸水能力就强，而叶片面积大，蒸腾作用旺盛的蔬菜，抗旱能力也就弱。因此，不同蔬菜对水分的需求有所不同。

黄瓜：黄瓜根系浅，叶片大，地上部消耗水分多，对空气湿度及土壤水分的要求都非常高。适宜的土壤相对湿度为 85%～90%，空气相对湿度为70%～90%。黄瓜虽然喜湿，但怕涝，特别是地温低时，土壤湿度过大易发生病害。

西瓜：西瓜根为直根系，分布深而广，西瓜需水量很大，但其对空气湿度要求较低，以 50%～60% 为宜。虽然叶片较大，但叶片表面有蜡质，蒸腾减慢。西瓜虽然耐旱，但不耐涝，湿度大时，不利于果实成熟及甜度的增加。

苦瓜：苦瓜根系发达，吸水能力较强。苦瓜需水量较大，特别是在开花结果期，若水分供应不足，植株生长不良。但苦瓜喜湿耐旱，不耐涝，在 80%～85% 的空气湿度和土壤湿度的条件下对生长有利。

西葫芦：西葫芦根系强大，吸收水分能力强，虽然叶片大，蒸腾作用强，但比较耐旱。若连续干旱也会引起萎蔫，因此对土壤湿度要求较高，但不宜过高，以防止病害发生。

西红柿：西红柿为深根性作物，根系发达，吸水能力强，植株茎叶繁茂，蒸腾作用强，空气相对湿度要求以 45%～50%为宜。西红柿属于喜水怕涝的半耐旱性蔬菜。

茄子：茄子根系发达，主根粗而壮，吸水能力强。但茄子植株高大，叶片大而薄，蒸腾作用强，茄子在高温高湿的情况下生长良好，对水分需求量大，茄子喜水怕旱，但是，空气湿度过高，长期超过 80%就会引起病害。

辣椒：辣椒根系不发达，根量少，入土浅，吸收能力弱，虽单株需水量不多，但辣椒不耐旱也不耐涝，对水分要求严格，需经常供给水分才能生长良好，故要求湿润疏松的土壤。一般空气相对湿度在 60%～80%有利于茎叶生长及开花坐果。

菜豆：菜豆为直根系，根系较深，吸水能力较强，能耐一定的干旱，但不耐涝，喜欢中等湿度的土壤条件。菜豆最适宜的土壤湿度为田间最大持水量的60%～70%，空气相对湿度为 80%。

【知识点】

1. 不同种类蔬菜的需水特点

（1）吸水和耗水特点

①吸水力弱，但耗水很多的蔬菜：如白菜、芥菜、甘蓝、黄瓜等。这些蔬菜叶面积较大且组织柔嫩，但根系入土不深，所以要求较高的土壤湿度。栽培时应选择保水能力强的土壤，经常灌溉。

②吸水能力强，但耗水不很多的蔬菜：如西瓜、甜瓜、苦瓜等。这些蔬菜的叶子虽大，但其叶片有裂缺或表面有茸毛，能减少水分的蒸腾，并有强大的根系，能深入土中吸收水分，抗旱性很强。栽培时可少量灌溉或不灌溉。

③吸水力很弱，耗水也少的蔬菜：如葱、蒜、石刁柏等。这些蔬菜的叶面积很小，而叶表皮被有蜡质，蒸腾作用很小。但它们根系分布范围小，入土浅且几乎没有根毛，所以吸收水分的能力弱，对土壤水分的要求也比较严格，要求较高的土壤湿度。

④吸水力和耗水量均中等的蔬菜：如茄果类、根菜类、豆类等。这些蔬菜的叶面积比白菜类、绿叶菜类小，组织较硬，且叶面常有茸毛，所以水分消耗量较少；而根系比白菜类等发达，又不如西瓜、甜瓜根系强，故抗旱性不很强。栽培上要求中等程度的灌溉。

⑤吸水力很弱，而耗水很快的蔬菜：如藕、荸荠、茭白、菱等。这些蔬菜的茎叶柔嫩，在高温下蒸腾作用旺盛，但它们的根系不发达，根毛退化，所以

吸水的能力很弱。因此，植物的全部或大部分都需浸在水中才能生活，需在水田栽培。

（2）对空气湿度的要求特点　除土壤湿度外，空气湿度对蔬菜生长发育也有很大影响。按照对空气湿度的要求可将蔬菜大体分为 4 类。

①喜湿润性蔬菜：如白菜类、绿叶菜类和水生蔬菜等。适宜的空气相对湿度一般为 85％～90％。

②喜半湿润性蔬菜：如马铃薯、黄瓜、根菜类等。适宜的空气相对湿度一般为 70％～80％。

③喜半干燥性蔬菜：如茄果类、豆类等。适宜的空气相对湿度为55％～65％。

④喜干燥性蔬菜：如西瓜、甜瓜、南瓜和葱蒜类蔬菜等。适宜的空气相对湿度为 45％～55％。

2. 蔬菜不同生育期的需水特点

（1）种子发芽期　要求充足的水分，以供种子吸水膨胀，促进萌发和出土。如土壤水分不足，播种后种子较难萌发，或虽能萌发，但胚轴不能伸长而影响及时出苗。

（2）幼苗期　叶面积小，蒸腾量也小，需水量不多，但根系分布浅，且表层土壤不稳定，易受干旱的影响，栽培上应保持一定且稳定的土壤湿度。

（3）营养生长旺盛期和养分积累期　此期是根、茎、叶菜类同化器官和产品器官旺盛生长的时期，也是一生中需水量最多的时期，栽培上应尽量满足其水分需求，但在产品器官开始形成前水分不能供应过多，以抑制茎叶徒长，促进产品器官的形成。

（4）开花结果期　开花期对水分要求严格，水分过多，易使茎叶徒长而引起落花落果；水分过少，植物体内水分重新分配，水分由吸水力弱的器官（如幼芽、幼枝、花和幼果等）会大量流入吸水力强的叶子，也会导致落花落果。所以，在开花期应适当控制灌水。进入结果期后，尤其在果实膨大期或结果盛期，需水量急剧增加，达到最大需水量，应供水充足，使果实迅速膨大。

【任务实践】

实践一：灌溉

1. 材料用具

铁锹、平耙、开沟器等。

2. 操作步骤

（1）番茄灌溉

①苗期浇水：播种前，播种床要浇足底水，床土润湿深度达到 8～10cm。分苗前不再浇水。分苗时，如果播种床床土过干要提前喷水。分苗苗床要预先开沟，浇水后栽植幼苗。如果将幼苗分到营养钵中，在分苗后要将营养钵内营养土湿透。在定植前的囤苗期间，一般不浇水，保持苗床要干燥。

②定植浇水：开沟浇水，水稳苗。必须保证土坨湿透。对于覆地膜的，在做畦时要开沟造墒，定植打孔点水。

③定植后浇水：对于苗龄大、土坨不完整的幼苗，在定值后 2～3d 可适当补浇 1 次水。定植 7d 后，完成缓苗，浇 1 次缓苗水，以后便进入中耕蹲苗期。第一穗果实到山楂大小时，结束蹲苗，开始浇催果水，催果水对早熟品种可适当提前，以防因缺水抑制茎叶生长和根系发育。以后进入果实膨大期和采收期，通常 7～8d 浇 1 次水。要视具体情况适当延长浇水间隔时间，严禁浇水过勤和浇水量过大，造成空气湿度和土壤湿度过高，防止因低温高湿导致植株烂根和发生早疫病、叶霉病、灰霉病、菌核病等病害。

（2）辣椒灌溉

①苗期浇水：对于播种床，要在播种前 2～3d 浇足底水，覆盖地膜增温。播种时再用喷壶喷一遍水。分苗前不再用水。苗床分苗时，开沟浇水，将幼苗分栽到沟内，覆土，如果苗土过干，3d 后再浇 1 次水。囤苗前浇水，切土坨起苗。

②定植浇水：不盖地膜时，按行距开沟，浇水栽苗。覆盖地膜时，浇水方法分两种，一种是在定植后浇透水，几天后土壤稍干燥，然后再覆盖地膜；另一种是提前做高畦，覆盖地膜，而后再打孔、点水、定植，但在做畦前要先造墒。

③定植后浇水：辣椒的需水量不大，但由于根系分布较浅，且耐旱、耐涝性差，因此需经常供给水分，才利于其正常生长发育、开花坐果和果实长大。以日光温室冬春茬辣椒为例，在定植时或定植后浇足底水基础上，缓苗期不宜再浇水。初春严寒期，若出现缺水现象时，则需要从小行间地膜下的浅沟中浇小水，使表土保持见干又见湿的程度，既利于根系呼吸，又能满足植株生长发育对水分的需求，且能降低棚内空气湿度，预防疫病、根腐病等病害。如果有条件，最好在小行间地膜下铺滴灌管，既节水又省工，且水量分布均匀。浇水时间选择晴天中午前后，阴天不浇水，防止降低地温。随着外界气温逐渐回升、土壤蒸发量和植株叶面蒸腾量加大，植株结果需水量也日渐增加。因此，应逐渐缩短浇水间隔天数，但仍需轻浇。一般由 20d 左右浇 1 次水，逐渐缩短为 12～15d 浇 1 次水，由往小行间膜下小沟内浇水，改为往大行间的大沟里灌水，由于温室空气湿度会因此提高，所以在浇水前或浇水后要喷药防病。5月

中旬至 6 月中旬，随着昼夜通风和天气干燥，温室内土壤水分蒸发量大，且植株正值结果盛期，需水量大，应每 8～10d 浇 1 次水，而且适当增加每次的浇水量。

（3）黄瓜灌溉

①苗期用水：以营养钵育苗为例，为保证育苗期间充足的水分供应，减少幼苗生长期间的浇水量，在播种前要浇足底水。播种前一天，从营养钵上面一个钵一个钵地浇水，浇水量要尽量均匀一致，这样可保证出苗整齐，幼苗生长也容易做到整齐一致。为提高效率，也可用喷壶喷水，但要尽量做到浇水均匀，水量掌握在有水从营养钵底孔流出为宜。水渗下后先不要播种，第二天上午再喷一次小水，为了防止徒长，苗要尽量少浇水，最好不浇水。因为营养土中有充足的养分，所以苗期也无须追肥。在育苗后期，幼苗拥挤，容易徒长，可将营养钵拉开，加大钵与钵之间的距离。

②定植浇水：以冬春茬黄瓜为例，定植时间在"大寒"和"立春"之间，苗龄 45～50d。不定植时气温低，根系不能迅速生长，容易受到低温伤害，因此要采用点水定植的方法，定植时用打孔器在覆盖地膜的双高垄上，按 25cm 的株距打定植穴，穴深 10cm。按穴浇水，水一定要浇足。如果气温较高，也可以打孔、摆苗、填土，完成定植后再统一浇一遍大水。秋冬茬定植时，由于气温高，可不覆盖地膜，可在开穴后摆苗，按穴浇水，然后培土。

③定植后浇水：定植后 3d，即可浇缓苗水，过去多在定植后 5～7d 才浇缓苗水，实践表明，这样的间隔时间偏长了。缓苗水后到根瓜坐住之前为蹲苗期，此期间一般不浇水。在蹲苗期间，根瓜尚未坐住，有的种植者见土壤干旱，空气干燥，甚至叶片都有些萎蔫，就忍不住浇水，结果必然导致植株茎叶徒长，致使根瓜及植株中上部的瓜坐不住，即使坐住，瓜的增大也十分缓慢，这是因为，大部分营养都集中供应茎叶了。直至根瓜长到 10cm 长时再浇一次水，此水称作"催瓜水"。黄瓜结果时期延续的时间长，水分管理的原则是"控温不控水"，因为只有保证充足的水分供应才能有产量，不能因为怕黄瓜发生霜霉病等病害而过度控水。一般要根据黄瓜生长发育状态并结合经验确定浇水时机，结果前期间隔时间长些，结果盛期间隔时间短些，通常每 5～7d 浇一遍水，有时甚至需要每隔 3d 就浇 1 次水。浇水时间选择晴天上午，水量以浇满暗沟为宜。

3. 检查

（1）检查灌水是否符合要求。

（2）检查灌水是否合适。

【关键问题】

番茄灌水技巧

根据生育期不同浇水。一般情况下，番茄边定植边浇水，浇定植水后 3～5d 再浇一次缓苗水，一直到第一穗果坐住如蛋黄大小时再浇一次。番茄结果前期叶面蒸腾量小，果数也少，通风量也小，一般可 7～10d 浇一水，水量要小。以后随着植株的生长发育，坐果数增多，通风量加大，蒸腾量增大，应缩短浇水间隔天数和增加浇水量，保持土壤见干见湿（以湿为主），一般可 5～7d 浇一水，采收期应保持土壤湿润，以提高单果重。

根据茬次不同浇水。在冬暖型大棚栽培的越冬番茄，定植期一般在 10 月底，此时除浇足定植水和及时进行中耕保墒外，一般至第一穗果坐住可不用再浇水，浇坐果水后可加盖地膜保温保湿，如需再进行膜下浇小水，以免降低地温。天气转暖后加大浇水量，以满足果实生长发育。早春栽培的大棚番茄，坐果后应及时浇水，以满足其对水分的需求。

根据长势不同浇水。植株深绿，叶片有光泽、绿而平、心叶舒展，是水分均匀适宜的表现。如心叶皱缩不展、叶色浓绿，晴天有轻度叶片下垂为缺水表现，要及时补给水分。如心叶过度展开，叶大而薄，是水分过多的表现，应控水防徒长。

掌握浇水时间。生育期应选晴天上午浇水，浇水后要通风、排湿，不宜在下午、傍晚或阴雨天浇水，以免造成棚内湿度过大，引发霜霉病等病害。中午也不宜浇水，以免高温浇水影响根系生理机能。中后期天气转暖，大棚可昼夜进行大通风，早晚浇水，以利降温。

采果期浇水。在番茄采收前进行一次浇水，可提高果实的商品价值。

【思考与讨论】

1. 为什么要适时灌水？
2. 灌水管理要点有哪些？

【知识拓展】

蔬菜育苗期间的水分管理

近年来，随着工厂化育苗的推进，越来越多的菜农直接从育苗厂订购成品苗，但在各地，仍有不少菜农为节约成本自己育苗，那么在育苗期间水分应该如何管理呢？

首先，播种前一天浇足底墒水，保证营养土充分湿透。蔬菜种子出土前都需要较高的湿度条件，为促进种子发芽，多数蔬菜出苗前都需要进行浸种催芽。而播种后，幼苗出土所需要的水分主要来自于底墒水，而如果播种后进行浇水，浇水过大很容易造成烂种，所以在播种前，底墒水一定要灌足。菜农可以将育苗床设置成池形，然后向育苗床中注满水，等苗床上的水分全部渗下后及时进行播种。若在穴盘内育苗，可在苗盘内加满育苗基质后浇水，以满足种子出苗之前所需的全部水分。因此，建议菜农在播种前一天浇足底水，将营养土充分湿透。

其次，出苗期间保持苗床湿润。播种后出苗前，为保持幼苗出土较快且整齐，一定要保持床土湿润，但最好不要浇水。为保证苗床湿度，菜农多采取两种措施。

第一，播种后覆盖地膜。播种后用地膜密封 2～3d，这样可以减少水分蒸发，起到保水的作用。可防止秧苗出土时苗床表面干燥而不利于出土，当有 2/3 的种子子叶出土后及时揭掉地膜。需注意的是，检查幼苗是否出土一定要及时，尤其在夏季高温季节，由于膜上部温度高，若揭膜不及时，很容易烫伤幼苗；当然，在地膜撤去之后，为保证苗床湿度，可搭建小拱棚保湿，也可撒施少量的细土保湿。

第二，适当喷水，但防止水分过大造成烂种。在幼苗出土的过程中，很多菜农看到苗床土壤稍干时，就急于大量补水，这样很容易因浇水量大，导致基质中的氧气被水分挤出，使种子的呼吸作用不能正常进行，而造成烂种。正确的做法是：床土过干要立即用喷壶洒水，但保持苗床土壤湿润为宜，采取少量多次的喷水方法。如在夏秋高温季节育苗时，苗床水分蒸发较快，有时一天可喷水 2～3 次。

第三，出苗后定植前适当控水防徒长。幼苗出齐后，可适当浇压根水，以利于发根。但刚开始，叶片较小，蒸腾量较少，对水分的需求也较小。随着幼苗生长速度逐渐加快，尤其是在春秋季节育苗后期，此时在高温高湿的情况下，幼苗很容易发生徒长，形成高脚苗，而不利于壮苗的形成，因此应适当控水防旺长。当然，对于幼苗期间如何浇水，除依据土壤条件来定之外，也应该根据幼苗的长势而定。那么，如何依据幼苗长势浇水呢？拿黄瓜来说，寿光市孙家集街道呙宋台村具有多年育苗经验的王大姐告诉记者，待黄瓜出苗后，当子叶小而向上竖起，说明幼苗缺水，要及时浇水；若子叶平展、嫩绿、肥大，说明水分适当。而且，浇水应在晴好天气下进行，防止阴雨天浇水后，幼苗感染病害。

最后，定植前适量浇水。蔬菜幼苗定植，无论是在育苗地块上还是在穴盘育苗，移栽时都会出现断根、伤根等情况，不利于定植后蔬菜的缓苗及缓苗后根系的深扎，尤其对于茄子等木质化较早、再生能力差的蔬菜及根系不发达、根量少的椒类来说，定植时一定要减少根系的损伤。因此，在定植前应注意适量浇水，保持基质湿润，确保幼苗带土移出，这样有利于定植后缓苗。

任务三　蔬菜的施肥管理

【案例】

随着近年来蔬菜产业的提升，蔬菜种植面积越来越大，种植蔬菜已成为许多农民家庭收入的主要来源之一，如何科学管理、科学施肥是获得蔬菜高产优质的关键。

蔬菜是高度集约栽培的作物。蔬菜种类和品种繁多，种植大致可分成 10 大类。生长发育特性和产品器官各有差别，蔬菜需肥量大，生育期短，从土壤带走的养分多。不同种类蔬菜吸收养分存在相当大的差异，但共同特点是：都要重施基肥，用优质腐熟厩肥 1 500～4 000kg/亩；绝大多数蔬菜喜硝态氮，施钾重于施氮；蔬菜对钙需求量大；多数对硼、锌，豆科对钼较敏感。

思考 1：各种蔬菜的需肥特性是怎样的呢？

思考 2：各种蔬菜在不同时期又应该怎样进行施肥管理呢？

案例评析：由于不同蔬菜，地下部根系对肥料的吸收能力及地上部叶片水分的消耗能力有所不同。因此，不同蔬菜对肥料的需求有所不同。

白菜类：包括大白菜、小白菜、菜心、油菜、芜菁等。共同特点是根浅，叶大，需充足氮尤为重要。收获 1t 鲜菜需纯 N 0.8～2.6kg，所需氮磷钾三要素比例 1：0.5：1.7。大白菜需铁最多，锌、硼、钙次之，它们是十字花科，对硼敏感，缺钙易引起"干烧心"。

甘蓝类：主要有包菜和花椰菜，对氮、钾的需求量大，包菜需 N 3.05kg/t，所需氮磷钾三要素比例 1：0.3：1.1；花椰菜 N 13.4kg/t，所需氮磷钾三要素比例 1：0.3：0.7。共同特点是对硼敏感，缺硼时花茎中心开裂并出现中空，花球出现褐色斑点并带苦味。又是典型的喜钙作物，缺钙时出现叶缘干枯，幼叶停止生长或畸形似"爪"的症状。

绿叶菜类：包括菠菜、莴苣、芹菜、空心菜、苋菜等，叶片柔软多汁。菠菜喜硝态氮，对磷钾吸收量高，缺钾时反应敏感；芹菜宜生长在有机质含量高的土壤上，需 N 2.55kg/t，所需氮磷钾三要素比例 1：0.5：1.4，芹菜是喜钾的蔬菜，对硼、锌、钙敏感。

茄果类：以果实食用的番茄、茄子和辣椒，无限生长类型。生产上应注意调节营养生长与生殖生长的矛盾，前期重氮肥，生殖生长后对磷的需要量剧增，充足的钾可使光合作用旺盛，促进果实膨大。甜椒属高氮、中磷、高钾型蔬菜，甜椒需 N 4.91kg/t，所需氮磷钾三要素比例1∶0.2∶1.2；茄子和番茄属于中氮、中磷、中钾的蔬菜，番茄需 N 3.18kg/t，三要素比例1∶0.2∶1.5。缺钙是引起脐腐病的原因。

瓜果类：黄瓜、南瓜、西葫芦、冬瓜、菜瓜、丝瓜、苦瓜及佛手瓜等。进入结瓜期后，生长和结实间养分争夺比较突出。黄瓜的结瓜期长，吸肥力弱，防止追肥过猛，宜轻施、勤施，偏施氮肥就会疯长，只长秧不结瓜。黄瓜需 N 4.1kg/t，所需氮磷钾三要素比例1∶0.6∶1.3。

豆类：包括菜豆、豇豆、毛豆、扁豆、豌豆和蚕豆等，主要食用嫩豆荚、嫩豆粒。豆类共生根瘤菌可固氮，除苗期外，可少施氮肥，注重磷钾肥，豆类蔬菜对硼、钼、锌很敏感，缺乏时易引起生理病害。

根菜类：萝卜、胡萝卜、芜菁等，以肥大的肉质根供食用。掌握氮肥用量和增施钾肥是关键。生产1t胡萝卜需吸收 N 2.4～4.3kg，所需氮磷钾三要素比例1∶0.4∶2.7，而萝卜需吸收 N 2.1～3.1kg，三要素比例1∶0.5∶1.8。根菜类蔬菜含硼量很高，苗期喷硼效果好。

葱蒜类：包括葱、蒜、韭菜和洋葱。葱蒜类蔬菜一般以氮为主，生长 1t 大蒜需 N 4.5～5kg，所需氮磷钾三要素比例1∶0.3∶0.9；而韭菜需 N 5～6kg，所需氮磷钾三要素比例1∶0.4∶1.3。这类菜含有辛辣味，注意补充硫肥。

芥菜类：叶用芥菜以食叶为主，以氮为主，适当配合钾肥。茎用芥菜为榨菜，是特产加工蔬菜。

薯芋类：包括生姜、芋头、马铃薯、山药及魔芋，以块茎、块根和根茎供食用。全生育期吸收钾最多，氮、磷位居二三位，姜需 N 4.5～5.5kg/t，三要素比例1∶0.2∶1.1；而马铃薯需 N 4.66kg/t，三要素比例1∶0.3∶1.3。大量施用厩肥和钾肥，配施氮、磷是薯芋类蔬菜获得高产重要措施。注重补充锌、硼对促进根茎膨大作用明显。

【知识点】

1. 不同种类蔬菜的需肥特点

（1）花果菜类需肥特点　以果实为产品器官的蔬菜，如茄果类蔬菜、瓜类蔬菜和豆类蔬菜，需肥总体上以 P、K 肥为主，但不同生育期对各种元素的需要重点不同。在苗期营养生长开始的不久即开始生殖生长，进行花芽分化；进入结果期后，茎叶生长、开花坐果和果实发育同步进行，平衡营养生长和生殖生长的需肥矛盾是施肥管理的关键。这类蔬菜，幼苗期需氮较多，对磷、钾的需求量较少，进入开花期后对磷、钾肥的需求量逐渐增多，而氮的需求量则略减；前期氮不足则植株矮小，后期磷、钾不足则花期推迟，产量也受到影响。果菜类每千克产量吸收的钾和氮量比例为 2：1。

（2）普通叶菜需肥特点　绿叶为产品器官的叶菜类蔬菜，如菠菜、生菜、蕹菜、茼蒿等，生长速率快，生长期短，种植密度大，肥水管理需要集中充足供应，全生育期需肥量以氮多而磷钾次之。氮不足则植株矮小，组织老化，产量低而品质差。叶菜类三要素养分吸收中以氮钾为最高，每 100kg 产量吸收的钾和氮量接近 1：1。

（3）变态营养器官蔬菜的需肥特点　以变态的营养器官为产品的蔬菜，如白菜甘蓝类、根菜类等，其叶片生长期长，是营养供应的主要时期，并且叶片生长后期和养分积累前期要均衡施肥。这类蔬菜虽然需氮也多，但主要是在苗期和莲座初期需要氮肥，进入生长旺盛期则需增施磷肥和钾肥。幼苗期需要较多的氮，适量的磷和少量的钾；产品形成时期，需要较多的钾，适量的磷和氮。若前期氮不足，生长势较弱或过早进入营养积累时期，会影响叶片面积的扩展及其光合能力，最终影响产品器官（叶球、肉质根、肉质茎等）的发育和产量形成；若后期氮素过多，磷、钾不足，则茎叶贪长，延缓成熟期，也会影响产量和品质。

同一种蔬菜的不同品种需肥不同。早熟品种一般生长速率快，单位时间内吸肥量多，但生育短，吸肥总量少，所以需勤施速效肥；晚熟品种一般需肥总量大，生育期又长，除需重施基肥外，还要多次追施，早期施用长效肥。

2. 不同种类蔬菜的吸肥特点

（1）吸肥量　由于系统发育与遗传上的原因，不同蔬菜吸收的土壤营养元素总量不同。如甘蓝、大白菜、胡萝卜、甜菜、马铃薯等对土壤营养元素的总吸收量大；番茄、茄子等吸收量中等；菠菜、芹菜、结球莴苣等吸收量小；黄瓜、水萝卜等吸收量很小。

蔬菜吸肥量与根系特性、产量生长期长短、生长速率、土壤营养元素含量等因素有关。

①吸收量与根系特性的关系。一般而言，根系分布深而广，分枝多，根毛发达的，与土壤接触面大，能吸收多量的营养元素；而根量小，吸收力弱的，吸肥量也少。例如，胡萝卜根系比洋葱根系长 3～4 倍，宽 1 倍，胡萝卜根系的吸收面积则比洋葱大 19 倍。

②吸收量与产量呈正相关。高产量的蔬菜吸收营养元素的总量比低产量蔬菜多。同一种蔬菜，当产量提高时，从单位面积土壤中吸收的营养元素的数量也有所增加，但其单位产量所需的营养元素数量则相对减少。所以，单位面积

的产量越多，肥料的生产效率越高。

③吸收量与生长期长短和生长速率的关系。一般情况下，蔬菜生长期越长，生长速率越快，吸收的营养元素越多。栽培时间长的蔬菜种类，生长发育速率往往比较缓慢，单位时间内吸收的营养物质反而比生长期短的种类少；早熟品种的生长发育速率往往较快，吸收营养物质的数量，要比晚熟品种在相同时期内吸收得多。

④吸收量与土壤营养元素含量的关系。一种蔬菜对土壤营养元素的吸收量是相对稳定的，但是就一种蔬菜的一个个体而言，在营养元素含量高的肥沃土壤上吸收量会稍有增加，而在瘠薄土壤上营养元素的吸收总量可能稍少。

（2）吸肥能力 不同种类蔬菜利用矿质营养的能力也不同。例如，甘蓝最能利用氮，甜菜最能利用磷，黄瓜对三要素的需要量大，番茄利用磷的能力最弱，但对大量磷无不良反应。一般来说，根系强大、根毛发达、根系活力强的蔬菜，如西瓜、南瓜、冬瓜等，吸肥能力强；而根系弱小、根毛不发达、根系活力弱的蔬菜，如水生蔬菜、葱蒜类蔬菜，吸肥能力也弱。

不同蔬菜的吸肥能力不同，所以吸收量大的蔬菜不一定要求土壤营养元素含量高；吸收量小的蔬菜也不一定要求土壤营养元素含量低。例如，南瓜具有强大的根系，因根系吸收面积大，既能吸收表层土壤中的营养物质，又能吸收深层土壤的营养物质，对土壤肥力的要求不高，施肥量大易导致徒长。又如，黄瓜吸收营养元素量虽较少，但根系分布浅，且吸收能力弱，只有表层土壤肥沃，才能吸收足够的营养元素，施肥也要遵循少量多次的原则。

（3）蔬菜对不同元素的吸收比例 蔬菜对各种营养元素的吸收常常有一个近似的比例，一般为 K_2O ： N ： P_2O_5 ： Ca ： B ： $Mo = 10 : 6 : 2 :$ （5～8）：0.0025：0.00025。

（4）各类蔬菜对主要营养元素的吸收特点 叶菜类和果菜类作物的养分吸收量是随着生育进程而增加的。根菜类作物的养分吸收则在植株生育中期达到最高，以后吸收量减少，养分从叶部向根部转移，促进根系的膨大。果菜在苗期需氮较多，磷、钾的相对吸收较少。进入生殖生长期后，对磷的需要量激增，而氮的吸收量则略减。如果后期氮过多而磷不足，则茎叶徒长，影响结果。前期氮不足则植株小，磷、钾不足则花期推迟，产量和品质也随之降低。绝大多数果菜类作物都吸收大量钾，若按吸收量大小排列，其次序为钾＞氮＞钙＞磷＞镁。由于是多次采收的作物，果实中所含养分随采收而不断被携出。所以，果菜类作物的养分吸收到生育后期仍然很旺盛，茎叶中的养分到末期仍在继续增加。

3. 不同生育期蔬菜的吸肥特点

蔬菜的不同生育期由于生长量和生长速率不同，需肥量也不相同。就整个生长发育时期而言，生长发育快的时期，吸肥量多，而生长发育慢的时期，吸肥量少。幼苗期生长量小，吸收营养元素较少。例如，甘蓝苗期吸收营养元素仅为成株的 1/6～1/5，但幼苗期相对生长速率快，要求肥料成分全、浓度低，但数量多。随着植株生长，吸肥量逐渐加大，到产品器官形成时，生长量达到峰值，吸肥和需肥量也最多。一般成株比幼苗忍耐土壤溶液浓度的能力大 2～2.5 倍。大葱在移栽缓苗期，天气炎热，根系不发达，叶的生长量小，需氮不多，吸收量占全吸收量的 13％；8 月下旬绿叶生长量加大，吸收量占全吸收量的 16.2％；至 9 月底吸收量占全吸收量的 50％；至 10 月底占总吸收量的 87.7％；11 月上旬植株含氮量达到高峰；到 11 月中旬回落至 80.7％。磷吸收积累较缓和，9 月上旬以前基本稳定在总吸收量的 12.5％～18.7％；9 月中旬以后开始递增到占总吸收量的 34.9％；10 月底达总吸收量的 86％；11 月上旬达到高峰，以后逐渐回落。钾素在 8 月中旬以前吸收不多；9 月中旬以后急剧增加，占总吸收量的 34.85％；至 10 月吸收量占总吸收量的 86.1％。随着植株产品的形成，11 月上旬吸收量达到高峰，11 月中旬回落到 80.7％。

蔬菜不同生育期对肥料种类的要求也不同，一般生长全期均需要氮，尤其是叶菜类，氮肥供应充足时营养生长好，茎叶内叶绿素含量较高，叶色深而功能期长。生长全期也需要磷，尤其是果菜类苗期进行花芽分化时，对提高花芽分化的数量和质量都有很好的效果。

【任务实践】

实践一：土壤追肥

1. 材料用具

腐熟有机肥、磷酸二氢钾、硫酸铵等。

2. 操作步骤

（1）番茄施肥

①第一穗果膨大期追肥：第一穗果开始膨大时，根系吸收养分能力旺盛，此时养分供应十分重要，追肥可以供给果实迅速膨大所需要的养分，是番茄一生中重点追肥期。一般亩施尿素 8～9kg，硫酸钾 5～6kg。

②第二穗果膨大期追肥：进入果实旺长期后，需肥量较多，如果供肥不足，会造成植株早衰，果实发育不饱满，果肉薄，品质差，追肥可以达到壮秧、防早衰、促进果实膨大和提高果实品质的目的。一般亩施尿素 11～13kg，硫酸钾 6～8kg。

③第三穗果膨大期追肥：一般可亩施尿素 8～9kg，硫酸钾 5～6kg。

④根外追肥。第一穗果至第三穗果膨大期，叶面喷施 0.3％～0.5％的尿

素和磷酸二氢钾。缺钙时可叶面喷施 0.5％的硝酸钙水溶液。土壤微量元素供应不足时，可以叶面喷施微量元素水溶肥料 2～3 次。设施栽培增施二氧化碳气肥，是增加光合强度、提高产量的有效措施。

（2）辣椒施肥

①第一次在还苗后进行，基肥不足时，可在植株一侧开浅沟施优质有机肥 1 000kg 和三元素复合肥 20～30kg，然后浇水，中耕蹲苗，使幼苗健壮生长。

②第二次追肥在盛果期进行，可在门椒采摘前开沟，施入三元复合肥20～30kg，然后中耕培垄，垄高 10～15cm。

③结果后期，为延迟植株生长，防止早衰，可结合浇水进行第三次追肥，一般亩冲施尿素 10kg。

④在辣椒开花结果期，喷施 0.2％～0.3％的尿素或磷酸三钠、磷酸二氢钾、叶面宝、稀土微肥等，可保花促果，提高产量，增进品质。

（3）黄瓜施肥

①追肥应掌握轻施、勤施的原则，每隔 7～10d 追 1 次肥，每次每亩施用尿素 10～15kg 或30％（18-6-6）高氮型肽能 15～20kg，并配以腐熟的人畜禽类粪水，全生长期需追肥 7～8 次。

②在黄瓜定植后、开花前、结瓜初期、结瓜盛期等时期用 0.2％～0.3％磷酸二氢钾溶液喷施叶面肥，防止早衰，减少畸形瓜。

3. 检查

（1）检查施肥是否符合要求。

（2）检查施肥是否合适。

【关键问题】

蔬菜如何分类施肥

蔬菜一般为短期营养作物，可复播多茬，不少种类的蔬菜如大白菜、萝卜、冬瓜、黄瓜等亩产高，因而需肥量大。一些速生蔬菜如小白菜、四季萝卜、苋菜等，由于生长期短，单位时间内吸收的养分反而比生长期较长、单产高的蔬菜多得多。因此，栽培时应多施速效肥。蔬菜对土壤养分的吸收量，很大程度上取决于根系发育情况。一般根系入土深而广、须根多、根毛发达的蔬菜（南瓜、冬瓜等）以及根系较大的蔬菜（甜菜、胡萝卜、茄子等），能吸收较多的养分，并能在瘠薄的土壤上生长，施肥可以粗放些；而根系发育差、分布浅、吸收养分差的黄瓜、洋葱、莴苣等，必须栽植于肥沃的土壤上，且要精细施肥。

蔬菜各生育期对土壤营养条件的要求是不同的，幼苗期根系尚不发达，吸收养分数量不太多，但对肥料要求很高，应适当施些稀薄的速效肥料；蔬菜营养生长期和结果期，则要吸收大量养分，必须供给充足的肥料，通常采取分期追肥、有机肥和无机肥交替、氮磷钾肥与微肥平衡、施肥与灌溉相结合等措施，以充分发挥肥料的增产作用。

（1）叶菜类蔬菜　主要有白菜、青菜、菠菜、苋菜等。追肥以氮肥为主，但生长盛期在施用氮肥的同时，还需增施磷、钾肥。如栽培大白菜，开始进入莲座期和包心前的两次施肥是丰产的关键。若全生育期氮肥供应不足，则植株矮小，组织粗硬，春季栽培的叶菜还易早期抽薹；若结球类叶菜后期磷、钾肥不足，往往不易结球。

（2）果菜类蔬菜　主要包括瓜类、茄果类和豆类，食用部分都是生殖器官。一般幼苗需氮肥量较多，但过多施用氮肥易引起徒长，反而延长开花结果，导致落花落果；进入生殖生长期，需磷肥量剧增，需氮肥量略减，因此要增施磷、钾肥，节制氮肥用量。黄瓜坐瓜后，应重施肥，每结一批瓜需补充一次肥水。

（3）根菜类蔬菜　主要有萝卜、胡萝卜、蔓菁等，食用部分是肉质根。根菜类生长前期要多施氮肥，促使形成肥大的绿叶；生长中后期（肉质根生长期）要多施钾肥，适当控制氮肥用量，促进叶的同化物质运输到根中，以便形成强大的肉质根。如果在根菜生长后期氮肥过多而钾肥不足，易使地上部分徒长，根茎细小，产量下降，品质变劣。

【思考与讨论】

1. 为什么要适时施肥？
2. 施肥管理要点有哪些？

【知识拓展】

常见蔬菜的施肥技巧

（1）白菜

①播种施好提苗肥。为了保证幼苗期能够得到足够的养分，需要追施速效性肥料为"提苗肥"。每亩用硝酸铵4kg或硫酸铵5～8kg于直播前施于播种穴、沟内与土壤充分搅匀，然后浇水播种。

②发棵肥。莲座期生长的莲座叶是将来在结球期大量制造光合产物的器官，充分施肥浇施浇水是保证莲座叶强壮生长的关键，同时还要注意防止莲座叶徒长而导致延迟结球。"发棵肥"应在田间少数植株开始团棵时施入，一般施用粪肥、草木灰、硝酸铵、磷、钾和微量元素肥料等。直播白菜施肥应该在

植株边沿开 8～10mm 的小沟内施入肥料并盖严土。移栽的白菜则将肥料施入沟与土壤拌匀再栽苗。

③结球肥。结球期是形成产品的时期，同化作用最盛强，因此需要大量施肥。在包心前 5～6d 施用结球肥，用大量肥效持久的完全肥料，特别要增加施用钾肥、氨基酸叶面肥。为使养分持久，最好将化肥于腐熟的肥混合，在行间开 8～10cm 深沟条施为宜。这次追肥有充实叶球内部、促进"浇水"的作用，因此又叫"灌心肥"。

（2）茄子

①基肥：每亩 5 000～6 000kg 腐熟的有机肥，35～50kg 的三元复合肥，均匀地撒在土壤表面，并结合翻地均匀地耙入耕层土壤。

②追肥：露天茄子，当"门茄"达到"瞪眼期"（花受精后子房膨大露出花），果实开始迅速生长时进行第一次追肥。亩施三元复合肥 20～40kg。当"对茄"果实膨大时进行第二次追肥。"四面斗"开始发育时，是茄子需肥的高峰，此时应进行第三次追肥。前 3 次的追肥量相同，以后的追肥量可减半。保护地大棚茄子在结果期每隔 7～15d 使用三元复合肥 20～30kg，同时叶面补微量元素肥料。

（3）西瓜

①育苗床施肥。西瓜育苗所用营养土要求有机质含量丰富，疏松，保水保肥力强。营养土的配制，一般用腐熟厕圈粪 1 份＋未种过瓜类的田园表土 1 份＋细碎炉渣 1 份，打碎混匀后过筛，然后 1m³ 加入尿素 1kg，磷酸二铵和硫酸钾各 0.5kg，再加入多菌灵 25g，辛拌磷 0.5kg，混合均匀堆闷 7～10d 后装入营养钵，待播种子。

②重施基肥。前茬作物收获后，结合深翻整地每亩施腐熟有机肥 4 000kg，按规定行距开 30cm 深定植沟，沟底部施 10cm 厚久效有机肥，其上施西瓜专用肥 30kg 或尿素 10kg、磷酸二铵和硫酸钾各 15kg，然后再施一层 10cm 厚的有机肥，最上层施西瓜专用肥 20kg 或磷酸二铵、硫酸钾和尿素各 10kg，将化肥、有机肥与沟内土壤掺混均匀，整平做垄，及时浇水并覆盖地膜和棚膜。

③伸蔓肥。西瓜进入伸蔓期，肥水需求量逐渐增加，此时追肥应以促进蔓叶生长、扩大叶面积为目标，但要防止发生徒长。追肥多以腐熟有机肥为主，配合适量化肥，施肥量为每亩施有机肥 750kg，加西瓜专用肥 15kg，也可用腐熟饼肥 50～75kg，加入过磷酸钙 10kg、硫酸钾 10～12kg、尿素 10kg，混匀后施用。施肥方法为开沟条施，于地膜一侧距植株根部 20cm 处开 20cm 深施肥沟，施肥封沟后及时浇水，保持土壤见干见湿。

④膨瓜肥。正常幼果长至鸡蛋大小时，果实开始迅速膨大，植株需肥量逐

渐达到全生育期最高峰。此时应重施膨瓜肥，促进瓜体膨大，并防止早衰。追肥以磷、钾肥为主，少施或不施氮肥，避免因氮肥过量而导致西瓜品质下降。每亩施磷酸二铵 15kg、硫酸钾 15kg、尿素 10kg，或西瓜专用肥 20kg。在垄旁距瓜根 30cm 处穴施，或在近水沟旁两株间施入。施肥后及时浇好膨瓜水，促进养分吸收，加快果实膨大。

⑤复壮肥头茬瓜采收后，立即追施 1 次速效性化肥，一般每亩追施尿素 15～20kg、硫酸钾 15kg、磷酸二铵 10kg，并结合追肥，浇大水 1 次。通过加强管理，补充土壤中的养分和水分，维持植株较强的生长势，防止蔓叶早衰。

⑥巧施叶面肥。叶面喷肥是弥补根系吸收不足，对植株进行营养补充和平衡养分的必要手段，具有实用成本低、施肥均匀、肥效快、养分利用率高等特点。一般自头茬瓜膨大期开始，每隔 7～10d（天）喷施 1 次 0.3％～0.5％磷酸二氢钾或钾宝溶液，可以增强西瓜抗逆性，提高开花坐瓜率和果实含糖量，提质增产作用较为显著。

模块三　花卉的土肥水管理

实践目标

本模块主要包括花卉的土壤管理、水分管理和施肥管理等内容，掌握花卉的土肥水管理技术。

模块分解

如表 3-3 所示。

表 3-3　花卉的肥水管理

任务	任务分解	要求
1. 花卉的土壤管理	1. 培养土的配制 2. pH 试纸测定土壤酸碱度	1. 掌握土壤的耕作方法和常用的改良方法 2. 根据不同花卉对土壤酸碱度的需求调节土壤酸碱度 3. 学会土壤消毒的方法
2. 花卉的水分管理	1. 盆栽花卉浸盆浇水 2. EDTA-Fe 储备液的配制	1. 掌握几种浇水方式 2. 牢记浇水原则 3. 总结不同花卉对水分需求特点
3. 花卉的施肥管理	1. 花卉土壤中氮含量分析 2. 盆栽花卉叶片追肥实验	1. 总结花卉常见缺素症的表现 2. 总结根外施肥的优点

任务一　花卉的土壤管理

【案例】

山茶、杜鹃喜酸性土壤生长，否则其生长不良，甚至会死亡；土壤 pH 的变化，会使八仙花的花色变化较大。为了加深蓝色，可在花蕾形成期施用硫酸铝。为保持粉红色，可在土壤中施用石灰。

思考 1：举出一些喜欢酸性土壤的花卉和喜欢碱性土壤的花卉。

思考 2：土壤的酸碱度对花卉生长有影响外，土壤的其他特性对花卉有什么样的影响？

案例评析：大多数植物在 pH＞9.0 或＜2.5 的情况下都难以生长。植物可在很宽的范围内正常生长，但各种植物有自己适宜的 pH。喜酸植物：杜鹃属、越桔属、茶花属、杉木、松树、橡胶树、帚石兰；喜钙植物：紫花苜蓿、草木犀、南天竹、柏属、椴树、榆树等；喜盐碱植物：柽柳、沙枣、枸杞等。土壤的孔隙度、矿物质和有机质的含量、含氧量、物理性质（黏土、沙土、壤土）等都会对花卉的生长产生重要的影响，因此必须重视花卉的土壤管理。

【知识点】

土壤管理是指土壤耕作、土壤改良、施肥、灌水和排水、杂草防除等一系列技术措施。其目的包括：扩大根域土壤范围和深度，为花卉创造适宜的土壤环境；调节和供给土壤养分和水分，增加和保持土壤肥力；疏松土壤，增加土壤的通透性，有利于根系向纵横向伸展；保持或减少水土流失，提高土壤保水、保土性能，同时注意排水，以保证花卉的根系活力。总之，土壤管理就是改善和调控花卉与土壤环境的关系，达到高产、优质、低耗的目的。土壤是花卉生产的基础，因此搞好花卉的土壤管理意义重大。

1. 土壤的耕作方法

土壤耕作方法，又称土壤耕作制度，是指根据植物对土壤的要求和土壤的特性，采用机械或非机械方法改善土壤耕层结构和理化性状，以达到提高土壤肥力、消灭病虫杂草的目的而采取的一系列耕作措施，它是提高园艺植物产量的重要措施。

常用的耕作方法：清耕法、免耕法、覆盖法、生草法、休闲轮作等。各有优缺点，可根据实际需要选择。例如，成年木本花卉的树盘和行间常采用有机物覆盖，如堆肥、作物秸秆、腐叶、松针、锯末、泥炭藓、树皮、甘蔗渣、花生壳等，覆盖厚度一般为 3～10cm，不宜太厚，以防杂草生长为目的。另外，根据不同种类花卉生长发育对土壤酸碱度的要求，通过选择不同的有机覆盖物来改善土壤的质地，如对于原产南方的花木，可覆盖松针、栎树叶、泥炭藓等，腐烂后土壤呈酸性反应；而对北方原产的花木则可覆盖枫树类和榆树类叶子，腐烂后略呈碱性反应。草花育苗圃则一般采用地膜覆盖。球根花卉一般采用休闲轮作，相隔时间为6～8年。

2. 土壤改良

土壤改良，包括土壤熟化、不同土壤类型改良及土壤酸碱度的调节。

（1）土壤熟化一般深根性宿根花卉、观赏树木、果树应有80～120cm的土层，草本花卉有0～20cm的表土层。因此，在有效土层浅的花圃土壤进行深翻改良非常重要。在深翻的同时，施入腐熟有机肥，土壤改良效果更为明显。木本花卉翻耕的深度应略深于根系分布区。

（2）不同类型土壤的改良和配制理化性状较差的黏性土和沙性土时就需要进行土壤改良。

①黏性土在掺沙的同时混入纤维含量高的作物秸秆、稻壳等有机肥，可有效地改良此类土壤的通透性。

②沙性土常采用"填淤"（掺入塘泥、河泥）结合增施纤维含量高的有机肥来改良。近年来国外已有使用"土壤结构改良剂"的报道。改良剂多为人工合成的高分子化合物，施用于沙性土作为保水剂或促使土壤形成团粒结构。

在观赏植物的生产中，盆栽（盆花、观叶植物、盆景等）是主要方式之一，而盆栽基质或称盆土一般是由人工配制的，常用的材料有园土、腐叶土、堆肥土、塘泥、泥炭、珍珠岩、蛭石、苔藓、木炭、椰壳纤维、砻糠灰（稻壳灰）、黄沙等。如表3-4所示。

表3-4　培养土配制比例

花卉种类	腐叶土（%）	园土（%）	河沙（%）
一般花卉	30	50	20
温室花卉	40	40	20
播种用	50	30	20
木本花卉	40	50	10

（3）土壤酸碱度的调节　土壤的酸碱性对花卉生长影响很大。酸碱性不合适，会严重阻碍花卉的生长发育，影响养分吸收，甚至引起病害的发生。大多数花卉在中性偏酸性（pH 5.5～7.0）土壤中生长良好，高于或低于这一界限，有些营养元素即处于不可吸收状态，从而导致某些花卉发生营养缺乏症。特别是喜酸性土壤的花卉，如兰花、荷花、杜鹃、栀子、含笑、桂花、广玉兰

等，适宜在 pH 5.0～6.0 的土壤中生长，否则易发生缺铁黄化病。常见花卉的最适宜的土壤酸碱度如表 3-5 所示。

表 3-5　常见花卉的最适宜的土壤酸碱度

花卉名称	pH	花卉名称	pH
石竹	6.0～8.0	山茶	4.5～5.5
一品红	6.0～7.0	君子兰	5.5～6.5
郁金香	6.5～7.5	菊花	6.0～7.5
凤仙花	5.5～6.5	八仙花	4.6～6.0
鸡冠花	6.5～7.0	月季	6.0～7.0
杜鹃	4.5～6.0	仙人掌类	7.5～8.0
芍药	6.0～7.5	兰科植物	4.5～5.0
秋海棠	5.5～7.0	凤梨科植物	4.0

改变土壤酸碱性的方法很多：如酸性过高时，可在盆土中适当掺入一些石灰粉或草木灰；降低碱性可加入适量的硫磺、硫酸铝、硫酸亚铁、腐殖质肥等。对少量培养土可以增加其中腐叶或泥炭的混合比例。例如，为满足喜酸性土壤花卉的需要，盆花可浇灌 1：50 的硫酸铝（白矾）水溶液或 1：200 的硫酸亚铁水溶液；另外，施用硫磺粉见效很快，但作用时间短，需每隔 7～10d 施一次。

3．土壤消毒

土壤消毒是用物理或化学方法处理土壤，以达到控制土壤病虫害，保证园艺作物花卉健康生长的目的。

（1）物理消毒　多用蒸汽消毒，结合温室加温进行。将带孔的钢管或瓦管埋入地下 40cm 处，地表覆盖厚毡布，然后通入高温蒸汽消毒。蒸汽温度与处理时间因消毒的对象而异。多数土壤病原菌用 60℃，消毒 30min 即可杀死，大多数杂草种子需用 80℃ 左右消毒 10min，对于烟草花叶病等病毒，则需 90℃ 消毒 10min，而此时土壤中很多氨化和硝化细菌等有益微生物也被杀死。因此，为达到既杀死土壤有害病菌又保留有益微生物的目的，一般采用 82.2℃ 消毒 30min 的处理。蒸汽消毒具有：①较广谱的杀菌、消毒、除杂草的功效。②促进土壤团粒结构的形成，增加土壤通透性和保水、保肥的能力。③不需增加其他设备，与采暖炉兼用。但是，蒸汽消毒需要埋设地下管道，费用较高，费时费工；另外，较高温度消毒后，往往是氨化细菌还在而硝化细菌已被杀死，造成土壤铵态氮积累。对 pH 5.5 以上的酸性土壤进行蒸汽消毒时，会引起可溶性锰、铝增加，从而导致植株产生生育障碍。

（2）化学消毒　即化学药剂消毒法。常用的药剂有 40% 甲醛（福尔马林）、氯化苦、溴甲烷等。

①40%甲醛：将甲醛液均匀地洒拌在土中，用量为 $400\sim500\mathrm{mL/m^3}$，用塑料薄膜覆盖 $2\sim4\mathrm{h}$ 后打开，在通风条件下经三四天待药挥发后即可播种。甲醛具有一定的毒性，但价格便宜，是目前花卉土壤消毒最常用的药剂。

②氯化苦：用来防治土壤中的菌类、线虫，还能抑制杂草发芽。施药前先耕地，当土温达到 $10℃$ 以上，$15\sim20℃$ 为最佳施药期，以 $30\mathrm{cm}$ 左右的间隔交错注入药液 $3\sim5\mathrm{mL}$，深度达 $10\sim15\mathrm{cm}$，覆盖塑料薄膜，夏季需 $7\mathrm{d}$，冬季需 $10\mathrm{d}$ 左右，然后打开将药挥发后（夏季约 $10\mathrm{d}$，冬季约 1 个月）即可播种。氯化苦对镰刀菌引起的萎蔫病、瓜类的蔓割病，由细菌引起的香石竹萎蔫病防治效果较好。

另外，在栽培面积较小的育苗床上，可用 50% 多菌灵或 50% 苯菌灵或 50% 托布津与土拌匀进行土壤消毒，用药量为 $30\sim40\mathrm{g/m^3}$。

【任务实践】

实践一：培养土的配制

1. 材料用具

（1）材料　栽培基质 $4\sim5$ 种、福尔马林等。

（2）用具　电子天平、$100\mathrm{mL}$ 量筒、铁锹、筐、筛子和烘箱等。

2. 操作步骤

（1）基质准备。在花卉市场购买草炭土、珍珠岩、蛭石、河沙，在大田地取园土。

（2）将园土、草炭土等过筛。

（3）用筐按照一定比例进行混合。

（4）用铁锹反复倒翻混合后的培养土，直至混合均匀。

（5）消毒。先将基质摊放在烘箱里，$60℃$ 烘干 $30\mathrm{min}$；再用 5% 福尔马林溶液均匀喷洒在培养基质上，并充分拌匀，用薄膜覆盖一周后即可使用。

3. 检查

（1）准备好的基质放在一起，并进行辨认。

（2）根据老师要求配制一定类型的培养土。

（3）检查试验过程是否规范。

实践二：pH 试纸测定土壤酸碱度

1. 材料用具

（1）材料　花卉苗圃地土壤。

（2）用具　木棍、废报纸、玻璃棒、试管、蒸馏水、pH 试纸、窗纱、布袋等。

2. 操作步骤

（1）在花卉苗圃地，确定 3～4 个地块取样。

（2）在取样地块上按一定间隔确定取样点位置。确定 5～6 个位置。注意每个取样点要去掉表面的石块和动植物残体，取 0～20cm 范围内的土壤各 20g。

（3）取 1g 左右土样放入试管中，加 5mL 蒸馏水，震荡 30s 后静置。待土壤微粒下沉后，用玻璃棒蘸取上层清液，滴在 pH 试纸上，将 pH 试纸呈现的颜色与标准比色卡比色，记下 pH 数值。

3. 检查

（1）地块选择是否规范。

（2）pH 数值是否准确。

（3）检查试验过程是否规范。

【关键问题】

调节土壤酸碱度对花卉的重要性，如何调节？

土壤的酸碱性（pH）对花卉生长影响很大。酸碱性不合适，会严重阻碍花卉的生长发育，影响养分吸收，甚至引起病害的发生。大多数花卉在中性偏酸性（pH 5.5～7.0）土壤中生长良好，高于或低于这一界限，有些营养元素即处于不可吸收状态，从而导致某些花卉发生营养缺乏症。

如酸性过高时，可在盆土中适当掺入一些石灰粉或草木灰；降低碱性可加入适量的硫磺、硫酸铝、硫酸亚铁、腐殖质肥等。对少量培养土可以增加其中腐叶或泥炭的混合比例。例如，为满足喜酸性土壤花卉的需要，盆花可浇灌 1∶50 的硫酸铝（白矾）水溶液或 1∶200 的硫酸亚铁水溶液；另外，施用硫磺粉见效很快，但作用时间短，需每隔 7～10d 施一次。

【思考与讨论】

1. 生产中常用的土壤改良剂有哪些？

2. 检测校园中常见花卉和植物的土壤酸碱性如何？查阅资料，了解这样的酸碱性是否适宜这类植物的生长？

3. 盆栽花卉如何进行土壤管理？

【知识拓展】

1. 盐碱地的改良

盐碱地的主要危害是土壤含盐量高和离子毒害。当土壤的含盐量高于土壤含盐量的临界值 0.2%，土壤溶液浓度过高，植物根系很难从中吸收水分和营养物质，引起"生理干旱"和营养缺乏症。另外盐碱地的土壤酸碱度高，一般 pH 8 以上，使土壤中各种营养物质的有效性降低。

改良的技术措施有以下几点。

①适时合理地灌溉，洗盐或以水压盐。

②多施有机肥，种植绿肥作物如苜蓿、草木樨、百脉根、田菁、蒿莜豆、偃麦草、黑麦草、燕麦、绿豆等，以改善土壤不良结构，提高土壤中营养物质的有效性。

③化学改良，施用土壤改良剂，提高土壤的团粒结构和保水性能。

④中耕（切断土表的毛细管），地表覆盖，减少地面过度蒸发，防止盐碱上升。

2. 土传病害和土壤"病"

土传病害是因为各种病源菌在土壤中生存或寄生并通过土壤传播给农作物所发生的病害。在节能温室中栽培的瓜类、茄果类、豆类等蔬菜已经发现的病害有 100 多种，经常发生、危害比较严重的有 50 余种，在这些病害当中，除黄瓜霜霉病等极少数病害是借助气流和人们的农事活动从温室外面传入外，而绝大多数真菌性、细菌性病害和部分病毒性病害，其病菌都是在土壤中或借助病残体在土壤中越冬。这些病害的初次侵染，几乎都是来自温室内的土壤。发生原因：连作、施肥不当、线虫危害等。

"土壤病"是由于土壤自身不健康引起农作物不能正常生长。"土壤病"主要有以下几种类型：一是长期不深耕造成土壤耕作层变浅耕层土壤板结严重；二是盲目大量使用化肥引起肥害及土壤营养比例失调；三是掠夺式营养管理导致土壤严重缺乏微量营养元素；四是以化肥、农药及重金属为主要污染源的土壤污染；五是大量使用化肥造成土壤酸化和土壤次生盐碱化；六是长期不施有机肥导致土壤有机质缺乏，盲目管理造成的设施农业土壤综合征等。"土壤病"危害巨大，比如导致农作物抗逆性减弱、根系不发达以至腐烂死亡、植株矮小或不能正常生长，常发生小叶、黄叶、早期落叶、花而不实和落花落果、果实畸形或失去了果品原有的良好风味，甚至出现不安全食品等。

任务二　花卉的水分管理

【案例】

小军是一名销售经理，在自己的办公室放置了几盆金钱树和绿萝，他每天都会按时浇水，小军经常喝茶，习惯把喝剩的茶用来浇花，偶尔还会买点肥料。但最近他发现，在办公桌边的金钱树叶子开始脱落，而且最中间的叶芯部分新叶发黄，刚开始以为是水不够，后来猛"补水"，可结果却于事无补。

思考1：金钱树的叶子为什么会脱落，最后植株死亡？

思考2：家庭、办公室养花，应该选择什么样的水进行浇灌？

思考3：花卉的水分管理方面，除了要考虑水质外，还需要注意哪些问题？

案例评析：

喝剩的茶水对花卉的伤害：喝剩的茶水直接浇花不好，因为喝剩的茶未发酵，浇在花盆中发酵会烧伤花卉。另外茶水含碱量大，会改变土壤的 pH（大多数花卉都是中性或喜酸性土壤的）。土壤里的酸碱度上升后，植物容易染上黄化病，杂菌滋生后消耗土壤中的氧气，这种方式很不利于植物生长，甚至导致植物死亡。

浇花用水的选择：浇水以雨水、河水为好。城市用的自来水因处理时内含不利于花卉生长的氯，应放置数天待氯挥发后再浇花。

花卉浇水时，除了应考虑水质外，还应注意选择合适的浇水时间、浇水方式、水温等。

【知识点】

花卉生长所需的水分，大部分是从土壤中吸收来的，保持土壤适当的含水量，是花卉正常发育和获得更高观赏品质的必要条件。在花卉种植生产的整个过程中，水分管理是一项经常性的工作，耗时长，用工多。依据不同花卉的生活习性、生长发育规律、栽培方式等特性，合理地利用有限的水资源。

1. 水质选择

水质对花卉的生长发育影响很大，尤其盆花由于受花盆的限制，对水中有害物质缓冲能力比大地差，因此对水质的要求更为严格。当水质问题较大时，轻则导致花卉生长不良，重则花卉死亡。

（1）适宜浇花的水，雨水、河水、湖水、塘水等称为软水，一般呈弱酸性或中性，水中的钙、镁、钠、钾含量较少，最适合浇花。在城市家庭养花，如有条件，应将自来水倒入缸内存放 5～7d 后再用。

（2）不宜用于浇花的水，虽然直接用自来水和一些井水浇盆栽花卉不太适宜，但适当处理后还是可以的，但有些水无论如何是不能用的，如有油污或含洗涤剂的水，被严重污染的水，盐、碱浓度太高的水，暖气水等。

2. 水温

水温与盆土温度相接近有利于花卉的生长，一般温差不宜超过 5～6℃。

如果突然浇温差较大的水，根系及土壤的温度突然下降或升高，会使根系正常的生理活动受到阻碍，减弱水分吸收，发生生理干旱。因此，夏季忌在中午浇水，应以早、晚浇水为宜。冬季则宜在中午浇水。冬季以水温比土温略高为好。冬天自来水温度低，应储存几天后再用，还可排除氯气。

3. 浇水方式

（1）喷浇。多数花卉喜欢喷浇。喷浇还能降低气温，增加环境湿度，减少植物蒸发，冲洗叶面灰尘，提高光合作用。喷浇如人工降雨，对盆土结构破坏得小，不易板结。经常喷浇的花卉，枝叶洁净，能提高观赏价值。盛开的花朵、茸毛较多的花卉、怕水湿的花卉不宜喷水。非洲菊的叶芽、仙客来的花芽怕水湿。

（2）灌浇　直接往花盆的土壤上浇水。许多养花者习惯用灌浇，它方法简单。盛开的花朵、茸毛较多的花卉和其他不宜喷水的都用灌浇，灌浇容易使土壤板结。

（3）浸盆　将花盆浸在水里，让水从花盆的底孔渗入盆土里。浸盆的好处是减少土面的板结，浇水充足，不至于上湿下干，当盆土很干时可用此法，用盆播种时更为适宜。浸盆的水面要低于土壤的表面，让水慢慢地浸入。

（4）浸泡　将整株花卉或根部浸在水里。主要用于附生兰科花卉、蕨类、部分凤梨科花卉。

4. 浇水的一般原则

农谚"见湿、见干"，一般说来可作大多数盆栽花卉浇水的准则。见湿就是浇水要浇透，见到盆底排水孔流出水为止。要避免浇水过量，造成盆土里的肥和细土不断随水从盆底排水孔漏掉，严重影响植株生长。切忌浇半截水，即下面还有干土。见干就是盆里表层土壤已经干了，需要浇水了。

5. 不同类型的花卉浇水量

根据植物对水分的需求，可以将花卉分为五类：水生花卉、湿生花卉、中生花卉、耐旱花卉、半耐旱花卉。应根据不同类型花卉的需水量合理确定浇水量。一般草本花卉比木本花卉需水量大，浇水宜多。如仙人掌及多浆花卉则应"宁干勿湿"，当土壤适当干透再浇。

从生长习性角度来分类，一二年生花卉由于根系较浅，对水分要求量大，浇灌时间间隔要短，灌水要勤；宿根、球根类花卉，尤其是球根类花卉，浇水过多会引起地下器官腐烂，因而灌水时间间隔稍长；木本类花卉，其根系达到较深土层，吸收深层地下水的能力强，所以灌水时间间隔较长。

6. 根据容器和栽培土壤决定浇水量

如果为盆栽花卉，应根据容器和栽培土壤决定浇水量。植株大而容器小的盆栽花卉浇水次数要多些，植株小容器大的盆栽花卉浇水次数要少些。容器小而浅的盆栽花卉浇水量和次数应稍多些，大而深的浇水则应少些。

【任务实践】

实践一：盆栽花卉浸盆浇水

1. 材料用具

（1）材料　盆栽三色堇、绿萝各 10 盆，自来水。

（2）用具　水盆 20 个，50L 塑料水桶一个。

2. 操作步骤

（1）用 50L 塑料水桶盛放自来水。

（2）自来水放置在日光下，放置时间 5～6d。

（3）将放置的水倒入水盆中，然后将盆栽三色堇、绿萝放入盆中，开始浸盆。

（4）水分从盆花底部排水孔由下而上慢慢渗入盆内，直到盆面表土潮湿为止，这时立即将盆花取出。

3. 检查

（1）自来水要放置 5～6d。

（2）浸盆时间，过长过短都不行。

实践二：EDTA-Fe 储备液的配制

1. 材料

（1）材料　乙二胺四乙酸二钠盐、硫酸亚铁。

（2）用具　烧杯、量筒、玻璃棒等。

2. 操作步骤

（1）先配制 0.1mol/L EDTA-2Na 溶液：称取乙二胺四乙酸二钠盐〔$(NaOOCH_2)_2 \cdot NCH_2CH_2 \cdot N \cdot (CH_2COOH)_2 \cdot 2H_2O$，EDTA-2Na〕37.7g 于 1 个烧杯中，加入 600～700mL 新煮沸放冷至 60～70℃的温水，搅拌至完全溶解。冷却后倒入 1 000mL 容量瓶中，加入新煮沸并放置冷却的水，摇均匀。此溶液即为 0.1mol/L EDTA-2Na 溶液。

（2）再配制 0.1mol/L 硫酸亚铁溶液：称取硫酸亚铁（$FeSO_4 \cdot 7H_2O$）27.8g 于一烧杯中，加入约 600mL 新煮沸放置冷却的水，搅拌至完全溶解，再倒入 1 000mL 容量瓶中，加水至刻度，摇匀。此溶液即为 0.1mol/L 硫酸亚铁溶液。

（3）将已预先配制好的 0.1mol/L 硫酸亚铁溶液和 0.1mol/L EDTA-2Na 溶液等体积混合，即可得到 0.05mol/L EDTA-Fe 储备液。该溶液含铁 2 800

mg/L。

3. 检查

（1）每种药品是否充分溶解。

（2）溶液的添加顺序。

【关键问题】

1. 浇灌用水的选择

适宜浇花的水为雨水、河水、湖水、塘水等。自来水常含有氯离子，对花卉生长不利。如有条件，应将自来水倒入缸内存放5～7d后再用。养花数量不是很多的，将自来水放入矿泉水或饮料瓶里几天，敞开瓶盖，让水中的氯气挥发后再浇花是容易做到的。许多人直接用自来水浇花，似乎未见到盆花出现什么问题。这一方面是多数花能忍耐自来水里含有的很少量的氯离子，另一方面环境条件对花卉生长的一些影响在没有严格对比的情况下是看不出来的。

2. 怎样判断已经见干了

①干燥的盆土颜色变浅，重量变轻。②盆土与花盆间出现了缝隙。③用手指或铅笔弹花盆，发音清脆，说明盆土见干了；如果声音低沉发闷，就表示盆土内还有较多的水分，不需浇水。④用手摸盆土有发干的感觉。⑤看植株本身。如果缺水显得缺乏生气，或者叶片萎蔫下垂，甚至枯萎焦黄，从色彩上看也不如平时鲜艳和富于光泽，若植株正值花期，花朵会凋谢。当然植株这些现象有时不光是因为缺水而造成的。⑥扒开土面以下约1.0cm才见潮的土应算干土，应立即浇水。任何花卉都不能等土壤变成干土块时才浇水，那样花卉就枯萎了。

【思考与讨论】

1. 比较不同浇水方式的优缺点。

2. 查阅资料，了解常见花卉对水分的需求情况。

3. 调查家庭养花时存在哪些浇水误区，如何调整？

【知识拓展】

花卉水培使水质变化的原因

（1）水中缺氧　水中容有一定的氧气，是根系代谢所必需的，但水中的氧气会随着植物不断成长而逐渐减少，虽然空气中的氧气也会不断补充到水中，但补充速度缓慢，远不能满足根系对氧气的需要，从而形成缺氧状态，导致水质变化。

（2）植物代谢　在水培过程中，因植物代谢关系，根系会产生一些物质，黏液就是其中一种，黏液会黏附到根系上，也会排放到水中影响水质，使水质变差。另一方面，植物水培时，营养液是人为配制后加入水中的，当营养液被吸收后，剩余的物质逐渐积累，也会影响水质，从而增加了对植物的潜在危害。

（3）微生物活动　因营养液的存在，水中微生物也会加速生长和繁殖，对根系造成伤害，一旦根系腐烂又会影响水质。

任务三　花卉的施肥管理

【观察】

图 3-3　营养不良的牡丹植株

思考：牡丹缺什么元素导致叶片发黄？

【知识点】

肥料是花卉的"粮食"，因此了解植物所需营养，掌握施肥技术十分重要，如图 3-3 所示。

1. 营养诊断

植物营养诊断是通过植株分析、土壤分析及其他生理生化指标的测定。以及植株的外观形态观察等途径对植物营养状况进行客观的判断，从而指导科学施肥、改进管理措施的一项技术。通过营养诊断技术判断植物需肥状况是进行科学施肥的基础，在此前提下，才可以对症下药，做到平衡合理施肥。

2. 花卉施肥技术

不同种类花卉的养分含量相差悬殊，如菊花、一品红、天竺葵、月季等花卉氮、钾的含量远远超过杜鹃；而菊花、一品红、香石竹的含钙量多，月季、天竺葵、杜鹃则较低；镁的含量以一品红、菊花为多；硼的含量以天竺葵、菊花为多，因此不同花卉对养分的要求不同。不同营养元素对各种观赏植物的影响亦不同，营养元素对花卉颜色的影响很大，就红色系花卉来说，氮素过量就会导致红色减退，碳水化合物过量也会使红色减退，有钾存在时花色更红，且不易褪色。蓝色花增施钾肥，可以使蓝色更艳更蓝，且不易褪色。微量元素铁、猛、钼、铜等与花色形成关系更为密切；此外，营养元素的比例也很重要，可见花卉营养物质的供应对其观赏价值的提高起着非常重要的作用。从生理学的角度看，花卉体内的氮、磷、钾等元素的含量随着生长发育阶段的不同而有一定的动态变化，而且这种变化在不同花卉中又有差别，如菊花在生长初期需氮肥较多，氮的含量高，而且整个生长周期中氮素维持在较高的水平，而百合在生长初期要求较多的氮肥，氮的含量高，但在几周后氮含量会下降到一个相对稳定的状态，在成熟期又迅速下降；不同花卉对养分的吸收速度也存在着明显的差异。上述现象表明，花卉施肥技术相当复杂，花卉在施肥上主要存在以下两个特点。一是对肥料要求高。作为观赏植物，它要求肥料无毒、无臭、无污染，而且肥料中的养分完全，肥效长，对于盆栽花卉来说，一般施用肥效平稳的长效肥尤为必要。二是施肥模式变化大。对露地花卉和盆栽花卉来说，施肥方式、施肥种类等存在着很大的差异。

（1）施肥时期 植物大量需肥期是在生长旺盛或器官形成的时期，一般来说，春季要大量施用肥料，尤其是氮肥，夏末秋初则不宜多施氮肥，否则会引起新梢生长。幼嫩的新梢不能抵御初冬的寒冷，减少施肥有利于新梢老化，预防冻害。秋季当花卉顶端停止生长时施入完全肥，对冬季或早春根部急需生长的多年生花卉有促进作用。冬季或夏季进入休眠期的花卉，应减少或停止施肥。根据花卉生长发育的物候期、环境气候及土壤营养状况，适时适量追肥，一般在苗期、叶片生长期及花前、花后施用追肥，在高温多雨或沙质土壤上追肥要采取"少量多次"的原则。像碳酸氢铵、过磷酸钙等速效肥应在需要时施用，而有机肥等迟效肥宜提早施用，前者多作追肥，后者多作基肥。

（2）施肥量　施肥量因花卉种类、物候期、肥料种类、土壤状况及气候条件不同而异，所以也无统一的标准。施肥前要通过土壤分析或叶片分析来确定土壤所能供给的营养状况及植物营养供给水平，据此选用相应的肥料种类及施肥量。有研究报道，施用 N、P、K 分别为 5、10、5（kg）的完全肥，每 $10m^2$ 的土地面积上，球根类花卉施用 0.5～1.5kg，草花类施用 1.5～2.5kg，落叶灌木类为 1.5～3.0kg，常绿灌木类为 1.5～3.0kg。

（3）施肥方法　包括土壤施肥和根外施肥两种方式。

①土壤施肥：应根据不同花卉根系分布的特点，将肥料施在根系周围或稍深、稍广一点的位置，有利于根系向深广方向伸展。各种营养元素在土壤中移动性不同，不同肥料施肥的深度也不同，氮肥易移动，多作追肥，宜浅施；磷、钾肥的移动性差，宜深施或与其他有机肥混合施用，效果更好，磷、钾肥与有机肥多作基肥。施肥的方法有：环状施肥、撒施、灌溉施肥、穴施、条施等。花卉栽培中应多施充分腐熟的堆肥、厩肥等有机肥，而且不同种类花卉土壤施肥的种类、方法亦不相同。一二年生草花施肥方法大体与蔬菜相似，分为基肥与追肥，施肥量少于蔬菜。基肥为腐熟的堆肥或厩肥为主，追肥在幼苗期间可多施氮肥，至生长期时多施用磷、钾肥，开花前停止施肥；多年生草花在定植或更新时要施足基肥，多行沟施有机肥为主，生长期间适当情况下进行追肥；球根类花卉施肥方法因种类不同而有差异，一般定植前要施足基肥，而且要施足钾肥，有利于营养器官贮藏养分，其中秋植球根类花卉，如郁金香、水仙、风信子等，要施足基肥，追肥可施可不施；而春植球根类花卉，如大丽花、美人蕉等，则因生育期长，故追肥效果显著；木本类花卉中，春季生长新枝的种类，应减少氮肥的施用量，正常情况下不追肥。

②根外追肥：多采用叶面喷施，简便易行，效果好。目前多采用复合肥叶面喷肥，也包括一些微量元素缺乏症的补充施肥，见效快。花卉进行根外追肥常用的化学肥料有：尿素，见效快，使用浓度一般为 0.5％～1％，温室育苗上用 0.1％～0.5％，草木花卉为 0.2％～1％，木本花卉为 0.5％～1％；过磷酸钙，使用浓度一般为 1％～5％，草本花卉育苗期为 0.5％～1％，木本花卉为 2％～5％；硫酸亚铁，使用浓度一般为 0.2％～0.5％，育苗期间 0.1％～0.2％，其他一些微量元素溶液使用浓度一般为 0.1％～0.5％。根外追肥一般在早晨或傍晚较宜，而且喷施时要在叶片的正反两面进行，开花时不能进行根外追肥。

③温室盆栽花卉还可以增施 CO_2 气肥，在 CO_2 浓度为 0.03％～0.3％的范围内，光合效率随着 CO_2 浓度的增加而提高。

【任务实践】

实践　盆栽花卉叶片追肥实验

1. 材料用具

（1）材料　三色堇（苗期，一盆）、绿萝 10 盆，尿素。

（2）用具　烧杯、量桶、天平、喷壶。

2. 操作步骤

（1）施肥时间，选择避开高温、强光、干燥、雨天等环境喷施，一般在早晨或傍晚前施用。

（2）配制尿素溶液，两个浓度分别为 0.3％、0.8％。

（3）叶面喷施，0.3％的尿素喷施于三色堇幼苗，0.8％的尿素喷施于绿萝叶面。

（4）喷施时，要注意喷到叶片的正反两面，并要喷布均匀。

3. 检查

（1）叶面追肥时间选择合适。

（2）幼苗施肥浓度要小。

（3）喷布均匀。

【关键问题】

怎样从外表看出花卉缺乏哪种营养元素？

要使花卉能良好地生长开花，必须有足够的营养作保证。一般在花卉生长发育过程中如果某种营养元素不足，就会在植株上出现这种营养的缺乏症，也就是在植株上出现一定的病症。在家庭养花中，如果能掌握这个营养缺乏症的诊断方法，就可以对症下药，补充肥料，让盆花重新健康苗壮地生长。下面是几种主要营养元素缺乏时植株可能表现出来的症状。

第一，缺氮症：植株叶色发黄，甚至干枯，叶小，植株瘦小。茎细弱并有破裂，花数稀少。

第二，缺磷症：叶色暗绿，生长延缓。下部叶的叶脉间黄化，常带紫色，特别是在叶柄上，叶早落。花小而少，花色不好，果实发育不良。

第三，缺钾症：下部叶有病斑，在叶尖及叶缘常出现枯死部分。黄化部分从边缘向中部扩展，以后边缘部分变褐色而向下皱缩，最后下部叶和老叶脱落。

第四，缺镁症：下部叶黄化，在晚期常出现枯斑，黄化出现于叶脉间，叶脉仍为绿色，叶缘向上或向下反曲而形成皱缩，在叶脉间常在一日之间出现枯斑。

第五，缺钙症：嫩叶的尖端和边缘腐败，幼叶的叶尖常形成钩状。根系在上述病症出现以前已经死亡。顶芽通常死亡。

第六，缺铁症：病症发生于新叶，叶脉间黄化，叶脉仍保持绿色。病斑不常出现。严重时叶缘及叶尖干枯，有时向内扩展，形成较大面积，仅有较大叶脉保持绿色。

第七，缺锰症：病症发生于新叶，病斑通常出现，且分布于全叶面，极细叶脉仍保持为绿色，形成细网状。花小而花色不良。

【思考与讨论】

1. 什么是合理施肥？

2. 施肥要注意哪些问题？

3. 观察周围植物是否存在营养状况不良？如果有，如何改善？

【知识拓展】

1. 盆花常用的有机肥有哪些？家庭种花怎样自制有机肥料？

有机肥对花木生长发育很有好处，它除了能被微生物分解释放出营养元素被根系吸收外，它还能改善土壤的结构，增加土壤的保水保肥和通透性能。有机肥料种类很多，通常可分为动物性有机肥和植物性有机肥两大类。现把主要的有机肥介绍如下。

第一，厩肥：家畜的粪便，并杂有吃剩的饲草或饲料。以含氮为多，也有一定的磷和钾。

第二，鸡鸭粪：鸡鸭粪和其它禽类粪便是磷肥的主要来源，适合于各类花卉，特别适合观果花卉使用。

第三，草木灰：将枯枝杂草等烧成的灰，含钾较多，是钾肥的主要来源。属于碱性肥料。

第四，花生麸或花生饼：含氮较多，也含磷和钾。比动物粪便干净卫生。

第五，骨粉：是磷肥的主要来源之一。

家庭养花，特别在城市里，一些养花者无法弄到有机肥料。其实，只要注意经常及时收集，是可以制造出有机肥料的。如可将菜叶、豆壳、瓜果皮放入缸坛内，加盖密封，经2～3个月发酵腐烂后就可得到很好的肥料。将变质的黄豆、花生米等煮熟后，将鱼内脏、鱼骨等放在缸中加水发酵腐烂后，也可得到高效的、氮磷钾含量不低的优质有机肥。一定要注意只有腐熟后才能使用。

2. 盆栽花卉的施肥

盆栽花卉多在温室、荫棚等保护地进行精心地栽培管理。盆栽花卉的养分来源除了培养土以外，还在上盆或换盆时施入基肥，盆后生长期间应多次施肥。给盆花施肥应注意以下问题。第一，不同花卉种类、不同观赏目的及不同生长阶段施肥是不同的。苗期多施氮肥，花芽分化和孕蕾期多施用磷、钾肥。观叶植物如绿萝不能缺氮肥，观茎植物如仙人掌不能缺钾肥，观花植物如一品红不能缺磷肥，有些花卉还需要特殊的微量元素，喜微酸性土壤的花卉如杜鹃要补充施用铁素等。第二，肥料必须充分腐熟，以免产生臭气或其他有害气体。第三，肥料要配合施用，营养元素的种类不能单一，否则易引起缺素症，应多施复合肥。第四，肥料的酸碱性要与花卉的生长习性相适应。腐熟的堆肥、厩肥、马蹄片、尿素、草木灰等碱性，而麻酱渣、硫酸铵、磷酸二氢钾和鸡鸭粪肥呈酸性，杜鹃、山茶、茉莉、栀子等是喜酸性土壤的花卉，施肥时就要慎重选择肥料。①施肥时期：盆栽花卉生活在固定的介质中，所以营养物质要不断地补充才能满足盆花不断生长的需要。对不同种类及不同生长发育期来说，施肥的最佳时期亦不同。一般情况下，1年中生长旺盛期和入室前要追肥，生长期间根据生长状况每6～15d追施1次肥，以氮肥为主，夏季或冬季室内养护阶段处于休眠或半休眠状态的盆花少施或不施；1年中多次开花的花卉，如月季、香石竹等，花前、花后要重施肥；1d中施肥应在晴天傍晚进行，且施肥前松土，施肥后浇少量水即可。②施肥量：基肥以有机肥为主，施入量一般不超过盆土总量的20%；追肥以"薄肥勤施"为原则，通常采用腐熟的液肥为主，也可以用化肥或微量元素溶液追施或叶面喷施。有机液肥的浓度不超过5%，一般化肥的浓度不超过0.3%，微量元素的浓度一般不超过0.05%，过磷酸钙追肥时浓度可达1%～2%。③施肥方法：盆栽花卉的施肥常常结合浇水进行或直接施用液体薄肥，操作简便易行。根外追肥也以叶面喷施为主，在缺少某种元素或根部营养吸收不足时采用此种方法，切忌浓度过高。

3. 花肥的种类

盆栽花卉需要的主要元素为氮、磷、钾三要素，其次是钙、铁、硫、镁、硼、锰、铜、锌、钴、碳、氢、氧，其中的碳、氢、氧，可以从水和空气中得到，其余元素则需要从土壤中吸收，由于它的根系只能在一个很小的土壤范围内活动，氮、磷、钾是植物大量需要的元素，单纯靠培养土供给是不够的，需要通过施肥来补充，所以肥料是花卉养料的主要来源，施肥的合理与否，直接影响到花卉的生长和发育。

肥料通常分为有机肥和无机肥两大类。

（1）有机肥　通常分为动物性有机肥和植物性有机肥。动物性有机肥包括人粪尿，禽畜类的羽毛蹄角和骨粉，鱼、肉、蛋类的废弃物等。植物性有机肥包括豆饼及其他饼肥、芝麻酱渣、杂草、树叶、绿肥、中草药渣、酒糟等。这两类肥料均含有丰富的氮、磷、钾及微量元素。这些均为迟效性肥料，养分较全，肥效较长，使用前必须经过充分的发酵腐熟，生肥容易损伤花卉根系。

（2）无机肥　俗称"化肥"，是用化学合成方法制成或由天然矿石加工制成的富含矿物质营养元素的肥料。这种肥料养分含量高，元素单一，肥效快，清洁卫生，施用方便，但长期使用容易造成土壤板结，最好与有机肥混合施用，效果更好。无机肥分为氮肥、磷肥和钾肥。氮肥有尿素、碳酸铵、碳酸氢铵、氨水、氯化铵、硝酸钙等，可以促进花卉枝叶繁茂的作用；磷肥有过磷酸钙、钙镁磷等，多用作基肥添加剂，肥效比较慢，磷酸二氢钾、磷酸铵为高浓度速效肥，且含氮和钾肥，可用作追肥，可以促进花色鲜艳，果实肥大的作用；钾肥有氯化钾、硫酸钾、磷酸二氢钾、硝酸钾等，均为速效性肥料，可作追肥施用，可以促进花卉枝干及根系健壮的作用。化肥的肥效快，但肥分单纯；肥性暴，但不持久。除磷肥外，一般化肥都做追肥用。使用化肥一定要适量，浓度应控制在 0.1%～0.3%，不可过浓，否则容易损伤花卉根苗。施用化肥后要立即灌水，以保证肥效的充分利用。

技术实训：花卉苗木施肥

一、实训目的要求

通过实训，掌握科学的施肥，适时适量补充营养元素，对改善土壤的理化性质、提高土壤的肥力、增加树木营养是十分重要的。

二、实训原理

（一）施肥的原则

1. 根据树木的营养需求进行

不同种类、不同生长发育时期及不同园林用途决定了树木的需肥特点，在此基础上应结合营养诊断结果进行施肥。

就生命周期而言，一般处于幼年期的树种，尤其是幼年的针叶树生长需要大量的化肥，到成年阶段对氮素的需要量减少。

树木的观赏特性及园林用途影响其施肥方案。一般来说，观叶、观形树种需要较多的氮肥，而观花、观果树种对磷、钾肥的需求量大。

2. 根据土壤条件合理施肥

土壤厚度、土壤水分与有机质含量、酸碱度高低、土壤结构及三相比等均对树木的施肥有很大影响。

3. 根据气候条件合理施肥

气温和降雨量是影响施肥的主要气候因子，如低温，一方面减慢了土壤养分的转化，另一方面削弱树木对养分的吸收功能。

4. 根据肥料性质合理施肥

在实践中应将有机与无机、速效性与缓效性、酸性与碱性、大量元素与微量元素等结合使用，提倡复合配方施肥。

（二）施肥类型

施肥的时间应掌握在树木最需肥的时候施入，具体施肥的时间应视树木生长的情况和季节而定。在生产上，一般分基肥和追肥，基肥施用要早，追肥要巧。

1. 基肥

通常分为栽植前基肥、春季基肥和秋季基肥，一般施用的次数较少，但用量较大。

2. 追肥

一般多用速效性无机肥，并根据园林树木一年中各物候期特点来施用。具体追肥时间与树种、品种习性以及气候、树龄、用途等有关。如对观花、观果树木，花芽分化期和花后的追肥尤为重要。对于观花灌木、庭阴树、行道树及重点观赏树种，应在每年的生长期进行 2～3 次追肥，且土壤追肥与根外追肥均可。

三、实训用具

水桶、水壶、铁铲、锄头、复合肥等。

四、实训内容

根据树种、树体大小、观赏特性、配植方式确定施肥量和施肥方法。

（一）施肥的方法

根据施肥部位的不同，园林树木施肥主要有土壤施肥和根外追肥两大类。

1. 土壤施肥

具体的施肥深度和范围除根据根系分布特点外，还与树种、土壤、树龄和肥料种类等有关。

目前生产上常见的土壤施肥方法有以下几种。

全面施肥（撒施：将肥料均匀地撒布在园林树木生长的地面，然后再翻入土中；水施：供肥及时，肥效分布均匀，利用率高）、沟状施肥（环状沟施肥：多适用园林孤植树；放射沟施肥：伤根较少，施肥部位有一定的局限性；条沟施肥：多适合苗圃里的树木或呈行列式布置的树木）、穴状施肥（栽植在草坪上的树木多采用穴施法）；另外，还有打孔施肥（通常大树下面多为铺装地面或种植草坪、地被）、微孔释放袋施肥（沙性土壤或已定植的树木）、树木营养钉和超级营养棒法施肥、液施等。

2. 根外追肥

目前生产上常见的根外追肥方法有叶面施肥和枝干施肥。

叶面施肥：多作追肥施用，生产上常与病虫害的防治结合进行。

枝干施肥：主要用于衰老大树、珍稀树种、树桩盆景及观花树木和大树移栽时的营养供给。

（二）施肥量

（1）施肥量应包括：肥料中各种营养元素的比例、一次性施肥的用量和浓度及全年施肥的次数等数量指标。

（2）影响施肥量因素：树种习性、物候期、树体大小、树龄、土壤与气候条件、肥料的种类、施肥时间和方法、管理技术等。

（3）就同一树木而言，一般化学肥料、追肥、根外施肥的浓度分别比有机肥料、基肥和土壤施肥要低，且要求严格。化学肥料的施用浓度一般不宜超过1%～3%，进行叶面施肥时，多为0.1%～0.3%，对一些微量元素，浓度应更低。

（4）确定施肥量的重要依据：通过叶片分析、土壤分析。

五、实训结果与分析

一个半月后观察记录所施肥苗木的生长情况。

六、实训评价

1. 每组完成至少1种花卉苗木施肥的技术流程，并要熟练掌握。

2. 根据实训情况，撰写实训报告。

3. 实训成绩以100分计，其中实训态度占20分，实训结果占50分，实习报告占30分。

单元四 园艺植物生长发育的调控

模块一 整形修剪

实践目标

本模块主要包括果树整形修剪、蔬菜植株调整和花卉的整形修剪等内容，掌握果树、蔬菜和花卉的整形管理技术。

模块分解

如表 4-1 所示。

表 4-1 整形修剪

任务	任务分解	要求
1. 果树整形修剪	1. 苹果小冠疏层形的整形修剪 2. 桃树的整形修剪 3. 两年生葡萄的整形修剪	1. 掌握果树的树形结构 2. 掌握果树的修剪方法 3. 掌握常见树种的整形修剪技术
2. 蔬菜植株调整	1. 黄瓜植株调整 2. 番茄植株调整	1. 掌握常用植株调整方法 2. 掌握番茄、黄瓜、辣椒的植株调整技术
3. 花卉整形修剪	1. 花卉修剪 2. 茶花修剪 3. 文竹日常修剪	1. 总结修剪整形技术 2. 掌握整形修剪的基本技术 3. 掌握常见花卉造型的方法。

任务一　果树整形修剪

【案例】

果树整形修剪的目的是培养丰产优质的树体结构和群体结构，结构也就是组成及组成部分之间的配置关系及所表现的生产能力。在长期的栽培实践中广大果农积累了丰富的经验，认为"没有不丰产的树形，只有不丰产的结构"，这说明整什么样的树形，只要结构合理，就能丰产。烟台地区的果农认为丰产果园的基本条件必须是"树满园，枝满冠"，这句话形象地描述了丰产群体结构和树体结构的特征，说明了丰产结构必须有充足的枝量，这是丰产的基础。

思考1：果树有哪些树形结构？

思考2：果树修剪技术有哪些？

案例评析：果树在一年或一生的生长发育过程中，存在着很多矛盾，如生长与结果、生长结果与衰老更新、地上与地下、产量和质量、个体与群体等。

从树体内部代谢来看，存在着同化与异化、消耗与积累、集中与分配等矛盾。

树体外部，树体与环境（光、温、湿、通风、微域小气候等）、栽培技术之间的协调等。

这些矛盾和问题解决的好坏，直接影响栽培的成败，整形修剪作为一项栽培技术措施，主要承担着解决、协调这些问题的作用。但是，不能把修剪神话。修剪只是起到调节、控制、促进的作用，修剪必须在其他农业技术措施（土肥水、病虫防治、花果管理等）基础上，因时、因地、因材（树种、品种），合理运用，才能获得较佳效果。

【知识点】

1. 整形与修剪

（1）整形（整枝）

①广义的整形：根据果树生长发育的内在规律和外界条件，综合运用修剪技术，把果树培养成具有丰产、稳产、优质树体结构和群体结构的树形。

②狭义的整形：应用修剪技术，使果树的骨干枝和树冠形成一定的结构和形状。

（2）修剪

①广义的修剪包括整形。整形技术，是指运用工具或以撑、拉、伤、变等手段，控制枝条的长势、方位及数量，形成一定的形状，达到维持良好的生长

与结果的相互协调。不仅指剪枝（梢），还包括根系修剪、外科手术和化控技术等。整形与修剪是不可分的。

②狭义的修剪是指剪枝。

2. 果树群体结构

（1）群体结构的构成要素 主要包括：栽植密度、植株整齐度、覆盖率、亩冠积、叶面积系数、亩枝量、枝类组成、花枝率、确形角等。

（2）树体结构 果树分为地上和地下两部分，整形修剪主要针对地上部，近年来也提出了根系修剪问题。

树冠：中心干、主枝、侧枝和枝组，中心干、主枝、侧枝构成树冠的骨架，称为骨干枝。果树树体以及各组成部分的大小、形状、结构、间隔等，都影响树体和群体的光能利用和生产效率，因此分析树体结构对指导整形修剪有重要意义。

3. 果树修剪的原则

（1）因树修剪，随枝做形 由于树种、品种、砧木、树龄、树势及立地条件的差异，即使在同一园片内，单株间生长状况也不相同，因此在整形修剪时，既要满足树型的要求，又要根据单株的生长状况，灵活掌握，随枝就势，因势利导，诱导成形，以免造成修剪过重，延迟结果的情况。

（2）统筹兼顾，长远规划 在整形修剪时要兼顾树体的生长与结果，既要有长计划，又要有短安排。幼树期既要整好形，又要有利于早结果，生长结果两不误。片面强调整形，不利于提高早期效益；只顾眼前利益，片面强调早丰产，会造成结构不良，不利于后期产量的提高。对于盛果期树，也要兼顾生长与结果，做到结果适量，防止早衰。

（3）以轻为主，轻重结合 尽可能减少修剪量，减轻修剪对果树整体的抑制作用，尤其是幼树，适当轻剪，有利于扩大树冠，增加枝量，缓和树势，达到早结果、早丰产的目的。但是，修剪量过轻，会减少分枝和长枝比例，不利于整形，骨干枝不牢固。

（4）平衡树势，从属分明 保持各级骨干枝及同级间生长势的均衡，做到树势均衡，从属分明，才能建成稳定的结构，为丰产、优质打下基础。

4. 果树修剪的作用

（1）修剪的双重作用 在一定的修剪程度内，从局部来看，修剪可使被剪枝条的生长势增强，但从整体来看，则修剪对整个树体的生长有抑制作用。这种局部促、整体抑的辩证关系就是修剪的双重作用。一般局部促越强，整体受抑制越明显。修剪对局部的促进作用，主要是因为剪后减少了枝芽的数量，改变了原有营养和水分的分配关系，集中供给保留下来的枝芽。修剪的局部促进作用常表现为树龄越小，树势越强，促进作用越大，但局部促进作用主要与修剪方法、修剪轻重、剪口芽质量和状态有关，短截的促进生长作用最明显，尤其是剪口第一芽、第二芽……依次递减，而疏剪只对剪口以下枝条有促进作用，而对其上部有削弱作用。在同等树势下，重剪较轻剪促进生长作用强，剪口芽质量好、发枝旺。修剪对整体的抑制作用，主要是因为剪下大量的枝芽，缩小了树冠体积，减小了同化面积，修剪造成了许多伤口，需消耗一定的营养物质才能愈合。抑制作用的大小与生长势有关，并随树龄增长，生长势缓和而减弱。因此，修剪时要考虑到这种双重作用，既要从整体着眼，又要从局部着手，使局部服从整体。

（2）调节果树与环境的关系　整形修剪可以调整果树个体与群体结构，提高光能和土地利用率，改善单株或群体的通透条件。

提高有效叶面积指数和改善光照条件是整形修剪的主要遵循原则，二者是相矛盾的统一体，叶面积指数过大，必然会引起光照不良，影响产量和质量，而叶面积系数过小，光能利用率低，也影响到产量。因此，要通过整形修剪培养出良好的树体和群体结构，有效地利用时间和空间。

（3）调节生长与结果的关系　调节枝条生长势，促进花芽形成，协调生长与结果之间的关系是修剪的主要目的之一。生长是结果的基础，只有足够的枝叶，才能制造足够的营养物质和花芽分化。但是，若生长过旺，消耗大于积累，则又会因营养不足而影响花芽分化；相反结果过多则会使生长受到抑制，造成大小年情况。因此，在生产上幼树期应促进营养生长，使其尽快达到开花结果的枝叶量；盛果期应使果树的花枝和营养枝保持一定比例，从而达到稳产；更新期应加强营养生长，促进树体更新。

（4）调节果树各部分的关系　果树正常的生长结果必须保持树体各部分的相对平衡。

①根系与地上部的均衡：我们通常提到的整形修剪是指地上部的整形修剪，根系很少进行修剪，但是根系自身也有年生长周期和生命周期。通过修剪可影响到根系。幼树期间根系和树冠都迅速扩大，因此地上部轻剪长放才能平衡，若重剪则根系与地上部比增大，地上部生长势就会长旺，更新期根系也会进行自我更新，如果地区一体化修剪过轻，根系营养分散，更新就慢，此外调节地上和根系的关系，还与修剪时期、修剪程度和修剪方法有关。

②调节器官间的均衡：修剪除能调节生长与结果的关系以外，对于同类器官间的平衡关系，如同一树体中各大主枝、同一主枝上侧枝，以及枝组大小配备、枝条长中短枝比例、果实的分布和负载量等，要求有一定的从属关系和树势。

（5）调节树体的营养状况

①对树体内营养成分的影响：修剪可以提高剪口附近的枝条含量和水分含量，从而促进营养生长，降低碳水化合物的含量，且随修剪程度加重而影响增大，树龄越小影响越大。

②对内源激素的影响：果树芽的萌发、枝条生长、花芽分化、果实发育等生理过程以及营养物质的分配和运转都受树体内的激素控制。而激素的分布和运转与极性有关。短截剪去了枝条的先端部分，排除了激素对侧的抑制作用，提高了下部芽的萌芽力和成枝力，将芽上部刻伤，切断上部激素下运的通道，能刺激枝条下部萌发曲枝，开张角度改变了枝条顶端优势，促进侧芽萌发。在果树生产中要综合运用修剪的各种作用，达到整形修剪的目的。

5. 修剪的时期

果树修剪时期分为休眠期修剪和生长期修剪，即冬剪和春夏秋剪。过去除春剪外，其他果树多强调冬季修剪而忽视生长期修剪。随着整形修剪技术的发展和栽培制度的变革（矮化密植），大部分果树一年四季都进行修剪，特别是矮化密植果树的幼树期和初果期，生长季修剪甚至比冬剪还要重要。

（1）冬剪　冬季修剪一般从冬季落叶到春季萌芽前进行。休眠期树体养分回流到根系，因此修剪损失养分很少，所以大量修剪（剪子、锯）都是在冬季进行，需要注意的是核桃树的修剪是在春秋两季进行的，即春季萌芽以后和秋季落叶前进行，一般不进行冬剪（因冬剪引起伤流，引起死树）

（2）春剪　果树萌芽后到花期前后，又分花前枝剪和晚剪，春剪的目的是疏剪花芽（花前复剪）调整花叶芽比例，疏花疏果，保花保果，除萌促进发枝，开张角度等。花前复剪是冬剪的复查和补充调整生长势和花量，晚剪是萌芽后再修剪剪除已萌芽部分，可提高萌芽率，增加枝量。

（3）夏剪　在生长季随时可以进行，主要目的是开张角度，调整生长与结果的关系，控制旺长，改善光照，提高品质，常用摘心、剪梢、拿枝、扭梢、环剥、环割等伤变技术。

（4）秋剪　是在落叶前生长后期，新梢基本停止时进行的，重点是调整树体光照条件，疏除徒长枝、背上直立枝。夏季和秋季修剪主要在幼树上应用。

6. 修剪方法

修剪方法多种多样，概括起来可分为六类方法，即截、缩、疏、放、伤、变。

（1）截

①轻截：只剪掉枝条上部的少部分枝断（1/4左右）。在枝条上部弱芽外剪。剪后形成中短枝较多、单枝生长势较弱的情况，可缓和树势，但枝条萌芽

率高。

②中截：在春、秋梢中上部饱满芽外剪截，剪去枝长的 $1/3 \sim 1/2$。中截后萌芽率提高，形成长枝、中枝较多，成枝力高，单枝生长势强，有利于扩大树冠和枝条生长，增加尖削度。一般多用于培养延长枝和骨干枝。

③重截：在春梢中下部弱芽半（饱满芽）处截，一般剪口下只抽生 $1 \sim 2$ 个旺枝或中枝，生长量较小，树势较缓和，一般多用于培养结果枝组。

④极重截：在春梢基部 $1 \sim 2$ 个瘪芽处截，截后一般萌发 $1 \sim 2$ 个中庸枝，可降低枝位缓和枝势，一般生长中等的树应用较好，多用于竞争枝的处理和小枝组培养。

⑤摘心和剪梢：摘心是生长季摘除新梢顶端幼嫩部分，剪梢是对当年新梢短截，多在半木质化部位进行，摘心和剪梢可抑制新梢生长，促进萌芽分枝，利于花芽形成和提高坐果率。

（2）缩　又叫回缩，即在多年生枝上短截。回缩的作用因回缩的部位不同而异，一是复壮作用，二是抑制作用。复壮作用常用在两个方面：一是局部复壮，如回缩结果枝组，多年冗长枝等；二是全树复壮，主要是衰老树回缩更新骨干枝。抑制作用主要用在控制强旺抚养枝、过旺骨干枝。缩剪对生长的促进作用，其反应与缩剪程度、留枝强弱、留枝角度和伤口大小有关，如缩剪留状枝壮芽，角度小，剪锯口小则促进作用强，多用于骨干枝，结果枝组的培养和更新，是更新复状的主要方法。在两年生交界处回缩叫留环痕，可起缓和枝势的作用。

（3）疏　即疏剪，就是把枝条从基部剪去或锯掉。疏枝后可改善树体的通透条件，但对全树或被疏枝的大枝起削弱生长的作用。一般疏枝能够削弱伤口以上部位的生长势，增强伤口下部位的生长势。在疏枝时要注意分期分批进行，不可一次疏除过多。

除萌和疏梢也属疏剪，除萌就是抹去过多过密的刚刚萌发的嫩芽；疏梢就是疏除过密的新梢，如剪锯口萌芽等过多梢的处理。

（4）放（甩放或长放）　放也就是不剪，是利用单枝生长势逐年减弱的特性，放任不剪，避免修剪刺激旺长的一种方法，甩放具有缓和枝条长势，促生中短枝和叶丛枝，易于成花结果的作用。

甩放因保留下的枝叶多，因此增粗显著，特别是背上旺枝极性显著，容易越放越旺，出现树上长树的现象，所以甩放一般甩放中庸的枝条，旺枝，特别是背上旺枝不甩放。若甩放必须有配合改变方向，配合刻伤、环剥等措施，才有利于削弱枝势，促进花芽形成。

有些品种缓放后需要几年才能成花，如元帅荆轲需 3 年才能成花，而祝光苹果等当年即可成花。

（5）伤　就是说破伤枝条，以削弱或缓和枝条生长，促进成花的措施，包括刻伤、环剥、拧枝梢、扭、拿枝软化等。

①刻伤：包括目伤、环刻。目伤就是用刀或钢锯在芽的上方横割枝条皮层，深达木质部半圈左右。环割就是在芽的上方环切一圈，达到木质部。刻伤一般在萌芽前进行，可促发枝，促成花，缓和生长势。

②环剥：就是剥去枝干上一圈树皮，主要作用是调节营养物质分配，使营养物质在环剥口上部积累，从而达到促进成花，提高坐果率，缓和树势的效果。环剥是幼旺树转化结果的最重要的手段之一。对于幼旺树在新梢迅速生长期进行缓剥可缓和树势，促进花芽分化。为提高坐果率环剥宜在花期或花前进行，如枣树开甲，老农就称枣树不甲不结果。环剥宽度要依生长势而定，生长势旺的树可宽些，弱的树可窄些，一般为枝条直径的 $1/8 \sim 1/10$，以剥后 $20 \sim 30d$ 内能部分愈合为宜。对于幼旺树促长，一次不明显的可连续剥 $3 \sim 4$ 次，直剥到叶片变色为宜。

③拧枝：就是握住枝条像拧绳子似的拧几圈，做到伤筋动骨，可在 $1 \sim 3$ 年生枝上进行，可缓和树势，促进花芽形成。

④扭梢：就是对生长旺盛的新梢在木质化时用手捏住新梢基部将其扭转 $180°$，可抑制旺长，促生花芽，是背上旺长新梢有效的控制方法。

⑤拿枝软化：就是对旺枝或旺枝自基部到顶部一节一节地弯曲折伤，做到响而不折，伤骨不伤皮，可缓和生长，提高萌芽率，促进花芽形成。

（6）变　就是改变枝条生长方向，缓和生长势、合理利用空间的修剪方法，包括曲枝、圈枝、拉枝、别枝等。

变枝修剪能够控制枝条旺长，增加萌芽率，改变顶端优势，防止后扣光秃，还可以合理利用空间，是幼树及时结果和多结果的重要修剪方法。

【任务实践】

实践一：苹果小冠疏层形的整形修剪

1. 材料用具

2 年生苹果园、剪枝剪等相关农具。

2. 操作步骤

（1）定干　在离地面 80cm 左右处定干，保证整形带内有 $8 \sim 10$ 个饱满芽，对整形带内的芽除剪口下第一、二芽外，其余全部刻芽或涂抽枝宝。

（2）摘心拉枝　对整形带以下发出的芽全部保留，待其长到 15cm 长时，留 8 片叶摘心。若这些枝再发枝，则留 1 片叶反复摘心。对整形带内已发出的枝，可从中选出中干延长枝和 3 个主枝，其余作辅养枝，当枝条长度达 90cm 左右时拉枝，辅养枝拉平，主枝拉至 70°左右。

（3）冬剪　中干延长枝留 40～50cm 短截，剪芽留上年剪口芽的对面。3 个主枝留 45～50cm 短截，第三或第四芽留在第一侧枝的方向。

（4）疏除整形带下部所有枝条及整形带内过多枝条。

3. 检查

（1）检查定干高度、拉枝角度。

（2）是否按照要求操作。

实践二：桃树的整枝修剪

1. 材料用具

桃园、剪枝剪等。

2. 操作步骤

（1）定干操作步骤　桃树成苗定植后，在距地面 60～70cm 处剪截定干，剪口下留 20cm（7～10 个健壮饱满的叶芽）作为整形带（所谓的整形带就是定干时选留主枝的一段树干，位于剪口以下、主干以上），在带内培养 3 个主枝。萌芽后，整形带以下芽全部抹除。

（2）培养主枝　成苗定干后，当一年生新梢长至 50cm 时，开始选留主枝。我们可以剪掉中心枝，利用主干上萌发出的一年生新梢或当年生副梢，从中选出距离适宜、方位合适的作为主枝，在第三主枝以上把中心枝剪掉。在 8～9 月份，利用拉枝的方法开张主枝角度。

（3）在主枝上选留侧枝，一般一个主枝上选留 3～4 个侧枝（所谓的侧枝就是着生在主枝上的固定性骨干枝）。

3. 检查

（1）检查定干高度、拉枝角度。

（2）是否按照要求进行操作。

实践三：两年生葡萄的整形修剪

1. 材料用具

2 年生葡萄园、剪枝剪等相关农具。

2. 操作步骤

（1）抹芽定枝　在第 2 年芽体萌动后及时抹芽，当新梢长到 10～15cm 时，在水平结果母枝上选留 1～2 个结果新梢，在每株距地面 30～45cm 处选留 2 个预备枝。注意：预备枝不能留在拐弯处，这样容易造成预备枝过强，影响结果新梢的正常生长；一般两年生幼树产量为 500～750kg/亩。

（2）新梢摘心和副梢处理　对结果新梢直立绑缚。花前 8～10 片叶时摘心，果穗以下的副梢全部抹除，果穗以上的副梢留 2～3 片叶后反复摘心。预备枝长到第四道铁丝高处，约 12 个叶片时摘心，下部副梢全部摘除，第 7 片叶以上的副梢留 2～3 片叶后反复摘心。

（3）冬季修剪　冬季修剪时，若所留预备枝在 10～12 芽位处粗度有0.8～1.0cm 时，预备枝剪留 10～12 芽位；若预备枝偏细留 3～4 芽短剪；所留预备枝不能满足每株 2 个结果母枝的要求，应用结果枝补充，但结果母枝剪留同样是 8～10 个芽位，剪口处粗度保证在 0.8～1.0cm。修剪结束后必须保证每株留 2 个结果母枝，2 个预备枝。把剪留的结果母枝沿统一方向弯曲平铺于第一道铁丝上，一般结果母枝第 7～10 芽为芽花比率高的芽位，行长梢修剪，保证产量要求。

3. 检查

（1）检查定枝数量，新梢处理是否符合要求。

（2）冬季修剪是否按照要求操作。

【关键问题】

1. 果树常见树形

（1）圆冠形　为树株间不相连的果树树形。依照有无中心领导干分为以下两类。

①有中心领导干的树形。主要有疏散分层形（山东省称主干疏层形）、二层开心形、十字形、三挺身形、主干形（圆锥形）、圆柱形、纺锤形等。

②无中心领导干的树形。主要有杯状形、自然开心形、盘状形、多主枝圆头形、多主枝开心圆头形、自然圆头形、丛状形等。

（2）扁冠形　为树株间相连接的果树树形。依照有无支架分为以下两类。

①树篱形。无支架，树株相接成篱墙，行间间隔。有自然扇形、自由篱壁形、扁纺锤形、树篱式矮灌木形。

②篱架形。有支架，树株间连接成墙，行间间隔的又称栅离形，有单干形、双层栅篱形、棕榈叶扇形、V 形、M 形等。

树冠呈水平平面形的又称棚架形，有水平棚、倾斜棚。

匍匐形的有扇形、圆盘形等。以上是主要的或者说是基本的树形，例如纺锤形、棕榈叶扇形又都演化出名目繁多的许多类型。

2. 果树怎么剪枝？

（1）冬剪最佳时期　果树最佳冬剪时期 12 月中旬至翌年 2 月中上旬，核果类果树可延长 3 月上旬。

果树冬剪必须当果树处于正常的冬眠状态时，糖分转化达到冬季稳定状态，果树落叶后养分向树体枝、干、根部储存，因此12月中旬后才达到冬眠养分储存及运输结束，不因提早修剪造成养分回流引起营养尚未到位而损失。3月上旬后气温回升，树体营养因温度增高，开始转化、开始流动，糖分吸水开始流动，向根上流动，因剪枝产生伤而养分流失，使伤口愈合不好而造成枝条回缩而干涸，易引发病害侵染。

（2）对果树不同生长时期的修剪方法

①幼树的修剪方法。密植幼株应采取纺锤形的修剪方法，主枝的间距为30~40cm单轴延伸，7~12个主枝树高不超过3.5m，主枝开张角度为75°；稀植幼树应采取平行半圆分层形，有3~5个主枝，主枝开张角度为65°，每个主枝两对侧枝应顺时针排列，树体高度不超过3.5~4m，主枝间距分别为0.80m、0.60m和0.50m。

②对结果期的果树冬剪方法。结果树，主要是调节树势，使果树中庸健壮，调节好使其年年丰产，对大年结果树疏芽、疏弱枝，多留辅养枝，为明年的花芽形成创造较好结果枝组。使其逐年形成交替结果枝群。小年结果树，逢花必保，以保花为主，剪掉花芽较弱枝组下垂花芽枝组，对营养枝条轻短截，促当年形成枝组或缓放形成花芽枝组，将遮光枝组重疏，达到平衡结果的目的。

③老年结果树，以更新枝组、更新复壮，重短截或疏掉老枝组，通过冬剪更新枝组，培养较新的结果枝组，疏弱枝留壮枝，培养新的结果枝群，促进连年丰产。

④果树品种不同，而冬剪的方法不同。

秋子梨系统：抗性强、成枝力较强、更新快，剪枝可以疏枝短截，恢复枝势快。

白梨系统：成枝力较弱，结合冬剪主要采取回缩短截，刺激新梢形成，剪掉鸡爪子生长点，减少养分消耗，调整好树势，培养新的结果枝组；西洋梨和沙梨系统，成枝力较强，多为大形果，自然开张角度好，以疏枝为主确定合理结构，以达到合理的丰产结构。

（3）核果类的冬剪方法 核果类（桃、李、杏）果树是喜光喜温果树，成枝力极强，一般在光照温度适宜生长的条件下当年新梢即可形成花芽。因此，以疏枝、短截、更新为主，幼树剪枝均可采取三大主枝开心形，单轴延伸，有利早期丰产，开张角度为60°~65°，单轴延伸，在主枝着生的，生长新梢，每个新梢间距5cm，其余疏掉，留下的每个新梢留2~3个花芽即可。群众说为"龙干鱼翅形"整枝法，这样的整枝法，可使产品年年丰，产品质上等。

【思考与讨论】

1. 为什么要进行整形修剪？
2. 整形修剪要点有哪些？

【知识拓展】

1. 果园灌溉新技术

(1) 自动灌溉　即在果树果枝等部位，安置一些特制的"触角"，以测试作物的细微变化。当作物不能从土壤中获取水分，必须消耗本身果枝中水分时，作物茎秆或果枝就会出现外形缩小的迹象，"触角"便能立即将其译成信号传给计算机，计算机便启动灌溉装置，进行灌溉。

(2) 负压差灌溉　将多孔的管道埋入果园的地下，依靠管中水与周围土壤产生的负压差，进行自动灌溉。整个系统能根据管道四周土壤的干湿程度，自动调节灌溉水量，使土壤湿度保持在果树生长最适宜的状态。

(3) 地面浸润灌溉　灌溉时，土壤借助毛细管的吸力，自动从设置的含水系统散发器中吸水。当含水量达到饱和度时，含水系统散发器自动停止供水。由于系统含水散发器的流量仅为 0.01g/s，盐分无法以溶液状态存在，使土壤的浸润区变为脱盐的淡水。因此，采用这一系统可以用含盐水灌溉而不会破坏土壤。

(4) 坡地灌水管灌溉　管长 150～200m，管径为 145mm，各节管子之间用变径法连接，保证各段孔口出水均匀，使水从管孔流入坡地的灌水沟中。

(5) 土壤网灌溉　即一个埋在果树根部的含半导体材料的玻璃纤维网为负极，另一个埋在深层土壤中的由石墨、铁、硅制成的板为正极。当果树需水时，只要给该网通入电流，土壤深层的水便在电流的作用下，由正极流向负极，供给果树吸收利用。

2. 秋冬果树防虫六法

(1) 梨的黑星病，葡萄的褐斑病、白腐病，桃的褐腐病等病菌的越冬场所是残枝、落叶及杂草；应于秋冬清园，修剪枝叶，并将残枝落叶集中烧毁，以消灭越冬病虫。

(2) 秋冬耕翻园地　秋冬土壤深翻，可破坏土壤中各种害虫巢穴，或将害虫卵、茧、蛹等翻到地表冻死、干死或被鸟类食掉；随着深翻，各种病菌也可被翻到土壤深层。

(3) 冬刮树皮防病虫　红蜘蛛、卷叶蛾类害虫及腐烂病病菌，多在树皮缝隙中越冬。刮除粗皮、翘皮、病皮，可起到防病虫的良好效果。

（4）树干涂白防病虫 冬季果树树干涂白既防日烧病，又防冻害及兼治各种虫害。

（5）诱集害虫集中消灭 利用害虫对越冬场所有选择的特性，秋后在果树大枝上绑草把或破麻袋片。据试验，这种方法可诱集 47%～48% 的越冬幼虫茧。

（6）休眠期喷药防病害 对落叶果树在休眠期，喷 1～2 次含油量为4%～5% 的柴油乳剂和波美 5 度的石硫合剂，可防多种病虫。

任务二　蔬菜的植株调整

【案例】

为促进蔬菜食用器官发育对植株采取的处理措施。其作用在于调节植株地上部的空间分布，以利于通风透光，提高群体的光能利用率；同时，通过改变同化产物的运输方向和强度，控制植株徒长，使食用器官尽可能多地积累同化产物，以获得高额而优质的产品。植株调整主要用于果菜类。调节温度和光周期等因子也有调整蔬菜生长发育的作用，但这些作用往往是整株性的，效应的产生和进程也较缓慢。植株调整则是利用器官的生长相关原理和同化产物分配规律，直接对植株的枝叶或花果进行人工处理的手段。

思考1：蔬菜植株调整手段有哪些？

思考2：各种蔬菜在不同时期如何调整？

案例评析：蔬菜植株调整的主要技术措施有以下几种。

整枝、摘心：整枝是对结果枝进行的修整。目的是使每一植株形成最适的结果枝数和分布状态，以保证在一定生长期内收获较多的优质果实。摘心是摘除顶芽，控制枝蔓继续伸长的一项措施。结合整枝进行摘心可以限制株势和消除顶端优势。对于依靠子蔓、孙蔓结果的瓜类，摘心可促进侧枝发生，早生雌花，提早结果，从而有利于密植、早熟，提高产量和产品品质。

支架、绑蔓：蔓性蔬菜（如黄瓜、瓠瓜）用木、竹、塑料条等搭架，使植株叶片由平面分布改为立体分布，可大大增加叶面积指数，改善通风透光条件，并有利于加大栽植密度，减少病虫害，显著提高产量。对番茄、黄瓜等茎蔓缠绕性不强的作物，在支架栽培时还需用绑缚材料将植株固定在支架上，称为绑蔓。绑蔓措施可使枝蔓在架上合理分布，以便充分利用光照，改善通风条件。

摘叶、束叶：在果菜栽培中常将植株下部同化作用能力微弱的老叶摘除，以改善通风条件，降低株丛间的空气湿度，减轻病害。在花椰菜、大白菜生长后期采取的束叶措施，是将外叶拢起在近顶部束住，以保护花球、叶球，使之洁白柔嫩，免受冻害，并保持植株间通风良好。但束叶不宜过早，一般在花球或叶球基本形成后进行。

疏花、疏果：在果菜类蔬菜栽培或采种栽培中，有选择地将植株上的花或果实摘除一部分，可以促进留存的果实肥大，种子充实。摘除的对象主要是病果或畸形果、多余的花或果实以及留种果以外的花或果。对于以幼果供食用的果菜类，适时采收也有利于其他幼果的膨大和枝叶的生长，达到与疏果同样的作用。

压蔓：瓜类蔬菜如西瓜、甜瓜、南瓜、冬瓜等一般为爬地栽培。随着瓜蔓的生长，每隔一定节位按一定方向用土团将瓜蔓压住（或挖一浅沟将瓜蔓埋入），使瓜蔓均匀分布排列整齐，有利于叶片保持良好的受光姿态；同时可促进发生不定根，增加吸收能力，防止由于风害而造成的"翻蔓"。

【知识点】

1. 蔬菜植株调整的作用

（1）调整地上部与地下部生长的关系　蔬菜植株地上部与地下部的生长，既相互依赖，又相互制约。地下部的根系为地上部供应生长发育所需要的水分、矿质元素、氨基酸、生物碱、细胞分裂素（CK）、脱落酸（ABA）和赤霉素（GA）等，而根系生长所需要的碳水化合物、维生素、生长激素等又要靠地上部供应。常言道"根深叶茂"、"本固枝荣"，适度的地上部生长有利于地下部生长，枝叶生长良好，地下部根系和产品器官才能生长好；良好的地下部生长也促进地上部生长，枝叶繁茂。过弱和过旺茎叶生长会抑制根系生长和地下产品器官的迅速膨大生长。根系生长不良也会影响地上部的正常生长。

地上部与地下部的生长受温度、光照、土壤水分、矿质养分、修剪和整枝、生长调节剂等因素的影响。通过整枝、摘心（摘顶）、打杈等植株调整技术和喷施多效唑（PP333）、矮壮素（CCC）、整形素（Morphactin）、青鲜素（马来酰肼，MH）、缩节胺（助壮素，DMPC）、三碘苯甲酸（TIBA）等生长延缓剂和生长抑制剂，可以调节地上部过旺的生长，促进地下部生长，从而平衡地上部与地下部的生长。当地上部生长过弱时，叶面喷施 GA、油菜素内酯（BRs）等生长促进剂，能促进茎叶生长。

（2）调整营养生长与生殖生长的关系　蔬菜植株营养生长与生殖生长既相互促进，又相互制约。营养生长是生殖生长的基础，没有良好的枝叶生长，就没有充足的光合产物供花果发育，就没有生殖生长或生殖生长不好。适度的生殖生长会刺激营养生长，因为授粉受精期间子房里会产生生长素类激素，引导养分向果实内运输，使果实成为营养物质的"库"，为了满足该"库"的需要，就会刺激营养器官这些"源"不断合成光合产物。过旺营养生长会抑制生殖生长，过多的生殖生长也会影响营养生长，最终会引起落花落果，产量降低，并引起早衰。植株调整中的疏花疏果、保花保果、整枝、摘心（摘顶）、打杈和喷施生长调节剂等技术，可以调节果菜类营养生长与生殖生长的平衡，达到高产优质的目的。

（3）调整产品器官与非产品器官的关系　合理的植株调整可以调节产品器官与非产品器官的关系，促进非产品器官（如果菜类的茎叶、根系）和产品器官的平衡生长，在保证品质的前提下使经济系数最大化。对多数蔬菜作物来说，经济产量只占生物产量的一部分。在蔬菜生产中生物产量总是大于经济产量，果菜类、花菜类、茎菜类、根菜类生物产量远远大于经济生产量，而绿叶蔬菜类的经济产量最接近于生物产量。一般绿叶蔬菜类的经济系数大于果菜类、花菜类、茎菜类、根菜类。

产品器官与非产品器官也是相互促进又相互制约。产品器官（如花、果实、叶球、块茎、根茎、贮藏根等）的形成需要非产品器官（如茎叶、根系）提供养分、水分、激素、维生素等，只有良好的茎叶、根系生长，才有大量优质的产品器官形成。茎叶、根系生长不良或茎叶生长过旺，产品器官不能形成或者产品器官形成少，而且质量差。

（4）调整主次关系　蔬菜植株上的主次关系包括主枝和侧枝的关系、产品器官和非产品器官的关系、主要器官和次要器官的关系等。其中主枝和侧枝的关系常表现为顶端优势现象。不同种类的蔬菜植物顶端优势强弱有差异，竹笋、甜玉米等顶端优势强，不易产生分枝；茄果类、瓜类蔬菜顶端优势弱，容易产生分枝。同一种类植物在不同发育时期，其顶端优势也有变化。甜玉米顶芽分化成雄穗后顶端优势会减弱，下部几个节间的腋芽开始分化成雌穗；许多蔬菜植物在幼龄阶段顶端优势强，成年后顶端优势就减弱了。

2. 蔬菜植株调整的手段

蔬菜植株调整主要是通过物理调节和化学调节手段来完成的。主要包括整形、定向和化学调控三个方面。

（1）整形　包括整枝、打杈、摘心、摘叶、束叶、果实套袋、疏花疏果、培土、分株等。

（2）定向　包括支架、绑蔓、牵引（吊蔓）、落蔓、压蔓、盘蔓等。

（3）化学调节生长调节剂的应用。

3. 蔬菜植株调整的技术

（1）整枝：根据蔬菜作物生长特性和栽植密度，剪去部分枝蔓，并将留下的枝蔓引导到一定位置的一项植株调整技术。

整枝的作用：减少养分消耗；控制植株生长；改善通风透光条件，提高光合性能；控制和减少病虫害的发生。

整枝是果菜类蔬菜常用的植株调整技术之一，如番茄的单干整枝、双干整枝，西瓜的三蔓整枝等。

（2）摘心　除掉顶端生长点为摘心，促使发生分枝，控制营养生长。

摘心的作用：摘心能促使侧蔓发生；以侧蔓结果为主的品种，通常随侧蔓级数升高而增加雌花数目。摘心通常能增加叶面积，使侧枝坐果率提高；同时，摘心可增加叶绿素含量，使光合作用增强，而且光合产物更多地被分配到果实中。如果摘心能与适宜的密度相配合，就可以达到早熟、增产的目的。

（3）打杈：除掉侧枝或腋芽，是在植株具有足够的功能叶时，为减少养分消耗，清除多余分枝。

打杈的作用：为了合理地调节作物植株体内营养物质的分配和运输，协调营养生长和生殖生长的矛盾，使有机养分集中供给有效花果，减少养分的无谓消耗，对防止作物贪青徒长，促进早熟，提高产量，改善果实品质都有着重要的作用。

（4）摘叶　在生长期间摘除病叶、老叶、黄叶，有利于植株下部通风透光，减轻病害的发生和蔓延，减少养分消耗，促进植株良好发育。

摘叶作用：减少养分消耗，减少病害，改善光照。

（5）束叶　是指将靠近产品器官周围的叶片尖端聚集在一起的作业。常用于花球类和叶球类蔬菜生产中。

束叶的作用：束叶可防止阳光对花球表面的暴晒，保持花球表面的色泽与质地；大白菜束叶可使叶球软化，同时束莲状对叶球来说可起到一定的防寒作用。另外，束叶也使植株间的通风透光良好，但束叶不宜过早进行。

（6）支架绑蔓

①支架包括人字架、四脚架、篱架、直排架和棚架。

②绑蔓对于攀援性较差的蔬菜，将茎蔓固定在架竿上，采用"8"字形绑缚。

（7）压蔓　将南瓜、西瓜等爬地生长蔬菜的部分茎节部位压入土中。

①压蔓的作用：增加吸收面积和防风作用，使茎叶均匀分布，更多接受光能。

②注意问题：嫁接苗不能压蔓。

（8）吊蔓　是将蔬菜植株用吊蔓绳直立吊起的措施。吊蔓时上端系在横向铁丝上，下端系在黄瓜植株中下部，然后围绕植株缠上两周系一个活扣，以防止活扣松动导致茎蔓落在地上。吊蔓时要注意以下三点。

①不可将吊绳系在黄瓜植株中部或上部，因为此时植株中部和上部非常嫩，很容易勒伤植株。

②如果茎蔓生出不定根，要在吊蔓前一天用刀片把茎蔓上的不定根全部割断再进行吊蔓。

③吊蔓应在晴天的中午进行，因为在晴天黄瓜植株含水量少，茎蔓柔软，吊蔓时不易折断茎蔓。

（9）落蔓　当蔬菜长到棚顶或超过人们田间操作的正常高度时，就要将蔓落下。

①落蔓时间：落蔓宜选择晴暖的中午前后进行，此时茎蔓柔软，茎蔓不易被损伤。不要在茎蔓较脆的早晨、上午或浇水后落蔓，以免损伤茎蔓，影响植株正常生长。

②落蔓高度：应将黄瓜蔓落到1.5m高左右，落成南低北高的弧形，以利于提高光热利用率。

③落蔓方法：落蔓时首先将缠绕在茎蔓上的吊绳松开，顺势把茎蔓落于地面，切忌硬拉硬拽，使茎蔓要有顺序地向同一方向逐步盘绕于栽培垄的两侧。盘绕茎蔓时，要顺着茎蔓的弯打弯，不要硬打弯或反方向打弯，避免扭裂或折断茎蔓。

④清除病叶：落蔓时先将病叶、丧失光合能力的老叶摘除，带至棚外烧毁，避免落蔓后靠近地面的叶片因环境潮湿而发病。

⑤控制浇水：落蔓前7d最好不要浇水，这样有利于降低茎蔓组织的含水量，增强柔韧性，同时还可以减少病原菌从伤口侵入的机会。

⑥注意事项：落蔓要使叶片均匀分布，保持合理采光位置，维持最佳叶片系数，提高光合效率。前期落蔓时，茎蔓较细，绕圈可以小些，当茎蔓长粗后，绕圈应该大些，一般落蔓后要保持每株有20片以上功能叶。

【任务实践】

实践一：黄瓜植株调整

1. 材料用具

（1）材料　日光温室黄瓜植株。

（2）用具　胶丝绳、8号钢丝、剪枝钳等。

2. 操作步骤

（1）当黄瓜植株长到15cm、有4～5片真叶时开始插架引蔓。

（2）在果实采收期及时摘除老叶、去除侧枝、摘除卷须、适当疏果，以利于减少养分损失，改善通风透光条件，促进果实发育和植株生长。

（3）打老叶和摘除侧枝、卷须，应在上午进行，这样有利于伤口快速愈合，减少病菌侵染。

（4）引蔓宜在下午进行，上午植株的含水量较高，绑蔓时容易被折断。

（5）黄瓜越冬栽培生长期长达 9～10 个月，茎蔓不断生长，常长达 6～7m以上，要及时落蔓、绕茎，将功能叶保持在日光温室的最佳空间位置，以利光合作用，落蔓时要小心，不要拆断茎蔓，落蔓前先要将下部老叶摘除干净。使植株高度始终保持在 1.6m 左右，落下的蔓盘卧在地膜上，注意避免与土壤接触。

3. 检查

（1）检查落蔓高度是否符合要求。

（2）检查是否及时吊蔓。

实践二：番茄植株调整

1. 材料用具

（1）材料　日光温室番茄植株。

（2）用具　胶丝绳、8 号钢丝、剪枝钳等。

2. 操作步骤

（1）番茄植株长到不能直立生长时，需及时吊蔓、缠蔓。

（2）整枝

①单干整枝：除主干以外，所有侧枝全部摘除，留 3～4 穗果，在最后一个花序前留 2 片叶摘心。

②多穗单干整枝：每株留 8～9 穗果，2～3 穗成熟后，上部 8～9 穗已开花，即可摘心。摘心时花序前留 2 片叶，打杈去老叶，减少养分消耗。为降低植株高度，生长期间可喷布两次矮壮素。

③连续摘心换头整枝：头三穗采用单干整枝，其余侧枝全部打掉，以免影响通风透光。第一穗果开始采收时，植株中上部选留 1 个健壮侧枝作结果枝，采用单干整枝再留 3 穗果。当第 4 穗果开始采收时，再按上述方法留枝作结果枝，其上留 3 穗果摘心，其余侧枝留 1 片叶摘心。

（3）摘叶　番茄最底部一穗果下部有严重黄斑或病虫危害的老叶时要及时将其摘除；中下部由于病虫危害严重而变黄衰老的叶片，也可以摘除。每穗果达到绿熟期，即果实由绿变白，果实完全长大，开始变红之前，其下部的叶片可以摘除，上部叶片则不能摘除。枝叶交叉、田间郁蔽时，可适当摘除郁蔽严重的叶片，或将部分叶片摘除 1/3～1/2。摘叶要分步进行，每次摘叶不宜过多，一般以 2 片叶为宜，且两次摘叶间隔时间应在 10d 以上。摘叶要在晴天进行，以中午前后为宜，不能在早晨露水很大时或傍晚进行，以免伤口未能愈合，而在夜间湿度大时染病。摘叶后要及时喷洒一次杀菌剂，以防植株染病而造成死棵。

（4）引蔓宜在下午进行，上午植株的含水量较高，绑蔓时容易折断。

（5）茎蔓长达 6～7m 以上，要及时落蔓、绕茎，将功能叶保持在日光温室的最佳空间位置，以利光合作用，落蔓时要小心，不要拆断茎蔓，落蔓前先要将下部老叶摘除干净。使植株高度始终保持在 1.6m 左右。

3. 检查

（1）检查落蔓高度是否符合要求。

（2）检查整枝方式。

【关键问题】

1. 整枝

对分枝性强、放任生长易于枝蔓繁生的蔬菜，为控制其生长、促进果实发育，可人为地使每一植株形成最适的果枝数目，称为整枝。在整枝中，除去多余的侧枝或腋芽称为"打杈"（或抹芽）；除去顶芽，控制茎蔓生长称"摘心"（或闷尖、打顶）。

整枝的方式和方法应以蔬菜的生长和结果习性为依据。一般以主蔓结果为主的蔬菜（如早熟黄瓜、西葫芦等），应保护主蔓，去除侧蔓；以侧蔓结果为主的蔬菜（如甜瓜、瓠瓜等），则应及早摘心，促发侧蔓，提早结果；主侧蔓均能正常结果的蔬菜（如冬瓜、西瓜、丝瓜、南瓜等），大果型品种应留主蔓去侧蔓，小果型品种则留主蔓并适当选留强壮侧蔓以结果。

整枝方式还与栽培目的有关。如西瓜早熟栽培应进行单蔓或双蔓整枝，增加种植密度，而高产栽培则应进行三蔓或四蔓整枝，增加单株的叶面积。

整枝最好在晴天上午露水干后进行，以利整枝后伤口愈合，防止感染病害。整枝时要避免植株过多受伤，遇病株可暂时不整，防止病害传播。

2. 摘叶与束叶

（1）摘叶　摘叶的适宜时期是在生长的中、后期，摘除基部色泽暗绿、继而黄化的叶片及严重患病、失去同化功能的叶片。摘叶宜选择晴天上午进行，用剪子留下一小段叶柄将其余的剪除。操作中也应考虑到细菌传染问题，剪除病叶后应对剪刀做消毒处理。摘叶不可过重，即便是病叶，只要其同化功能还较为旺盛，就不宜摘除。

（2）束叶　束叶是指将靠近产品器官周围的叶片尖端聚结在一起的作业。

常用于花球类和叶球类蔬菜。花椰菜束叶可防止阳光对花球表面的暴晒，保持花球表面色泽和质地；大白菜束叶可使叶球软化，同时也可以防寒。束叶应在生长后期结球白菜已充分灌心、花椰菜花球充分膨大后，或温度降低、光合同化功能已很微弱时进行。过早束叶不仅对包心和花球形成不利，反而会因影响叶片的同化功能从而降低产量，严重时还会造成叶球、花球腐烂。

3. 花果管理

（1）疏花疏果　以果实为产品器官的蔬菜，疏花疏果可以提高单果重和商品质量。以营养器官为产品的蔬菜，疏花疏果可减少生殖器官对同化物质的消耗，有利于产品器官的形成和肥大。如摘除大蒜、马铃薯、莲藕、百合、豆薯等蔬菜的花蕾均有利于产品器官膨大。同时也应及早摘除一些畸形、有病或机械损伤的果实。

（2）保花保果　当植株营养来源不足或植株遭遇不良环境条件时，一些花和果实即会自行脱落，应及时采取保花保果措施。生产上可通过改善肥水供应和植株自身营养状况，创造适宜的环境条件，控制营养生长过旺等管理技术保花保果，也可使用生长调节剂保花保果。

4. 蔓生蔬菜的管理

（1）搭架技术　蔓生蔬菜栽培中常常需要支架。搭架的主要作用是使植株充分利用空间，改善田间的通风、透光条件。常以竹竿为材料。

①单柱架，适合分枝性弱、植株较小的豆类。

②人字架，适合菜豆、豇豆、黄瓜、番茄等较大蔬菜。

③圆锥架，适合单干整枝的早熟番茄，以及菜豆、豇豆、黄瓜等。

④篱笆架，适合分枝性强的豇豆、黄瓜等。

⑤横篱架，适合多用于单干整枝的瓜类蔬菜。

⑥棚架，适合生长期长、枝叶繁茂、瓜体较长的冬瓜、长丝瓜、长苦瓜、晚黄瓜等。

（2）绑蔓　对于支架栽培的蔓生蔬菜植物，植株在向上生长过程中依附架条的能力并不是很强，需要人为地将主茎捆绑在架杆上，以使植株能够直立地向上生长。对攀缘性和缠绕性强的豆类蔬菜，通过一次绑蔓或引蔓上架即可；对攀缘性和缠绕性弱的番茄，则需多次绑蔓。瓜类蔬菜长有卷须可攀缘生长，但因卷须生长消耗养分多，攀缘生长不整齐，所以一般不予应用，仍以多次绑蔓为好。绑蔓用麻绳、稻草、塑料绳等，松紧要适度，不使茎蔓受伤或出现缢痕，也不要使它随风摇摆。采用"8"字扣较好。

（3）落蔓　保护设施栽培的黄瓜、番茄等蔬菜，生育期可长达八九个月，甚至更长，茎蔓长度可达 $6\sim7m$，甚至 $10m$ 以上。为保证茎蔓有充分的生长空间，需于生长期内进行多次落蔓。当茎蔓生长到架顶时开始落蔓。落蔓前先摘除下部老叶、黄叶、病叶，将茎蔓从架上取下，使基部茎蔓在地上盘绕，或按同一方向折叠，使生长点置于架上适当高度后，重新绑蔓固定。这种作业可以较好地调节植株群体内的通风透光情况。

【思考与讨论】

1. 蔬菜为什么要整枝？
2. 蔬菜植株调整技术有哪些？
3. 生长调节剂保花保果原理。

【知识拓展】

1. 蔬菜植株调整误区

（1）认为去除下部一些老叶能节省养分　其实，只要叶片不变黄，它产生的光合产物就远大于消耗。瓜、果下部的叶片主要向根部提供养分，一般具有养根功能。瓜、果上部的叶片主要为瓜、果生长提供养分。因此，适当保留瓜、果下部的一些叶片，可起到养根、壮棵、预防植株早衰的作用，是延长采收期、提高产量的好办法，过早地去除植株部的叶片是很可惜的。

（2）认为多去叶会使茄果类果实着色更好　不少地方的菜农在番茄下部果实刚开始着色时，就将三穗果以下的叶片去除干净。有的在中部果实近成熟时，把果穗下边的叶片去光，果穗以上只留 3 片叶，这显然是错误的。仅靠 3 片叶是难以供应 20 多个果实生长所需养分的，即使果实颜色好看，但由于叶片太少，光合产物不足，会造成果实生长慢、僵果增加、空心果多等问题，使得果品质量下降，效益降低。正确的方法是在番茄上部果实近成熟时，只需把贴近果实的个别叶片去除或把遮挡果实的小部分叶片去除，没有必要为着色好而大量去除叶片。因为果实着色差的主要原因是温度太高或太低（白天温度高于 35℃或低于 15℃），叶片遮光虽然对着色有影响，但不是关键因素。

（3）认为去叶能减轻病虫危害　病虫害主要应通过改变环境、增强品种抗性、喷洒农药进行防治。虽然去叶可以去除寄生在叶片上的一些病害和虫卵，但不可能去除干净。以去叶为代价减轻病虫危害是不可取的，有时去叶的危害会大于一些病虫害的危害。对于根部病害引发的叶片萎蔫，去除部分叶片可以缓解萎蔫程度，但根部病害不会变轻。这种不再萎蔫的变化是暂时的，主要是加快了植株死亡。

2. 蔬菜植株调整应注意的问题

（1）前期要少去多留　蔬菜苗期及定植之后以增加叶片数量为主，去除的是极个别老化叶片。在这一阶段如果盲目去叶，会引起植株生长慢、根系迟迟不发等问题。在定干、去杈、去顶、整枝时，尽量保存主干上的叶片，侧枝去顶要在果前留 1~2 片叶，主枝去顶在果前留 2~3 片叶。

（2）植株调整要循序渐进　一次性大量地去除叶片弊端很多，除会造成伤根、长势差外，还会引发果实产生日灼斑，出现畸形果、卷叶等现象。由于叶片被去除，果实突然被阳光直射，果实会产生日灼斑；叶片被去除后，叶果比小，光合营养供应不足，常会形成僵果、空心果、尖嘴瓜；去除叶片会引起植株上下生长不平衡，水分蒸发量突然变小，常会使番茄等植株出现严重卷叶现象。茄果类植物苗期侧枝是可以为根系提供营养的，所以植株调整的目的要明确，时期要得当，去叶数量要适当，能不去就不去，不能过早地去叶。

（3）成龄植株可适当整枝去叶　辣椒、甜椒在进入结果期后，可把分杈以下主干上的侧芽去除，但叶片不宜去除太早，有的菜农在辣椒植株冠径尚未达到 20cm 时就一次性去除主干上所有的侧芽和叶片，这样做对生长发育非常不利，影响早果、丰产。棚室黄瓜管理需要隔段时间落蔓 1 次，其下部叶片都堆在地上，对生长不利，需要去除，以防病害发生。有时为了促进生长，对成龄植株可适当去叶。对于黄瓜无头植株，除喷施硼肥外，可去除部分大叶以促使新头萌发。因为此时无头是主要矛盾，去叶是为了促生新枝。菜豆结过一批荚后，中下部老叶增多，并且有的开始黄化，可去除下部 1/4 的老叶，以节约养分消耗，促发更多的新梢，促进新梢成花结荚。棚室果菜生长中后期植株茂密，此时要及时清除掉结果后的内膛枝及下部过老叶片，以利通风透光。

（4）低温寒冷季节要适当疏果疏枝　低温寒冷季节地温较低，根系吸水、吸肥能力下降，植株生长缓慢。此时应适当整枝疏果，清除多余枝叶，有利于植株营养生长，平衡植株地上部分与地下部分的关系，避免植株早衰。同时改善了行间通透性，有利于提高地温。若不及时整枝疏果，会造成黄瓜、西葫芦等开花节位上升，出现花打顶；甜椒落花落果严重，不发新叶，不利于后续生产，影响总体产量。另外，越冬的茄子具有再发侧枝结果的特性，要在实际生产中灵活把握。

任务三　花卉整形修剪

【观察】

观察 1：悬崖菊如何整形修剪？

观察 2：悬崖菊如何进行栽培管理？如图 4-1 所示。

图 4-1　悬崖菊

【知识点】

自然界中每种花卉植物均有自己的特征性形态。但作为观赏花卉栽培时，不一定能满足人们的审美观点。人们通过摘心、修剪、水肥控制、施用植物激素等方法可以控制植物的生长方向和高矮，使其形成符合人们观赏要求的姿态。修剪还可以控制花期，控制植物的长势。阳台立体养花中形成"无言的诗、立体的画"的意境是非常重要的，也是主人养花水平高低的体现。修剪和造型的主要方法有以下几种。

在花卉成形后，为维持和发展既定造型，可通过枝芽的除留来调节花卉器官的数量、性质、年龄及分布上的协调关系，促进花卉均衡生长。整形主要是通过修剪和设立支柱、支架及拉枝和曲枝等手段来完成的。修剪除了作为整形的主要手段外，还可以通过其来调节植物的生长和发育。

1. 整形

整形是通过修剪来制作合理完美的树型。整形时一方面要顺应花木的自然生长趋势，另一方面要充分发挥它们各自的特点，通过造型手法来进行艺术加工，使自然美和人工美相结合，从而提高它们的观赏价值。花木整形大体上可分为自然式和造型式两大类，常见的有以下 10 种。

（1）主干式　一株一本，一本一花，不留侧枝，如独头大丽花等。也有整成一株一本后，在独本的主干上保留短小的侧枝，并在每个侧枝上开花的，如叶落金钱等。

（2）多干式　一株多本，每本一花，花朵多单生于枝顶，如牡丹、芍药、多朵菊等。

（3）丛生式　许多一、二年生草花，宿根花卉和花灌木都按此法修整。有的是通过花卉本身的分蘖而长成丛状，有的则是通过多次摘心或平茬修建，促使根际部位长出稠密的株丛。用这种方式整形的花木，花朵大多生长在叶腋间，如一串红、美女樱、榆叶梅、贴梗海棠等。

（4）悬挂式　对于主干长到一定高度或株丛稠密的花灌木，将它们的侧枝引向一个方向，然后越过墙垣或花架而悬垂下来。这种整形方式多结合园林防护林的设计，花朵大多开在下垂的枝条上，许多蔷薇科花灌木常采用此法整形。

（5）攀缘式　多见于藤本花卉整形中。利用这些花卉喜欢攀援的特性，让它们附着在墙壁上或者缠绕在篱垣上或者枯木竹竿上，如爬山虎、牵牛花、凌霄等。

（6）匍匐式　利用一些植物的枝条不能直立生长的特性，让它们自然匍匐在地面或石块上，如爬地柏，半枝莲等。

（7）支架式　人工制作棚架，将一些蔓性藤本花卉人工牵引到棚架上，形成透空花篱或花廊，如金银花、紫藤、葡萄等。

（8）圆球式　将一株花木，通过多次摘心或短剪，促使其从主枝上长出许多稠密的侧枝，然后再对突出的侧枝进行短剪，使它们再发生二次枝或三次枝，并将整个树冠剪成圆球形或扁球形。球体的下部越接近地面越好。

（9）尖塔式　多用于针叶乔木类观赏植物。首先要创造一个笔直的主干，将第一层侧枝留在距离地面50cm的地方，以上各层侧枝之间都保留相等的距离，越向上侧枝越短，最后收成尖顶。

（10）雨伞式　这种修建多用于龙爪槐、枸杞等。首先要保持较长的主干，让侧枝从干顶丛生出，利用它们自然下垂的特性而形成伞状。

2. 修剪

花卉植物的修剪一般包括以下几个工作。

（1）摘心　摘心指摘除主枝或侧枝上的顶芽，有时还需要将生长点部分连同顶端的几片嫩叶一同摘除。目的是压缩植物的高度和幅度，促使它们生出更多的侧枝，从而增加着花的部位和数量，使树冠更加丰满。摘心还能延迟花期，使花卉二次开花。

（2）除芽　除芽包括摘除侧芽和挖掉脚芽，前者多用于观果类花卉，后者多用于球根或宿根草花卉和一些多年生木本花卉。这样做可以防止植株分支过多而造成营养的分散，使营养集中供应开花结果的部分。一串红、翠菊、福禄考等草本花卉都需要摘心，如果任其自然发展，只能长成一棵很高的独秆植株，开花甚少，无法形成圆浑丰满的株丛。把主枝的生长点摘掉后，既可终止植株长高，又能刺激腋芽萌发而形成许多侧枝。对侧枝摘心后还可形成更多的二级侧枝，使着花部位成倍增加。

（3）疏蕾　疏蕾主要是剥掉叶腋间生出的侧蕾，使营养主要供应顶蕾开花，以保证花朵的质量，许多多年生宿根草本花卉都需要进行疏蕾。疏蕾可使花期整齐一致，如将杜鹃花较小或较大的花蕾摘除，保留大小相当的花蕾，开花时即整齐一致，当然疏蕾时也应注意使花朵在整株上的分布均匀，不能形成空缺。疏蕾还可以使花期相错，如康乃馨可利用摘去花蕾将花期错开，以延长开花时间，满足不同时期对花的需求。为了使主蕾有充足的营养供应，在花蕾形成后，应剥除侧蕾。如月季为了集中养分开出大而形态好的花朵，应将主蕾边2~3个侧蕾剥除。茶花等盆花常形成过多的花蕾，为使这类盆花开好花，可适当地疏除花蕾。疏除花蕾要尽早进行，以免消耗营养成分。一般应在花芽与叶芽刚刚能够区分开时进行，每一小枝留1~2朵花即可，多余的花蕾可全部掰掉。对于不准备收获种子的盆花，对开放过后的残花应及时剪掉，以免消耗营养。

（4）短截　又叫短剪，多用于木本花卉。做法是剪去枝条的一部分枝梢，促使侧枝发生，并防止枝条徒长，使其在入冬前充分木质化，并形成充实饱满的叶芽或花芽。

（5）疏剪　疏剪是从枝条的基部将它们全部剪除，从而防止枝丛过密，以利于通风透光。修剪时，要注意留芽的方向，当需要新枝向上生长时，留内侧芽；若新枝向外开展时，留外侧芽。剪口应为一斜面，以防积水腐烂。留下的芽应在剪口对侧，剪口应高于所留芽1cm，不宜过高或过低。如剪去整根枝条，应贴近分叉处，勿留残桩。

（6）折枝和捻梢　对于一些短剪后非常容易产生侧枝的花木，为了防止枝条徒长以促进花芽分化，常将它们的枝条向反方向扭曲，一些蔓生藤本花卉常用此法。

（7）曲枝　为了使一些木本花卉的树冠长势均衡，可将一些长势过强的枝条向反方向弯曲，而将长势较弱的枝条顺直。

（8）摘叶　摘叶是摘除生长已老化、徒耗养分或过密的叶片，以及影响花芽光照的叶片。也有的摘叶是为了促进新生叶及花芽的生长，如摘除白兰花、扶郎花的老叶可促进新叶及花芽的生长。有些花卉经过休眠后，叶片杂乱无章，叶的大小不整齐，叶柄长短也很悬殊，因此需要整理，摘除不相称的叶片。

（9）抹芽　将枝条上的腋芽除掉叫做抹芽。在培养独本菊、大丽花等花型特大的盆花时，为了在一盆之中培养一朵大型单花，使品种特征更加明显突出，应及时把叶腋间的侧芽逐个抹掉，只留下先端的顶芽任其生长，最后由顶芽分化花芽而开花，防止因发生侧枝而消耗营养。抹芽工作除抹掉侧芽外，还包括消除盆土中滋生出来的脚芽。

（10）支架与诱引法　支架与诱引法常针对于一些攀援性很强、枝条及主干柔软的花，如常春藤、文竹、旱金莲、昙花、令箭荷花等。通过支架与诱引可使枝叶分布均匀，利于通风透光，也可引诱枝条向某个方向生长。

（11）抹头　橡皮树、千年木、鹅掌柴、大王黛粉叶等大型花卉，植株过于高大，在室内栽培有困难，需要进行修剪或抹头。通常在春季新枝萌发之前将植株上部全部剪掉，即为抹头。抹头时留主干的高低视花卉种类而定。

也可以在植株起苗后，除少数肉质根花卉以外，对断根伤口进行修剪，减小伤口面积，保证伤口光滑，以促进伤口的愈合。同时对地上部枝叶也应作适当修剪，以减少蒸腾面积，提高成活率。但对于根系含水量多，易脆断、不易愈合的牡丹等花卉不宜作以上处理，应适当晾晒。

【任务实践】

实践一：花卉的修剪

1. 使用工具

枝剪、手锯、手套等。

2. 操作步骤

（1）修剪工具的准备　进行修剪前，要把手锯开刃、枝剪磨好，使其锋利。

（2）短截

短截：剪去枝条的一部分，其作用可促进抽枝，改变主枝的长势，短截越重，抽枝越旺。控制花芽形成和坐果，改变顶端优势。

短截方式有 4 种。

轻短截：仅剪去枝条的很少部分或只去顶芽，最多剪去全部秋梢；剪后形成中短枝多，单枝长势弱，可缓和树势。

中短截：在春梢饱满芽处或饱满芽上二、三弱芽处剪截，剪后形成中长枝多，成枝力高，长势旺，多用于延长枝或培养骨干枝。

重短截：剪去枝条的 2/3，在春梢中下部短切，剪后发枝少，剪口下抽生旺枝，用于培养花果枝。

极重短截：在春梢基部瘪芽处短切，剪后一般萌发 1～2 根弱枝，但有可能抽生一根特强枝，去强留弱，可控制强枝旺长，缓和树势；一般生长中等的树木对此处理反应较好，此方法多用于改造直立旺枝和竞争枝。

（3）回缩　对多年生枝进行短截，叫回缩。通常在多年生枝的适当部位，选一健壮侧生枝作当头枝，在分枝前短截除去上部。其作用是改变主枝的长势，改变发枝部位，改变延伸方向，改善通风透光状况。常用于调节年生枝的长势，更新复壮，转主换头。

（4）长放　长放就是不剪，这样可缓和枝的生长势，有利于养分积累，促进增粗生长，使弱枝转强，旺枝转弱；但旺枝甩放，增粗显著，尤其是背上旺枝易越放越旺，形成大枝，扰乱树形，一般不缓放；否则应采取刻伤、扭伤、改变方向的措施加以控制。

（5）疏枝　枝条过密或无生产意义的枯死枝、病虫枝，不能利用的徒长枝、下垂枝、轮生枝、重叠枝、交叉枝等，把这些枝从基部剪除，称为疏枝。

疏枝法依疏剪量分为 3 种。轻疏：疏枝量小于树冠枝叶量的 10%；中疏：疏枝量为树冠枝叶量的 20%～30%；重疏：疏枝量大于树冠枝叶量的 30%。

（6）开张角度　常用改变开张角度的方法有以下几种。

拉枝：为加大开张角度可用绳索等拉开枝条，一般经过一个生长季待枝的开张角基本固定后解除拉绳。

连三锯法：多用于幼树，在枝大且木质坚硬及用其他方法难以开张角度的情况下采用此法。此方法是在枝的基部外侧一定距离处连拉三锯，深度不超过木质部的 1/3，各锯间相距 3～5cm，再行撑拉，这样易开张角度。但此法影响树木骨架牢固，应尽量少用或锯浅些。

撑枝或吊枝：大枝需改变开张角时，可用木棒支撑或借助上枝支撑下枝，以开张角度；如需向上撑抬枝条，缩小角度，可用绳索借助中央主干把枝向上拉。

转主换头：转主时需要注意原头与新头的状况，两者粗细相当可一次剪除；如粗细悬殊，应留营养桩分年回缩。

里芽外蹬：可用单芽或双芽外蹬，改变延长枝延伸方向。

3. 检查

（1）检查修剪花卉苗木的各种应用手法是否符合要求。

（2）检查花卉苗木的整形是否得当。

实践二：茶花修剪

1. 材料与用具

（1）材料　盆栽茶花。

（2）用具　剪定铗、剪枝剪（可用细长剪刀代替）、铝线等。

2. 方法步骤

（1）修剪交错枝　当分枝交错呈交叉状，即为交错枝。可修剪其中一分枝，或用铝线调整，避免枝叶相互干扰。

（2）修剪上下枝　在同一枝叶上，连续出现上下平行的两份枝为上下枝。上枝会影响下枝接受阳光，使下枝无法健康生长，这时可将下方的分枝剪掉。

（3）修剪逆枝　分枝应往虚线方向继续生长，却转弯逆向生长，称为逆枝。逆枝会干扰其他枝叶，可沿着转弯处修剪。

3. 检查

（1）添加的水，要用凉白开。

（2）插穗剪下来需要放置 1～2h。

实践三：文竹日常修剪

1. 目的

文竹以株形叶状枝疏密有致、高低错落为佳。但栽培 3～4 年后，抽高大的蔓性枝、开花结果，就不再适宜室内观赏了，必须经常进行修剪。

2. 材料与用具

（1）材料　文竹若干盆。

（2）用具　修枝剪等。

3. 文竹造型基本方法

（1）盆控法　花盆与植株的大小比例应为 1∶3，这样可限制根系的生长，保持株型大小不变。

（2）摘去生长点　在新生芽长到 2～3cm 时，摘去生长点，可促进茎上再生分枝和叶片生长，并能控制其不长蔓，使枝叶平出，株形不断丰满。

（3）利用文竹的趋光性　适时转动花盆的方向，可以修正枝叶生长形状，保持株型不变。

（4）物遮法　即用硬纸片压住枝叶或遮住阳光，使枝叶在生长时，碰到物体遮挡便茎转或弯曲生长，从而达到造型的目的。

4. 修剪方法

（1）叶状枝缺失修剪　当主枝上小叶状枝生长位置不理想或某种原因缺失时，可在主枝适当位置进行短截修剪，迫使该处的隐芽萌发。一般剪截的高度就是叶状枝萌生的高度，枝上便刺所在的位置就是叶状枝萌生的位置，而枝的粗度越大，隐芽的萌芽率越高。

（2）全株的更新修剪　若全株枝叶因受强烈日光灼伤或盆土较干、缺肥及某种未知原因而生长不良时，便可进行全株更新。更新修剪时，可将全部叶状枝剪除，但要注意枝上倒刺着生的部位，因为它们决定了所留枝条的分布是否均匀。生长季度修剪一般容易使植株萌生新枝，修剪后还应适当减少浇水量，绝对不可使盆土过湿，否则会导致修剪失败。

（3）蔓性枝修剪　蔓性枝一般势弱、细长。若不想留种，让其株形好看，可一次性从根部剪除；若想增加叶状枝的数目或填补某个空缺，可在一定部位短截，修剪时要特别注意添加小肥等的综合管理。

3. 检查

（1）注意事项。文竹不可重剪。

（2）修剪后造型是否美观。

【关键问题】

花木修剪、整形的注意事项？

花木修剪在休眠期、生长期都可进行，但通常应根据它们不同的开花习性、耐寒程度和修剪目的来决定。例如，不少早春先开花后长叶的木本花卉，它们的花芽一般在去年的夏秋季形成，如果在早春发芽前修剪，就会剪掉花枝，因此修剪应在开花后 1～2 周内进行。但此时花木已开始生长，树液流动比较旺盛，修剪量不宜过大。夏秋季开花的花木，它们的花朵或花序往往着生在新梢上，因此可在发芽前即休眠期进行修剪。观叶的植物也可在休眠期修剪。在进行休眠期修剪时，耐寒性强的植株可在晚秋和初冬进行修剪，不宜过早修剪，过早修剪会诱发秋梢；怕冷的植株则应在早春树液开始流动但尚未萌芽前进行修剪。另外，花木整形、锯截粗枝或修剪的目的是为了更新，因而须行强修剪时，均宜于休眠期进行生长期的修剪，主要是为了调节营养生长，因此可经常进行抹芽、摘心、剪除徒长枝等轻度修剪。

【思考与讨论】

1. 园林苗木如何进行水分管理？

2. 园林苗木怎样进行土壤管理？

3. 大树移栽技术要点是什么？

【知识拓展】

悬崖菊姿态优美，适宜布置花坛、会场及庭院，观赏价值高。根据主干长度不同，悬崖式分为大悬崖和小悬崖。大悬崖菊长达 4～5m，更长者可达 6m，多以青蒿为砧木，嫁接小菊系品种培育而成，又或嫁接体悬崖菊；小悬崖菊长 1m 左右，多由菊花扦插苗培育而成。

悬崖菊是仿效山野中野生小菊悬垂的姿态，经过人工栽培而固定下来的。通常悬崖菊选用单瓣型、分枝多、枝条细软、开花繁密的小花品种，整枝成下垂的悬崖状。鉴赏的标准是花枝倒垂，主干在中线上，侧枝分布均匀，前窄后宽，花朵丰满，花期一致，并以长取胜。

悬崖菊培育技术主要包括以下几种。

1. 脚芽选择与管理

（1）脚芽选择　悬崖菊的培养需要一年时间。在第一年 11 月下旬，选出植株生长强健、茎秆坚韧、易于伸长、易于分枝的品种，将母株根部脚芽取下，最好带根栽入盆内。盆土用肥沃的培养土。

（2）脚芽管理　将花盆浇足水，放阴蔽处一周，然后移入向阳、低温的室内，并保持 1~5℃ 的室温。12 月上旬分栽至 3 号桶盆内，在 5~8℃ 并有充足日照条件的室内培养。脚芽在栽培过程中温度不宜过高，阳光要充足，否则菊花枝条就会长得细长，很不美观。冬季保持盆土湿润即可，浇水不可过多。

2. 栽培管理

（1）配制培养土　以疏松、肥沃、含有机质、微酸性的土壤较为适宜。装盆土质的配制方法：将充分腐熟的牛粪（猪粪、鸡粪）和腐熟的锯末、腐叶土等轻质疏松有机肥混匀翻筛，拌入粗沙（生活炉渣）园土，有机肥、沙、园土的比例为 5：2：3。每平方米培养土施入复合肥 2.5kg、硫酸亚铁 5kg 和呋喃丹 0.5kg，随培养土混合均匀，即配成肥沃、疏松、防病虫害的营养土，分装入盆。

（2）移栽幼苗　4 月下旬，将幼苗定植在 50cm 的花盆内，当悬崖菊长到一定高度时，用细竹竿搭架，竹架通常上高下低、上宽下窄，架长一般 2~2.3m，宽 50~70cm，将 8~10mm 的钢筋弯好，插入花盆与菊株结缚在架上。结缚工作于下午进行，因这时枝叶稍柔软、不易折断。此后每长出 7~13cm 时即结缚一次，力求使主干保持在竹架线上且侧枝分布均匀。

（3）摘心处理　定植于大盆后，在 5 月中旬进行第一次摘心。选两个健壮的侧枝，使一左一右和主枝一样向前诱引，但不摘心；其他枝条留 2~3 叶摘心。如此反复进行，以促使多分枝，形成上宽下窄（植株先端）的株型。茎基部萌出的脚芽，第一次摘心时留高 20cm 左右，也可多次摘心，以使枝叶覆盖盆面，保持菊株后部丰满圆整。小菊开花习性是顶端先开，顺次及于下部，上下部花期相差 10d 左右，欲使开花一致，靠近根部先行摘心、次及中部和上部。控制好最后一次摘心时间，靠近根部的要在 8 月 20 日停止摘心，中部的要在 8 月 25 日停止摘心，最前端的要在 9 月 1 日停止摘心。

（4）浇水管理　土壤含水量 40%~50% 最适宜菊株生长，过量的水分会引起植株根部缺氧，根系呼吸受阻，进而使植株烂根，甚至死亡。栽培中，浇水需根据菊花的生长期、天气及品种差异灵活掌握。菊花苗期，植株小，蒸腾少，需水量小，见干才浇水；在摘心后，为使发枝粗壮，应适当扣水；当腋芽萌发成枝时，应适当增加水量；至 8 月菊株长大，气温又升高，应给予较为充足的水分；菊株再经过一段时间的营养生长后便转入生殖生长，为控制高度，利于花芽分化，需控制浇水量及氮肥的施用量；当花芽分化完成肉眼可见时，菊株进入生长全盛时期，此时需给予充足的水分，直至花蕾露色初放；菊花在开花期，仍需较为充足的水分，但浇水时应避开花头，以免花头积水腐烂。

遇到雨天，需提前将菊花棚用塑料布遮挡，来不及遮挡时，雨后立即将盆内雨水倒出，防止盆内积水。浇水常安排午前浇水，下午需对盆土过干的个体进行补水。盛夏气温高，叶面蒸腾量大，必要时需进行叶面喷水，既可使叶面湿润、降低温度，又可避免盆土过湿。

（5）施肥管理　菊花是喜肥植物，栽培中基肥、追肥并重。配制的培养土都含有一定肥分，尤其是用于生长旺期换盆的培养土，均需拌入相当比例的肥料。在菊花生长过程中，常以人粪尿及饼肥水作为液体追肥，也可使用复合颗粒肥、饼肥粉做固体追肥。小苗期，10～15d 施一次较为稀薄液肥；之后 7～10 天施一次，肥料渐增浓。进入高温季节，肥料不可过浓。秋凉后，4～5d 施肥一次。定头后 2 个月左右，植株渐渐开始花芽分化，氮肥应减少，增加磷钾肥的施用，以利于花芽形成。当花蕾形成后，需全面施用氮磷钾肥，生产中常以人粪尿、饼肥水合并施用。液肥施用，应浇于根际，避免污染菊叶。除施以液肥外，还可根据长势需要，直接在盆中施入饼肥或复合颗粒肥，尤其是露地盆栽，在久雨情况下更宜。追肥还可进行根外施肥。常用 0.5% 尿素或 1% 的磷酸二氢钾，或两者并用，总浓度为 0.5%～1%。根外施肥常在生长后期施用，宜于清晨、傍晚喷洒，以利吸收。菊花喜肥，但也并非越多越好，过肥会影响菊花质量，导致花瓣焦灼。应视叶色、枝条生长情况来调整施用次数和浓度。若菊叶过厚、过大，发生反卷、下垂时，说明肥料充足有余，应加以节制。此外对一些细管瓣、单轮、绿色及生长势较弱的品种，施肥量为其他品种的一半。施用液肥，应在盆土稍干时进行，以利吸收。应需适时松土除草，保持土壤通透性。

模块二　矮化栽培

实践目标

本模块包括果树和花卉的矮化栽培等内容，掌握果树和花卉的矮化修剪技术和矮化栽培技术。

模块分解

如表 4-2 所示。

表 4-2　矮化栽培

任务	任务分解	要求
1. 果树矮化栽培	1. 苹果矮化栽培修剪 2. 桃树矮化栽培	1. 掌握果树矮化栽培的树形结构 2. 掌握果树矮化栽培的修剪方法 3. 掌握常见树种的矮化栽培技术
2. 花卉矮化技术	1. 微型观赏南瓜 2. 微型盆景 3. 微型月季	1. 矮化栽培技术总结 2. 矮化措施 3. 掌握花卉矮化的技术

任务一 果树矮化栽培

【案例】

果树矮化栽培是利用矮化砧、矮生（短枝型）品种和矮化技术使树体矮小紧凑，合理密植，可达到早果、丰产、优质、低耗、高效的目的。随着果树生产的发展，果树栽培制度由乔砧稀植向矮化密植改变，这已成为当前国内外发展的趋势。

思考1：为什么要矮化栽培？

思考2：果树矮化栽培技术有哪些？

案例评析：果树矮化途径。

利用矮化砧木：果树生产上应用最广的是英国东茂林系（M系）、茂林—茂登系（MM系）的苹果矮化砧。中国的楸子和河南海棠中的一些类型也可用作半矮化砧。洋梨、甜樱桃、柑橘等果树在生产中也有作矮化砧的应用。但矮化砧因根系浅，固地性差，抗寒力弱，常作为中间砧利用。

选用矮生品种：一些矮生短枝型品系，大都由芽变产生。由于自然突变而产生的短枝型也很多，但大多趋于劣变，且不稳定，应用时必需善于选择和鉴定。

树体控制：在观赏园艺上多采用盘扎或编扎枝条的方法限制树体生长。果树生产中则多采用早期促花措施如环剥、倒贴皮等，使果树早期丰产、延缓长势，达到矮化目的。

使用生长调节剂：可抑制或延缓树体生长和促进其开花早结果，也可使树体矮化。常用的生长调节剂有阿拉、乙烯利和矮壮素等。

【知识点】

1. 果树矮化栽培的意义

（1）早结果、早丰产 苹果乔砧稀植一般6～7年开始结果，10年丰产，而矮化密植2～3年开始结果，6～7年丰产，具有明显的早果性、丰产性。表现为早结果、早丰产，单位面积产量高。

（2）成熟早、品质好 比乔植早熟5～10d，且个大、色艳、味浓、耐储，商品率高。

（3）充分利用土地和光能，产量高，经济效益好 树冠覆盖率在80%时产量最高，而稀植的树冠覆盖为70%。经济效益比乔植高2倍左右。

（4）便于管理，省时、省力、工效高 树体矮小、管理方便，生产效率高。

（5）更新品种容易，恢复产量快　由于结果早，在定植后的3～4年就能结果，可在短时间内更新的品种。密植果树表现生命周期短的特点，便于品种更新换代。

（6）要求较高的栽培管理技术　管理技术不当，会出现果园郁蔽通风、光照条件恶化、产量品质下降的情况。管理不当，使密植果园经济寿命缩短。

2. 果树矮化栽培途径

（1）选用短枝型品种　短枝型品种是指树冠矮小，树体矮化，密生短枝，且以短果枝结果为主的矮型突变品种。它主要包括两方面的含义，即生长习性方面的矮和结果方面的短果枝结果。现有的短枝型品种都是由普通型品种变异而来的，其特点是枝条节间短，易形成短果枝，树体矮小、紧凑，只有普通型树体的1/2～3/4大小。此外，也具有结果早，果实着色好等优点。若选择适当的砧穗组合，将其嫁接到矮化砧木或矮化中间砧上，树体更矮小，更适于高密度栽植。由于短枝型品种自身具有矮化特性，可以选用适应性好的砧木，因此有广泛的应用前景，国内外都很重视。主要有元帅系短枝（新红星、首红、好矮生等）、青香蕉短枝（烟青）、富士短枝（惠民短富、官崎短富、福田短富等）、金冠系短枝（金矮生、黄矮生等）。这些矮生品种树体矮小，节间短、分枝少，叶片大而厚，树冠紧凑，色泽鲜艳，高产稳产。

（2）选用矮化砧木　利用矮化砧或矮化中间砧可使嫁接在其上的普通型品种树体矮小紧凑。这种矮化途径是目前世界上果树矮化栽培中采用最多、收效最显著的一种。矮化砧木不仅能限制枝梢生长、控制树体大小，又能促进果树早结果、多坐果、产量高、品质好，而且矮化效应持续期长而稳定。可根据不同的立地条件、栽培要求选用不同矮化效应的砧木。如 M_{26}、M_9、M_{24}、MM_{106} 等。

（3）采用矮化技术　利用栽培技术致矮，主要包括三个方面：一是创造一定的环境条件，以控制树体生长，使其矮化；二是采用致矮的整形修剪技术措施；三是采用化学矮化技术。

①环境致矮：选择或创造不利于营养生长的环境条件，如易于控制肥水的沙质土壤，利用浅土层限制垂直根生长；适当减少氮肥，增加磷、钾肥用量，控制灌水等，控制树体生长，使树体矮化。

②修剪致矮：致矮的修剪技术措施很多，如环状剥皮、环割、倒贴皮、绞缢、拉枝、拿枝、扭梢、短枝修剪和根系修剪等。

③化学致矮：在果树上用喷施植物生长延缓剂，如 CCC、MH 和 PP_{333} 等可以通过抑制枝梢顶端分生组织的分裂和伸长，使枝条伸长受到阻碍，达到树

体致矮的作用。

通过栽培技术控制树体生长，使树体矮小紧凑，如应用生长抑制剂、矮壮素、短枝修剪、强制促花技术、控制根系生长技术等。

3. 矮化砧木的生理机制

（1）砧穗组织构造上的差异　据研究，苹果矮化砧根的横断面中，皮层占的面积较大，木质部占的面积较小，而且木质部中导管细而少。同时，矮化砧木质部中储藏的物质和活细胞多，活组织比死组织多 $2\sim3$ 倍，矮化砧韧皮部中的筛管小而少。这样影响了养分的运输，使树体生长受到限制而变矮。

矮化砧根毛较短，与土壤接触面较小，吸收能力弱。加上活组织多，耗养量大，使致矮效果显著。

（2）砧穗生理功能上的差异　由于组织的差异营养出现了限量供给，矮化砧的呼吸强度和蒸腾强度均低于乔化砧。使骨干枝少，光照好，光合效率高，矮化树营养积累大于消耗。地上部积累光合产物较多，利于花芽分化和果实发育。据研究，乔化砧苹果树平均需 $35\sim50$ 片叶才能满足一个果实生长需要的养分，矮化砧则为 $20\sim25$ 片叶。

（3）植物激素含量的差异　由于营养生长的减少，使矮化砧中生长抑制剂含量增大，促使生长促进剂含量减少，对苹果树的营养生长有明显的抑制作用。

4. 矮化密植苹果树生长发育特点

（1）矮化密植苹果树生长特点

①根系：成年的矮化砧果树总根量小于乔砧树，根系分布较浅；矮砧根系中骨干根较少，须根较多，对土壤环境较敏感；根系中由厚壁细胞或厚角细胞形成的死细胞少，活细胞（薄壁细胞）多，从而影响矮砧的固地性和抗寒性。

②地上部：矮化砧果树的树体，幼树生长较旺，与乔化砧木上的树体相差不大，但分生短枝较多。进入结果期后，树体生长逐渐缓慢，树冠体积明显小于乔化砧树，随着结果增多，树冠体积的差距越来越大。矮化砧上的果树，在幼龄期总枝量显著高于乔化砧树，形成短枝的能力很强，因而有利于花芽的形成和提早结果。随着年龄的增长，其萌发长枝的能力越来越弱，在修剪时必须注意到这一点，以促使萌发一定量的中、长枝，以保证连年丰产。

（2）矮化密植苹果树结果特点　由于矮化砧树和短枝型品种具有树体矮小、短枝量大、易成花等特点，其结果特性二者比较相近，但均不同于乔化砧树。与乔化砧树相比，矮化砧树或短枝型树表现出结果早、丰产性强、从开始结果就以短果枝结果为主的特点。

不论是矮化砧或短枝型品种的矮化密植树，开始结果均较早，一般幼树定植后 2～3 年，即可进入结果期。矮化砧及短枝型树还具有坐果率高，成熟早，果实大小均匀，果面光洁，色泽较好等特点。

（3）矮化密植苹果树对环境条件的要求　由于单位面积种植的矮化果树株数较多，结果早，产量高，所以对环境条件的要求也较高。矮化密植果树要求保水保肥力较好的沙壤土、壤土或黏壤土，才能保证树体的正常生长和结果，较差的土壤最好在栽植前对土壤进行改良。在土壤条件较好的情况下，矮化砧树或短枝型品种的根系生长也较深而广，根量较多，树体生长健壮，有利于延长盛果年限。一般地说，矮化密植果园比乔化果园的需水量大，对营养物质的要求也比较高。

【任务实践】

实践一：苹果矮化修剪

1. 材料与用具

（1）材料　苹果园。

（2）用具　铁锹、剪枝剪等相关农具。

2. 操作步骤

（1）苗木定干后，用剪子扣除上部一部分芽，使剪口下保留的第一、二、三、四芽拉开距离，以促使萌发生长势不同的新梢，避免剪口下萌发的新梢过于集中，造成掐脖，导致中心枝生长减弱，挺不起头来的弊病。

（2）中心枝短截上升，能保持中干生产优势，有立杆条件的，也可用放。

（3）中心枝短截后，其中下部枝段要隔三差五地进行"刻芽"，以防出现光秃、脱节现象。

（4）对中心枝多年短截剪口下萌生的竞争新梢要早控制。剪口下萌发的新梢多时，竞争新梢要早疏除；新梢少时，可采取"扭捋"的方式控制。

（5）中心干上的过密新梢，根据纺锤形的要求，留下适宜方向的新梢，余者早早疏除为好。

（6）中心干头大枝多时，要早疏新梢，使整个树体下大上小。

（7）对中心干较弱的、偏斜的，要采取竹竿扶持，保持中干直立。

（8）中心干上不宜早结果，尤其是那些较弱的中心干。

（9）背上直立新梢要早扭（6 月上旬）、未来得及扭的，可于 7 月下旬至 8 月中旬捋枝。

（10）水平甩放枝顶端的三叉新梢要早扭、早疏，使单头延伸。

（11）基部影响均衡树势的大枝，可于 6 月上旬环剥，环剥口距中心干 10～15cm，在有枝权处环剥更宜，枝权宜上不宜下。

（12）对环剥口后部萌发的新梢要保留，待前部结果衰弱后疏除，培养和利用后部新梢接替，以达到均衡树势的目的。

3. 检查

（1）检查苹果苗木是否健康。

（2）是否按照要求操作。

实践二：桃树矮化栽培

1. 材料与用具

（1）材料　桃树苗木。

（2）用具　铁锹、剪枝剪等相关农具。

2. 操作步骤

（1）定植前深翻改土，施足基肥。

（2）选优质大苗定植或棚室提早育苗后定植。

（3）前保后控。发芽至 7 月上中旬前，以促为主，适时浇水、施肥，保证桃树旺盛生长；7 月上中旬以后，控肥控水，遇雨排水，叶面追施 KH_2PO_4，喷施多效唑 $100\sim300$ 倍液，控长、促花。

（4）保叶增光。加强穿孔病、炭疽病、蚜虫、潜叶蛾、红蜘蛛等多种病虫害的防治，保护叶片，疏枝拉枝，改善光照。

（5）冬剪只疏不截，轻剪长放，扶壮中干，均衡树势。

（6）人工授粉，疏花疏果，看树定产，分枝负担，均匀留果。

3. 检查

（1）检查苗木是否健康。

（2）是否按照要求操作。

【关键问题】

1. 果树矮化的嫁接方法

（1）利用矮性砧木把标准品种接在矮性砧木，使果树矮化，是最根本和最常用的方法　一般是利用亲缘较远的不同种或不同属的树做砧木，使接株矮化。例如，苹果矮性砧木的利用，可以使苹果树矮缩成垣篱式树型，甚至矮小如番茄。苹果的矮性砧木以英国培育的 EM 系及 MM 系使用最广泛。其他常见的有：西洋梨用榅桲砧、枇杷用石楠砧、温州蜜柑用枳壳砧，接株都能矮化。桃接李砧或梅砧，也可矮化树形，但桃接李，树命过短。因此，通常桃用梅砧矮化树形。

（2）二重接　二重接就是二株苗木嫁接二次，中间的一段树干叫中间砧。先把中间砧品种的接穗接在根砧上，接活后培养一年，在中间砧上再接上优良品种的穗。这个方法可解决砧穗不亲和的问题，用一个和砧木及接穗都亲和的品种做中间砧，嫁接即可成活。二重接后，果树根部所吸收的水分和养分、叶片所制造的营养液，在树体运输经过嫁接愈合部位时，受到轻微阻挠。因此，树势缓和、树形较小，而且非常丰产。中间砧上不能萌生枝叶，更不能开花结果。树干上的一段中间砧，其长度越长，树越矮化。

（3）种植角度和嫁接高度　如木瓜倒株栽培，即把瓜苗斜植时使主茎与地面成45°倾斜，摘除与地面接触的叶片，并用桠叉在株高2/3处支撑固定，随生长而向上调整支撑。其目的是抑制生长，使树矮化，降低结果部位，便于管理及收获，还可以加强抗风效果。意大利试验葡萄柚斜植密植栽培，栽植倾斜度也是45°，每亩种植297株，产量最高达7.18t/亩。研究还发现，果树嫁接部位提高，则果树生长缓慢，即嫁接部位离地面越高，果树的发育越慢。

（4）毒素病　目前利用毒素病矮化果树的研究偏重在柑橘类，在三类已知的柑橘毒素病毒弱毒系统中，迄今只有鳞砧病的弱毒系统已在实际栽培上应用。鳞砧病的接种技术必须在幼树时期施行，太迟则矮化效果不明显。

2. 如何通过修剪形成矮化树形

修剪前先要整形，采取主干矮化，即在主干离地30cm处剪断，培养3～5个主枝，以后树体就明显矮化了。第二年起再加以修剪，在20～30cm处短截，培养侧枝，年年如此，就形成了矮化果树。对于龙眼、荔枝、柿等都可采用主干矮化型促进矮化。

杯状树型多应用于桃、李等核果类果树。先在高地20～30cm处把主干剪断，然后培养3～4个主枝，且角度均等，约有120°。以后每年每个主枝又各留3个侧枝。这样树型明显矮化并增加结果面。如日照强烈的平地为避免日灼，可采用改良杯状型，就是在留侧枝时，稍微顾及向内枝条的培养，避免树中间过于空虚而遭日灼。

另外，采用高压苗、曲根苗也均能对矮化有不同程度的作用，再配合修剪则效果更佳。

【思考与讨论】

1. 怎样实现矮化栽培？
2. 果树矮化栽培时应注意哪些问题？

【知识拓展】

1. 盆栽果树矮化方法

（1）选矮化品种

①柑橘类：佛手、金柑、柠檬、四季矮柚、矮晚柚等。

②桃树：矮丽红、矮桃、寿星桃等。

（2）用矮化砧木嫁接　采用矮化砧木嫁接是果树矮化的重要措施之一。主要果树矮化砧木：柑橘、柚砧木有枳壳；梨有 PDR_{54}、S_1、S_5 等；桃有毛樱桃、山毛桃、矮桃等；苹果有 H_9、M_{26}、M_{27} 等。

（3）缩根育苗　果树的树冠与根系有成对生长的规律，矮化树冠，首先要控制根系的生长。可采取断主根、容器育苗等方法达到矮化的效果。上盆栽植时先用小盆，再逐渐换大盆。上盆和换盆时缩剪主根和侧根，限制根系生长。

（4）矮化修剪　苗高 15～20cm 时摘心，促进低分枝。采取拉、吊等方法，开张分枝角度；运用摘心、扭枝等方法，抑制顶端优势，促进开花结果。

（5）肥水调控　适当控制氮肥，增施磷、钾肥，枝梢旺盛生长期适当控制水分。

（6）使用生长抑制剂　在配制培养土时，加入适量的多效唑。也可用多效唑 500～700mg/kg 或矮壮素 2 000mg/kg 等生长抑制剂进行叶面喷洒或浇根，抑制营养生长，矮化树冠。

2. 盆栽果树矮化特点

幼树时促其快长，即先促进其扩大树冠，促其早成花，来年就有产量，当结果后再控制它的适宜生长量。冬剪时，一定要灵活运用剪弱留强、剪强留弱的修剪技术，协调好生长和结果的关系，随时更新处理好骨干枝和结果枝的交替结果，同时要注意控制中心领导枝的结果量，预防中心领导枝由于结果负载量大而压弯枝，使树势减弱。要保持中心干的绝对优势。对那些小老树，一定要少结果重剪，以恢复树势。对一些侧枝要注意更新，保持树的旺势。

矮化苹果树的夏季修剪，是栽培管理中的重要环节措施，是继冬剪后的相互补救。夏季由于枝繁叶茂，很多枝条不易判断去留，只能将那些长在明处和内膛的旺条竞争枝，纤细枝、新病枯枝、下背枝剪除。有些枝条需要拧枝的最好不剪，将剪枝、拧枝、拉枝、撼条、摘心合并运用，相互补救协调。随时剪除根部和中间砧处萌发出的蘖条。

任务二　花卉矮化技术

【案例】

观察 1：微型月季如何繁殖？

观察 2：微型月季如何进行栽培管理？

观察 3：微型月季如何进行修剪？如图 4-2 所示。

图 4-2　微型月季

【知识点】

随着花卉产业的发展，盆花越来越受到人们的喜爱，而高品质、高价值的盆花要求株型矮小、紧凑、茎秆粗壮、花繁叶茂。花卉的矮化栽培技术主要采取以下措施。

1. 选用矮化型品种，培育矮壮苗

矮化型品种的特点是芽多分枝力强，分枝部位低，分枝角度大、节间短，株型紧凑。主根不明显，侧根发达，须根多。培养土是盆栽花卉生长的基础，它要求富含有机质，有良好的团粒结构，肥沃疏松，营养全面。可用腐殖土、园土、塘泥、泥炭土、河沙、有机肥、磷肥、骨粉、草木灰等混合堆沤而成。pH 微酸至微碱，具体应根据不同花卉品种对酸碱度的适应性进行调整。选用矮化型品种并配制好高质量的营养土是实现花卉矮化栽培的前提和基础。

2. 栽培矮化

（1）无性繁殖　采用嫁接、扦插、压条等无性繁殖方法都可以达到矮化效果，使开花阶段缩短，植株高度降低，株型紧凑；嫁接可以通过选用矮化品种来达到矮化目的。扦插可从考虑扦插时间来确定植株高度，如菊花在 7 月下旬扦插可达到矮化而控制倒伏。另外，用含蕾扦插法可使株形高大的大丽花植于直径十几厘米的盆内，株高仅尺许且花大色艳。

（2）整形修剪　花卉生长到一定高度时要及时摘心。采取开张分枝角度与扭、曲枝整形，抑制顶端生长优势，缩短营养生长周期，促进矮化。可以在植株幼小时去掉主枝促其萌发侧枝，再剪去过多的长得不好的侧枝，以达到株型丰满、植株低矮、提高观赏性的目的。如月季、一串红、杜鹃、观叶花卉等修剪多采用此法进行矮化；水仙则通过针刺、雕刻破坏生长点来达到矮化效果。

（3）控制施肥　对盆栽花卉适时施磷、钾肥，少施氮肥，控制植株营养生长，达到矮化。

（4）人工曲干　人工扭曲枝干，使植株运输通道受阻，慢植株生长速度，达到花卉株型低矮。一般在小型盆景的制作中应用较多。

（5）断胚根上盆，换盆、控肥、控水　花苗上盆栽植，剪短胚根（主根），移栽时将侧根向四周展开，分层填土。如菊花上盆，开始只添培养土的2/3，随植株的生长逐渐培土，埋掉基部几片老叶，促使基干增粗，在近盆口处长出粗大叶片，植株矮壮。盆栽花卉，以营养土基肥为主，要通过换盆不断更新营养土。一般1～2年换盆1次。根据植株的生长，小盆换大盆，旧土换新土。结合换盆，进行修根整枝，改良树形结构，促进矮壮。同时要控制氮肥施用，增施磷钾肥，控制植株营养生长。切忌渍水湿度过大，以防徒长和烂根死苗。特别是在花卉生长高峰期更要控水控肥，做到盆土见干见湿，节水缩肥促稳长，达到多分枝，多成花，节密枝短，植株矮化。

3. 使用生长调节剂

高品质的盆花要求株型矮小，紧凑，茎部粗壮，花繁叶茂，仅采用栽培手段进行矮化还远远不够，要辅以激素类物质来抑制植株生长达到矮化。常用的激素类物质包括多效唑、缩节胺、B_9、矮壮素等。花苗移栽上盆时，在营养土中拌入一定量的多效唑，或在生长期喷施多效唑，都可抑制细胞的伸长生长，促进细胞加粗生长，达到叶肥枝壮、树冠矮化紧凑、花多果艳的效果。

（1）用40～80m/kg的多效唑作用于一串红植株，可以使其节间变短，叶面积变小，叶色加深，从而改变一串红株高茎细、花叶稀疏、脱脚严重的现象，提高观赏价值。在金鱼草、菊花等花卉矮化上也常用多效唑。

（2）用100m/kg的缩节胺处理一串红植株，可使植株高度降低26%，并且茎节变短，分枝数增多，观赏性提高。

（3）用1 500～6 000mg/L的B_9可抑制牵牛花的营养生长，使其在营养生长期矮化60%～70%，盛花期矮化40.5%，从而使株型矮小，枝叶紧凑，开花集中。

（4）用2 500～10 000mm/kg的矮化素抑制牵牛花的营养生长，可使其株型矮化，提高观赏性。

4. 辐射处理

有些花卉，还可以通过辐射处理来改变植株的生长状况，从而达到矮化。

例如：用 γ 射线处理水仙鳞茎，可控制水仙生长，矮化水仙植株。用 Co^{60} 处理美人蕉，可以使美人蕉高度降低 30~50cm，提高观赏价值。

5. 其他措施

其他矮化方法，如菊花采用脚芽繁殖，水仙通过针刺、雕刻破坏生长点来进行矮化等。

【任务实践】

实践一：微型观赏南瓜

微型观赏南瓜为葫芦科南瓜属草本植物，其瓜颜色鲜艳，有单色、双色和三色相间等，果型趣巧、精致、形状奇特，可观性强，既能在露地、温室种植，又可用花盆栽培，是一种观赏和食用兼具的蔬菜，深受市民欢迎。

1. 材料用具

（1）材料　观赏南瓜种子。

（2）用具　园艺铲、喷水壶等。

2. 步骤

（1）花盆选择微型观赏南瓜是攀爬植物，根系较为发达，需要搭架，选用口径为 40~60cm、高 30~50cm 的花盆。

（2）营养土配制　营养土选用 6 份泥炭土＋3 份河沙＋1 份珍珠岩及每立方米加 1kg 复合肥混配成营养土，将粗粒置于盆底，装盆至 3/4 为宜。

（3）适期播种

播期：盆栽微型观赏南瓜华南地区可春夏秋季种植，春植 2~3 月、夏植 4~5 月、秋植 7~8 月播种，北方地区以春植为主，3~4 月播种。

播种：微型观赏南瓜的种皮较厚，播种前要浸种催芽。方法是将种子用干净的纱布包好放入 30℃ 的温水浸泡 4~5kg，然后将种子搓洗干净，捞起催芽。早春气温低，需置于 30℃ 恒温箱催芽，催芽时注意保持纱布湿润，夏秋季节可不用恒温箱催芽。经 48h 催芽后，当芽长 0.5cm 时播种。播种前半天将营养土淋透水，每盆播种 3~4 粒，播种时将种子平放并覆土 1cm 左右，注意覆土不能过厚，以免幼苗出土困难。播种后淋足水让种子与土壤接触充分，提高出苗率，3~4 月后种子出土。

（4）苗期管理　早春气温低，应做好防寒措施，可用薄膜袋将花盆口套紧，晚上将盆移入室内保温。营养土不能过湿，保持湿润即可，以免猝倒病容易发生。瓜苗长至 4~5 片真叶时，每盆选留 2 株生势壮旺、叶色浓绿、节间粗短的无病虫害苗，其余疏掉。苗期根据植株生势，可适当淋施 1~2 次 0.3% 复合肥水溶液，促进植株生长，培育壮苗。

（5）田间管理

温度：观赏微型南瓜是喜温作物，生长温度范围在 15～35℃，最适温度为 25～28℃，低于 10℃生长缓慢，0℃容易发生冻害，超过 35℃植株容易衰老，因而早春低温应做好移入室内、套薄膜袋等防寒措施，避免冻害，夏秋高温季节应采用凉爽纱遮阴等设施降温。

水分：幼苗期隔 1～2d 淋水一次保持盆土湿润，开花结果期的晴天，水分蒸腾大，需水量多，花盆的蓄水能力差，每天应淋水 2～3 次。

追肥技术：掌握"勤施薄施"的原则。在间苗定植后 7d 起，每周可追施 1 次 0.3%～0.5%复合肥水溶液 1 次，进入开花结果期，需养分量大，为促进营养生长和生殖生长，结合松土，每盆追施复合肥 10g＋尿素 5g 并补充营养土至满盆，促进根系发育。

（6）植株整理　微型观赏南瓜以主蔓结瓜为主，为提高观赏效益，减少养分的消耗，将全部侧枝剪除，只留主蔓，及时摘除黄叶、病叶、畸形果等。

3. 检查

（1）太早授粉，花粉未散；太迟授粉，花粉会失水降低活力，影响结瓜率。

（2）栽培方法是否正确。

实践二：微型盆景

图 4-3　微型盆景

2. 材料与用具

（1）材料　五针松、小叶罗汉松、真柏、黑松、瓜子黄杨、凤尾竹、细叶冬青、六月雪、文竹、鹊梅、南天竹。

（2）用具　嫁接刀、园艺铲、喷水壶等。

2. 操作步骤

微型盆景是当今盛行的盆景流派之一。它用盆小巧，构思精细，造型美观，点缀居室，生机盎然。如图4-3所示。

（1）取材　制作微型盆景，一般选择枝细叶小、上盆易活而且根干奇特、花果艳丽、易造型的材料。常选用的有五针松、小叶罗汉松、真柏、黑松、瓜子黄杨、凤尾竹、细叶冬青、六月雪、文竹、鹊梅、南天竹等。以上树种可用扦插、播种和分株等方法得到植物。为了快速成型，也可到山野挖取枸杞、锦鸡儿、金豆、紫藤、铺地蜈蚣、火棘等树桩，挖出经艺术造型后即可栽入盆中。

（2）造型　微型盆景的制作要在细微中见工夫。要"意在笔先"，胸中备古木之形。制作前要对各种树木的姿态、习性等了如指掌。造型要高度概括，按照树干的特征，适当地做些画龙点睛的加工，使之疏密有致，层次分明。造型常用的方法有棕丝结扎法、铅丝缠绕法、折枝法、攀扎法及倒悬法等。采用铅丝缠绕法整形较为简便。一般树木整形以在早春进行为宜。具体操作要根据枝干的粗细分别选用直径合适的铅丝缠绕枝干，再把枝干弯成所需要的形态。用铅丝缠绕时必须紧贴树皮，疏密适度，绕的方向以和枝干直径成45°为宜，经过1～2年后树干基本定型，才可去掉铅丝。对那些不必要的杂乱枝条，应截短或除去。

（3）上盆　整形时要将树木从泥盆中移栽到紫砂盆或釉盆中。盆的形状、大小、色泽须和树体相配。一般情况下，高深筒盆，适合于悬崖式；椭圆或浅长方形盆，宜栽直干或斜干式；圆形盆可配置低矮盘曲植物；多角形浅盆，宜栽高干式。此外，盆架也应与花盆形态色彩协调，融合成完整的艺术结构。古人鉴赏盆栽艺术有"一树二盆三花架"的名言。

（4）养护　微型盆景的养护尤其需要周到细致。盆土宜经常保持湿润，要见干见湿，或用盆浸法灌水。盛夏置于荫处，用细孔喷壶往植株上喷水，保持湿润环境。生长期间要薄肥勤施，一般每10d左右施一次。可用充分腐熟的豆饼水、蹄片水等。亦可施用全元素复合化肥，施肥方法最好也用盆浸法。

3. 检查

（1）盆土宜经常保持湿润，要见干见湿，或用盆浸法灌水。

（2）盛夏置于荫处，用细孔喷壶往植株上喷水，保持湿润环境。

实践四：微型月季

1. 目的要求

微型月季属蔷薇科蔷薇属落叶或半落叶常绿灌木。微型月季在月季家族中植株矮小，花色奇异，全年均有花开放，较适合家庭盆栽。

2. 材料与用具

（1）材料　微型月季插穗。

（2）用具　嫁接刀、园艺铲、喷水壶等。

3. 方法步骤

（1）繁殖

①扦插繁殖：剪取花刚凋谢的健壮枝条作插穗，剪去残花和下部叶片，留上害部1～2片叶，用吲哚乙酸或萘乙酸0.05％。液浸泡1～2h后进行扦插，15～20d即能发根。

②嫁接繁殖：常用无刺蔷薇为砧木，在早春进行枝接或生长季节进行芽接，芽接效果较好。

（2）栽培管理

①选盆。微型月季宜选用直径20cm左右的花盆，以紫砂陶盆为佳。

②用土。选用疏松肥沃而富含有机质的土壤。

③栽植。春季或秋季进行带土移栽，栽后及时浇定根水，置于光亮通风处。幼苗定植成活后，要稍加修剪，促其多分枝，以达到花繁叶茂的效果。

④养护。微型月季株小根浅，春季发芽前应保持盆土湿润，土壤不干不浇，发芽后逐渐增加浇水量，一般每日上午10时前浇1次，下午按盆土干湿状况适量浇水。夏季应早晚各浇1次水，夜间一般不浇。

微型月季喜肥，春秋两季生长旺盛时，每隔10～15d追肥1次有机肥，复合肥也可。夏季高温季节和冬季低温时应停止施肥。

微型月季应置于光照充足、空气流通的地方，盛夏炎热时应适当遮阴。微型月季较耐寒，冬季可放在室外。

入冬修剪以整型为主，先剪去枯枝、病虫枝、交叉的细弱枝，对长势苗壮、株型匀称的植株，剪去全株的1/3。对长势弱的植株，约剪去全株的2/3，留3～4个强壮主枝。

每隔1～2年翻一次盆，除去约2/3的旧土，换上疏松、肥沃而富含有机质的土壤。多在春季萌芽前进行，结合翻盆，剪去枯根、烂根和病虫根，剪短过长根，疏去过密根和部分老根，促其萌发新根，使其生长旺盛。

4. 检查

（1）花谢后应剪去一部分枝条，新枝留2～3节后剪去，剪下的枝条有2

节以上的可用于扦插繁殖。

（2）上盆选用的栽培基质是否合适。

【关键问题】

花卉如何实现矮化？

1. 选用矮化品种

2. 栽培管理

3. 使用植物生长调节剂

【思考与讨论】

1. 花卉矮化有哪些实际用途？

2. 植物激素与花卉矮化有何关系？

3. 花卉矮化有哪些技术措施？

4. 花卉矮化有哪些最新技术？

【知识拓展】

盆栽观赏苹果一般 2～3 年即可结果，4～5 年生的苹果，每株结果 15～25 个。栽培技术如下所述。

1. 选盆与配置营养土

选择口径 40cm，底径 35cm，高 30cm 有排水孔的瓦盆、木桶、木箱。配制营养土：肥沃熟土 6 份、河沙 2 份、腐熟的羊粪 1 份、沤烂的树叶及马掌发酵肥 1 份，按比例混合均匀、过筛。

2. 上盆

选择植株健壮、芽眼饱满、无病虫为害的苗木，于 4 月上中旬上盆栽植，栽植时用 5 度石硫合剂浸根消毒，并剪去坏死根，先把少量营养土装入盆底，放入苗木，再将根系摆布均匀，埋土踏实，及时浇水，即可保证成活。

3. 肥水管理

萌芽前后施 0.2% 速效性氮肥 1 次，从 5 月份开始，每 10d 左右追施液肥 1 次，以 200 倍液有机饼肥为主，尿素、二铵、硫铵等各 0.2% 的无机液肥为辅。果实膨大期进行叶面喷肥，可喷施 0.3%～0.5% 尿素、3%～5% 草木灰浸出液。秋梢旺长，果实接近成熟期每半月追施 1 次 200 倍有机液肥。新梢停长、果实成熟期、根据植株生长情况，每 10d 左右追肥 1 次，以 200 倍有机液肥为主，配合使用 0.2% 的无机氮肥。

盆栽苹果的土壤要干透浇透，萌芽期、花期、果实膨大期要及时补充水分，6月份为促进花芽分化，要适当控水，7～8月雨季要少浇水。

4. 整形修剪

盆栽果树，可根据个人的爱好，修剪成盆景树形，注意角度开张，使之通风透光，利于形成花芽，获得高产。

盆栽苹果控制树冠要从1年生苗起，要以干高相当于盆体高度或高出盆体一倍为宜，采用盘绕式拉枝方式，抑制长势，促使发枝，也可对1年生苗木所需高度进行摘心，促壮主干，再发新枝。对新发枝拉枝培养树形，对徒长枝、竞争枝在枝条的5～7片叶间进行扭梢，可有效控制树体高度，防止徒长，促成花芽。对生长旺的徒长枝和竞争校要充分利用，结合拉枝进行扭梢、摘心、刻伤、环剥，可培养大量结果枝，并促使其形成花芽，达到早结多结果的目的。当盆栽苹果进入结果期时，树形已基本确立，要根据品种合理选留枝条，以整个树冠空间得到合理利用为宜，有空间的长枝可留培养新骨架，中、短枝培养为结果枝组，使树冠保持稳定，做到长短相间，叶果比适宜。

5. 花果管理

（1）人工授粉　为保证盆栽苹果坐果率，在苹果开花前2～3d，从物候期相近的果园采取授粉品种花朵获得花粉，在盆栽苹果盛花初期，花朵开花的当天上午进行人工授粉。

（2）花期喷硼　在开花期用0.25％的硼砂喷洒，提高坐果率。

（3）套袋　在生理落果后，为提高果实品质，防止病虫危害果实，进行果实套袋，在果实成熟前15～30d取下果袋，使果实着色。

（4）着色与贴字　盆栽苹果具有管理方便的特点，在果实生长后期转动盆子，使果实全面着色。在成熟前15～30d摘除果袋，在果实向阳面贴上"福""寿""喜""禄""发""吉祥"等字样或花纹、图案，当果实着色成熟后揭去贴纸，苹果果实上就会显露出字样和各种美丽的花纹，使盆栽苹果更加美观。

6. 护理果实延长观赏期

在果实成熟前的25～40d，每10天喷洒和对果柄涂抹30×10^{-6}（萘乙酸2次，在果实成熟前继续喷洒和涂抹30×10^{-6}萘乙酸，护理果实，延长观赏期。

7. 倒盆换土

盆栽苹果为了给施肥和根系修剪，改善营养条件，使树长得强壮，在每年冬季休眠前或春季发芽前进行换盆，把原来的土换上新配置的栽培土（含有施入的有机肥和灭除地下害虫的药剂）。倒盆换土时，先用竹片沿益内壁转一圈，再将盆倒置，用手托住苹果植株和土团，在重力作用下，使之倾出。然后用利刀削去土团外围3～4cm厚的旧土和根系，再放入装有栽培土的新盆中，四周填入新的栽培土压实，并浇足水。

　　盆栽果树繁殖容易，成本较低，树姿优美，花果兼备，观赏期长，常用于环境绿化和室内装饰，为众多家庭所喜爱。盆栽果树由于容器的容积有限，在生长一段时间后，根系就会受限制，影响到地上部分的生长发育，从而大大降低观赏价值，所以进行果树盆栽时必须注意换盆和修根。

模块三　花果调控

实践目标

本模块主要包括花果数量的调控、果实品质的调节和花卉花期调控等内容，掌握花果数量的调控、果实品质的调节和花卉花期调控管理技术。

模块分解

如表 4-3 所示。

表 4-3　花果调控

任务	任务分解	要求
1. 花果数量的调控	1. 番茄疏花疏果 2. 苹果疏花蔬果 3. 蔬菜保花保果 4. 果树保花保果	1. 掌握疏花疏果技术 2. 掌握保花保果方法技术 3. 掌握常见树种的矮化栽培技术
2. 果实品质的调节	1. 人工授粉 2. 果实套袋 3. 地面铺反光膜	1. 掌握人工授粉技术 2. 掌握果实套袋技术 3. 掌握地面铺反光膜技术
3. 花期调控	1. 牡丹花期调控 2. 菊花花期调控 3. 月季花期的修剪调控	1. 掌握月季花期的调控技术 2. 掌握牡丹花期调控技术要点 3. 掌握菊花花期的调控要点

任务一　花果数量的调控

【案例】

果实是果树及瓜类、茄果类蔬菜的收获器官，果实产量及品质决定了其生产的经济效益，许多栽培措施是为了获取优质、高产的商品果实。因此，加强园艺作物花果的管理，采取有效的调节措施，对于提高园艺作物花果产品的商品性状和经济价值，增加经济效益具有重要意义。

思考1：为什么要调节花果数量？

思考2：花果数量技术有哪些？

案例评析：调节花果数量的关键技术如下所述。

加强肥水管理：以观花或采果为目的的园艺作物，在生长前期，应加强肥水管理，促进生长；在生长到一定时期，树体已形成一定树冠体积以后，应适时适量地限制肥水，促进植株从营养生长向生殖生长转化。比如，调整氮、磷、钾肥的比例，减少化肥尤其是速效氮肥的用量，以防止生长过旺或枝梢徒长，促进植株营养的积累；同时要适当减少灌溉，尤其是在花芽分化临界期，适当干旱有利于提高植物体细胞液浓度，从而有利于提高花芽分化的数量和质量，增加花数。

整形修剪：整形修剪是调节果树及园林花木开花数量的重要外科手术。通过拉枝、长放等手段可以有效地控制枝梢旺长，促进营养积累和花芽分化，以增加花数。枝干的环剥、环割也是促进成花、克服许多木本树木因旺长而不成花的有效修剪措施。果树花前复剪是对过多花量进行调节的一种方式，灵活应用春季花前复剪，以减少当年开花数量，克服大小年开花（结果）。

疏花疏果：西瓜、甜瓜在确定选留的花果以后，也应及时疏除多余的花朵，以减少养分的消耗。果树人工疏花从花前复剪到盛花期都可进行，适当疏除过多的花，可使养分集中供给余下的花朵，对于提高坐果率、促进果实的生长发育及当年花芽的形成均有重要作用。

保花保果：与疏花疏果相对应。当树体中储备营养不足、幼果发育不良时，须及时保花保果，以保持果实适宜负载量。一般弱树、老树、弱果枝等常不易坐果或坐果但果实发育不良，应多采取保花保果措施。

【知识点】

1. 花量的调节技术

植物开花数的多少取决于花芽分化的数量与质量，花芽分化得越好，成花的数量也越多。因此，与花芽分化有关的各种内外因素，如园艺作物种类、品种、植物体营养状况及管理水平等均影响成花的数量及花发育的质量。在生产上调节花数时，主要有下列几个方面的技术措施。

（1）加强肥水管理　以观花或采果为目的的园艺作物，在生长前期，应加强肥水管理，促进生长；在生长到一定时期，树体已形成一定树冠体积以后，应适时适量地限制肥水，促进植株从营养生长向生殖生长转化。比如，调整氮、磷、钾肥的比例，减少化肥尤其是速效氮肥的用量，以防止生长过旺或枝梢徒长，促进植株营养的积累；同时要适当减少灌溉，尤其是在花芽分化临界期，适当干旱有利于提高植物体细胞液浓度，从而有利于提高花芽分化的数量和质量，增加花数。

（2）整形修剪　整形修剪是调节果树及园林花木开花数量的重要方法。通过拉枝、长放等手段可以有效地控制枝梢旺长，促进营养积累和花芽分化，以增加花数。枝干的环剥、环割也是促进成花、克服许多木本树木因旺长而不成花的有效修剪措施。果树花前复剪是对过多花量进行调节的一种方式，灵活应用春季花前复剪，可减少当年开花数量、克服大小年开花（结果）。

（3）人工疏花　在一些花卉植物上市之前，常需要疏除过密花、畸形花及所处位置不当的花；西瓜、甜瓜在确定选留的花果以后，也应及时疏除多余的花朵，以减少养分的消耗。果树人工疏花从花前复剪到盛花期都可进行，适当疏除过多的花，可使养分集中供给余下的花朵，对于提高坐果率、促进果实的生长发育及当年花芽的形成均有重要作用。

（4）植物生长调节剂的应用　植物生长调节剂在调节花量上具有重要作用，在果树的开花调节方面也有一定的作用，但随着人们对果品食用安全性要求的不断提高，一般不提倡在果树上大量应用生长调节剂。

2. 果实负载量的调控

（1）影响果实负载量的主要因子　影响果实产量的产要因子与不园艺植物光能利用的能力有关。因此，果实产量指标的确定，应首先考虑光能利用状况。而提高光能利用率有两条途径：一是通过适当密植及合理修剪，改善肥水条件等管理措施，扩大有效光合面积，提高光合效能；二是控制营养器官消耗，调节光合产物合理分配，增加经济产量比重。其次，果实本身存在质与量间的矛盾和制约关系。在同一条件下，果实量与质的制约现象，在超负载情况下，表现尤为突出。因此，在现代果品生产中，果实适宜负载量应以保证提高优质果比例为前提。此外，不同树种、品种对外界环境条件的要求与适应性也是影响果实负载量的重要因素。环境条件中尤以温度影响最大，除影响光合作用外，温度特别是低温常是果实负载量的一个主要限制因子，甚至影响到某一区域能否栽培某一树种的决策。

(2) 果实适应宜负载量的确定　果实适应宜负载量的确定应遵循以下原则，即保证不妨碍翌年必要花量的形成；保证当年果实数量、质量及最优的经济效益；保证不削弱树势和必要的储备营养。果树栽培中产量不足造成经济上的损失是显而易见的，但过量负载也会产生严重的不良后果。首先，削弱果树必要的储备营养，根系生长明显受到抑制，进而地上部营养生长随之减弱，导致光合效能降低；其次，过量负载，不仅造成翌年产量减少，而且可能造成连续两三年减产。因此，对果实负载量不加调节，必然形成大小年等不良后果。一般大年小果、青果、次残果比例增多，果实品质低劣。由此可见，适宜负载量应控制在有利于提高果实品质之上，才有利于维持树势和稳产的水平。

适宜负载量的确定还依品种、树龄、栽培水平、树势和气候条件而不同。如以干周截面的大小作为负载量指标：苹果成龄壮树干堆面积每 cm^2 可留果 0.3～0.4kg，幼树为 0.5～0.6kg；梨树初果期可留 0.6～0.75kg。又如为保证果实品质，必须使每个果实占有一定数量的叶片，即保持必要的有效光合面积。一般乔化砧苹果至少需 30～40 片正常叶；矮砧或短枝型栽培，每果叶片可减少为 20～25 片叶；甜橙则以 50 片留 1 果为好。

(3) 疏花疏果　生产上控制果实负载量通常是从大年做起，即对于花量过多或坐果过多的果树，进行疏花疏果处理。首先疏花疏果应以早疏为宜。疏果不如疏花，疏花不如疏芽。疏除多余的花果越晚，养分浪费越多，对克服坐果与成花矛盾的效果就越小。早疏除多的花或幼果，能促进保留下的茄果的坐果率多。因此，特别是大年，应在冬剪时，尽量剪除或短截多余的花枝，以减少花芽开放过程中的营养消耗。其次，疏除劣小果，择优留果，也是控制果实负载果，改时果实质量的重要措施。由于不同果树及同一果树的不同品种，结果习性不一。因此，疏果时应因树制宜。原则上，树势较弱时，外围延长枝段不宜留果，内膛弱枝也宜重疏，仅保留光照最佳的果枝上的果实；而壮旺树则内膛、外围均可酌情多留，即以果压枝，延缓树势。同理，为兼顾产量与质量，大年树果多，宜留单果；小年树应改留双果或多果，以补产量不足。

(4) 保花保果　与疏花疏果相对应，当树体中储备营养不足、幼果发育不良时，须及时保花保果，以保持果实适宜负载量。一般弱树、老树、弱果枝等常不易坐果或虽坐果但果实发育不良，应采取以下技术措施。

①人工辅助授粉。一般在果树盛花初期到盛开期先后授粉 2 次，2 次间相隔两三天。授粉最宜在花开放当日上午进行，以利受精坐果。

②花期放蜂。大多数果树树种多为虫媒花，花期增加果园内的蜂群，对提高果树授粉及坐果率有显著作用。一般果园放蜂应在开花前就安置蜂箱，应选

择强蜂群。通常一个强蜂群可保证 0.33～0.67hm² 果园的充分授粉。除蜜蜂外，壁蜂也是很好的授粉昆虫。人工放养壁蜂，比放养蜜蜂的成本低、而且更方便。

③花期前后，加强管理。因花期所需营养物质，几乎均为储藏营养。所以，上一年采收后应加强肥水管理，保护叶幕完整，改善采后树株光合作用，积累更多储藏养分。同时，还须加强春季管理，为开花坐果提前制造养分；花期喷施 0.3％硼砂加 0.1％蔗糖 1 次，以利花粉发芽和促进受精，提高坐果率；花后喷布 0.3％～0.5％尿素两三次，以提高叶片光合效能，为幼果提供有机营养。

④栽培管理。摘心、环剥等可改变花期前、后树体内部营养输送方向，使有限的营养物质优先供应子房或幼果，提高坐果率；花期或花后喷布工人合成生长调节剂保花保果；预防花期霜冻和花后寒害、避免过涝等也是保花保果的必要措施。

【任务实践】

实践一：番茄疏花疏果

1. 材料与用具

（1）材料　日光温室番茄植株。

（2）用具　剪枝剪等相关农具。

2. 操作步骤

（1）疏花　每一花穗的第一朵小花要疏掉，每一穗花大部分开放时，疏掉畸形花和开放较晚的小花；一般只保留 5～6 朵小花。

（2）蔬果　大果型品种每穗留果 3～4 个；中型留 4～5 个。

3. 检查

（1）检查疏花是否彻底。

（2）检查留果量是否合适。

（3）是否按照要求操作。

实践二：苹果疏花疏果

1. 材料与用具

（1）材料　苹果园。

（2）用具　剪枝剪等相关农具。

2. 操作步骤

（1）疏花序　花序显现伸长后，按照留果指标要求，把着生位置不适当的花序整序疏除，为保险起见可多留 10％～20％作为机动果。

（2）疏果　落花后基本能判定坐果时，将留用的整序果疏为单果，同时将留用的机动果下降为 5％左右。

（3）定果　生理落果期以后（6 月中旬至 7 月上旬），根据幼果生长发育状况，最后确定其留用与否。此次定果要严格按照指标要求选留幼果，宁可少留，也要把那些不能生长发育为优等果实的"胎里坏"去掉。

3. 检查

（1）检查苹果疏花量、疏果量、留果量。

（2）是否按照要求操作。

实践三：蔬菜保花保果

1. 材料用具

番茄开花期植株、黄瓜结果期植株、2，4-D、CPPU 等。

2. 操作步骤

（1）番茄保花保果。

①2，4-D 使用浓度为 10～20mg/L，高温季节取浓度低限，低温季节取浓度高限。

②根据 2，4-D 的类型及其说明书将药液配制好，并加入少量红或蓝色染料做标记。

③用毛笔蘸取少许药液涂抹花柄的离层处或柱头上。

④一朵一朵的涂抹，比较费工。2，4-D 处理的花穗果实之间生长不整齐，或成熟期相差较大。

⑤使用 2，4-D 时，应防止药液喷到植株幼叶和生长点上，否则将产生药害。

（2）黄瓜保花保果

①配制药液。不同药剂要求的浓度不同，CPPU 的处理浓度是 5～10mg/L，BR 的处理浓度是 0.01mg/L，PCPA 浓度是 100mg/L。

②浸蘸瓜胎。在阴天或晴天早晚无露水时处理，避免在强光时段或中午高温时使用，应即配即用。选刚开放或 2～3d 后开放的雌花，用对好药液浸瓜胎。要求从花到瓜柄全部浸泡 3～4s。瓜胎受药一定要均匀，最好一株每次浸泡一个瓜胎。没开花时浸泡，鲜花能保持较长时间。浸蘸后弹一下瓜胎，把瓜胎上多余药液弹掉，如果没有这个操作步骤，且药剂浓度偏高，药量大，则容易形成大花头，逐渐形成多头瓜，后期形成大肚瓜，有些会导致子房发育异常，瓜组偏扁，后期可能形成畸形的双体瓜。

3. 检查

（1）检查药液配置浓度是否符合要求。

（2）检查处理时间和部位以及天气是否合适。

实践四：果树保花保果

1. 材料与用具

梨园、苹果园、硼肥、剪枝剪等。

2. 操作步骤

（1）花前复剪　对修剪过轻留花多的梨树进行复剪。梨花芽是复合芽，每花序5～18朵花，开花会消耗树体大量营养，疏花可使树体营养供应集中，提高坐果率，花序分离即可疏花，每个花序留1～2朵边花。

（2）人工授粉和放养壁蜂　人工授粉应在授粉前2～3d采集适宜授粉的品种成年树上充分膨大的花蕾或刚刚开放的花朵，采取花药，烘干出粉，集中人力于始盛花期人工点授。亩地放养壁蜂80～100头，可取代人工授粉省时省工。

（3）花期喷硼　硼能促进花粉管的萌发与伸长，促进树体内糖分的运输，花期喷硼可提高坐果率。多聚硼800倍，硼尔美1000倍。

（4）花期防霜冻。

①花前灌水推迟开花。

②喷雾法：霜冻来临时在果园喷雾。

③熏烟防霜。

④选用抗寒力强的果树种类和砧木。

3. 检查

（1）检查喷硼浓度是否符合要求。

（2）检查人工授粉时间和时期是否合适。

【关键问题】

1. 配置授粉树

因为许多果树都有自花不实的现象，若在果园中栽培单一品种往往由于授粉受精不良，果树只开花不坐果或结果很少，这就需要配置其他品种作授粉树进行异化授粉，这样才能正常结果，即使自花结实的品种，如进行异化授粉也可进一步提高产量。

较稀植时主栽品种与授粉品种配置比例为（1～3）∶1；密植时可按4∶1配置。配置授粉树最低比例为8∶1，即8株主栽品种周围应有1株授粉树。所选品种中有一个三倍体品种时，应选择另外2个能相互授粉的二倍体品种作授粉树。

2. 人工授粉

首先，要弄清楚的是该植株是否是自花传粉植物，即该植株的花粉为两性花粉，其传粉为两性花的花粉，落到同一朵花的雌蕊柱头上。对于自花传粉植物，一般常用的人工授粉方法如下所述。

（1）去雄 除去未成熟花的全部雄蕊。

（2）套袋 给这只有雌蕊的花套上纸袋，密封。

（3）待花成熟时，再采集所需要的植株的花粉，撒在去了雄花的雌花柱头上。

这是最简单也是最基本的步骤，如果没有严格执行这两步骤，人工授粉肯定是失败的，去雄主要是阻止其自花授粉，套袋子是防止意外异花授粉，如昆虫、风等媒介传粉。对于异花授粉植株而言，同株或异株的两朵花之间传粉，就简单多了，在花未成熟前套上袋子就行了。

3. 保花保果措施

（1）生理期措施

①第一期落果：是在开花后的1～2周，落掉的是未膨大的子房，主要是由于缺乏授粉受精条件，花器不完全或雌蕊退化所致。这种现象的出现，主要是由于上年夏季管理不善，影响了花芽的分化和花器的形成，或花粉不育、发芽率低，使植株失去了受精能力。

②第二期落果：是在开花后3～4周。此时子房已经膨大，由于受精不完全，胚的发育受阻，幼果缺乏胚供应的激素，或因花期遇阴雨天气，影响授粉，或花期缺氧，幼胚缺乏蛋白质供应而停止发育，均可引起落果。

③第三期落果：是已经受精的幼果，在发育的过程中，因胚中途停止发育而造成落果。这个时期多在5月上旬至6月上旬，正值胚与新梢都处于旺盛生长、需要大量氮素的时期。由于氮素供应不足。或供应过重促使新梢生长过旺，夺走了果实发育所需要的营养，从而导致胚缺乏营养，停止发育而落果。

（2）生长期措施

①合理施肥：以有机肥为主，化肥为辅；重施底肥，适量追肥；注重氮、磷、钾肥的配合施用并重视使用微肥；不施果树敏感的肥料。

②科学管水：开花和坐果期是果树需水量较多的时期，如果土壤缺水，应及时灌水，可结合施肥一并进行。灌水不要在中午高温烈日下进行，应在傍晚或早上进行。

③疏花疏果：对花果量太多的果树进行疏花疏果，疏留的花果量应视具体树势确定，疏去病虫果、畸形果和过密的果。

④合理修枝：修枝可减少荫蔽，增强光合作用，一般在采果后或疏花疏果时结合进行，剪去弱枝、枯枝、交叉枝、病虫枝，短截长势过强的枝条。

【思考与讨论】

1. 怎样保花保果和疏花疏果？
2. 保花保果时应注意哪些问题？
3. 生长调节剂保花保果的机理。

【知识拓展】

1. 保花保果素

本品根据植物的开花、授粉、结果生理特性以及逆境生理特点，针对植物落花、落果深层机理精心配制而成。富含植物开花授粉时期所必需的微量元素，适量的常量元素、天然的植物内源激素以及多种具有保花保果活性的天然植物萃取物质。

促进植物花芽分化，延长花期，提高花粉可孕性，增加雌性花数量，形成健壮花器，促进花粉萌发、花粉管伸长，提高授粉率。

促进细胞分裂，增加细胞数量，修复受伤细胞，协调植物开花结果与营养生长的生理关系，防止花柄、果柄离层的形成，从而有效地提高坐果率，促进果实膨大，提高果实品质，使果形周正，着色均匀鲜亮。

激活植物免疫系统，刺激植物产生抗病因子，显著增强植物抗病虫害能力，阻止病原菌侵入，迅速修复受害部位。同时，能够有效地增强抵抗干旱、寒冷、涝害等逆境的胁迫、强力缓解肥害、药害的发生。

本品从开花授粉、植物营养、植物抗性三方面达到保花保果的功效。有效防治冻花、落花、花打顶；防止落果、裂果、缩果等畸形果。

使用技术：1 500 倍均匀喷雾。作物初花期叶面均匀喷雾，幼果、果实膨大期重点喷施果面。

适用作物：柑橘、芒果、荔枝、龙眼、菠萝、香蕉、板栗、西瓜、甜瓜、苹果、梨、大樱桃、葡萄、桃、李、大姜、蒜、草莓、枣、棉花及各种蔬菜。

注意事项：本品广泛用于作物生长的各个时期，但作物发病初期效果最佳。本品可与任意农药混兑，并有增效作用。上午 10：00 前或下午 4：00 后喷施效果最佳。本品微毒，保存阴凉干燥处，质量保证期 3 年。

任务二　果实品质的调节

【案例】

果实的品质包括营养成分、着色、质地、大小、形状及风味等。一方面果实的品质与园艺植物种类及品种的遗传性有关；另一方面又受环境条件包括光照、温度、水分、矿质营养及栽培技术等的影响。因此，必须采取综合技术措施，提高果实品质。

思考 1：如何提高果实品质？

思考 2：提高果实品质技术有哪些？

案例评析：提高果实品质的关键技术如下所述。

合理的群体结构：群体结构是枝叶量、枝类、覆盖率和透光度等因素的总称。若果园内的密度过大，枝条过长，叶幕过厚、透光不良将导致果实风味淡、色泽差。通过合理密植，加强生长期修剪，控制树势等调整树形，改变光照条件，即可在一定程度上改变果实品质。

科学的肥水管理：对果树增加有机肥的施入量，平衡施肥，加强钾、铁、钼、硼、锌等矿质营养的补充，控制施氮量，使之达到合理范围是改善果实品质的又一重要措施。

搞好辅助授粉：人工辅助授粉除能保证坐果外，还有利于果实增大端正果形。充分授粉能使授粉良好，可促进子房发育，增加幼果在树体养分分配中的竞争力，使果实发育快，单果重增加；同时增加果实中种子的数量，使种子在各心室内分布均匀，使果实本身营养分布均衡，果形端正。授粉时要选择好父本，授粉的父本品种不同，对果实大小、色泽、风味、香气等有重要的影响，即花粉直感，在可能的条件下要有所选择，以利促进果实品质。

套袋：果实套袋是提高果实外观质量和降低农药残留量的先进技术之一。套袋果的市场竞争力和售价明显提高。套袋还有防治病虫鸟害、减少落果等作用。果实套袋在幼果期进行，着色品种需要采前 30d 左右拆袋，可先拆开下口使袋呈伞状，经 3～5d 再全部拆下，套内绿色品种的果袋可一直套到采收再拆。

树下铺反光膜：于果实着色前，树下铺设银色反光地膜，以改善树冠内膛和下部的光照，从而能达到果实全面着色的目的，同时还可提高果实的含糖量。铺膜时间在果实进入着色期前期，在河北保定元帅系苹果在 8 月下旬，红富士在 9 月上旬。在温室或大棚里，可在北墙面上挂上反光帘补充光照。

【知识点】

1. 果实品质指标

（1）外观品质

①大小：用果径表示，指果实最大横切面的直径。用卡尺或卷尺测定。

②形状：用果形指数表示，即果实纵径与横径的比值。果形端正的，果实

发育正常，品质好，一般应用计算机控制显示器选果。

③颜色：不同果品成熟时具有固有的颜色。如苹果有浓红、鲜红、条红、暗红、金黄色、黄色、黄绿、绿色、黄绿色等。柑橘有红皮、黄皮品种，也有橙红色、橙黄色、黄绿、绿色品种。

④光泽：果品表面蜡层的厚度及结构、排列都会影响果品表面的光滑度，也是构成果品质量的因素之一。

⑤缺陷：果品表面或内部的各种缺陷，如果锈、果面的刺伤或碰伤、磨伤、日灼病、药害、雹伤、裂果、病虫果等。可用5级分类法表示：1级：无症状；2级：症状轻微；3级：症状中等；4级：症状严重；5级：症状很严重。

（2）质地品质

①果实硬度：用果实硬度计测试，将样果在果实胴部中央阴阳两面的预测部位削去薄薄一层果皮，尽量少损及果肉，削的部位面积略大于压力计测头面积，将压力计测头垂直对准果面的测定部位，缓缓施加压力，使测头压入果肉至规定标线为止，从指示器直接读数，即为果实硬度，统一规定以 N/cm^2（kgf/cm^2）来表示。（每批试验果不得少于10个果，求其平均值，计算至小数点后一位）。

②纤维和韧性：果品的纤维多则食用品质差，用纤维仪测切割阻力或用化学分析测定纤维或木质素含量。

③汁液：可测水分含量，含水量高表明果实多汁、新鲜；也可感官品评。

④感官质地：主要是鉴评者进行品尝，通过咀嚼、评价果肉的粗细、硬度、脆度、粉碎性和油性。

（3）风味品质

①甜味。果品的甜味主要与含糖量有关，可用化学方法测定，某些商品可以用试纸速测葡萄糖，也可粗略地测定总可溶性固形物含量，因为糖是最主要的可溶性固形物，常用手持折光仪或比重计来测糖含量。

②酸味。果品的酸味主要与含糖量和糖、酸的比值有关。总酸（可滴定酸）可用酸碱中和法测定。

③涩味。果品的涩味主要是可溶性单宁引起的，含量低时令人感到清凉爽口。

④苦味。测定生物碱或葡萄糖苷。

⑤香气。通过品评小组的感官鉴评，也可用气相色谱法测定代表某种果品特殊风味的挥发物来确定其风味。

⑥感官评定。根据一些感官特性如甜、酸、涩、苦、香气等；对果品的风

味进行综合主观评定。由品评小组找出并且描述样品之间的差异，确定品评果品中的主要挥发物。

【任务实践】

实践一：人工授粉

1. 材料与用具

（1）材料　苹果园。

（2）用具　剪枝剪等相关农具。

2. 操作步骤

（1）花粉采集　一般是把即将开花的花朵或雄花序采回，取出花药在室内晾干。待花粉自然开裂，散出花粉后收集备用。

（2）授粉时间　所授品种的盛花初期，上午 10 时至下午 4 时以前花心柱头上有分泌粘液为最佳授粉期。授粉的最佳时间：在所栽品种的盛花期，温室揭苦后至上午 11 时之间进行为宜，就一朵花来讲，以开花后半小时为授粉的最佳时间，这时柱头分泌粘粉最多，开花后 4h 授粉坐果率为 80％。最好在开花高峰后 4h 内授第一次粉，在花开全后再授一次。

（3）授粉方法

①人工点授法：将处理好的花粉按 10 份粗花粉加 2 份粉红色的增量剂；2 份纯花粉加 1 份增量剂的比例配好拌匀装入干燥的小瓶中。用带橡皮头的铅笔或鹅毛耳棒沾些许花粉，往初开花的花心轻轻一点，沾一次花粉可授 3～5 朵花，苹果每个花序点授 2 朵中心花，梨树每个花序点授 2 朵边花，注意不要授弱花、梢头花。点花距离根据树种、品种种花量多少而定。

②喷粉法：此法比较省力、效率高，适合劳力少的大规模的果园用。采用喷粉法不能用粗花粉，只能用纯花粉。

具体方法是：1 份纯花粉加 2～3 份增量剂（视花粉发芽率而定），经充分拌匀混合，装入喷粉器或专用授粉器中，对着盛花初期的树均匀喷布。

3. 检查

（1）检查人工授粉时期。

（2）检查人工授粉方法是否合适。

（3）是否按照要求操作。

实践二：果实套袋

1. 材料与用具

（1）材料　苹果园。

（2）用具　外灰内黑的双层袋如日本小林袋、台湾佳田袋以及青和、天津和凯祥袋等。

2. 操作步骤

（1）套袋时期

①苹果套袋时期应选择在果实生理落果后的 6 月份，而在特殊干旱年份，可推迟至 6 月底 7 月初。

②梨在 5 月上中旬疏果结束后进行套袋，黄金梨套两次袋的，小袋在 5 月中旬套，大袋在 6 月中下旬套袋。

③葡萄一般在葡萄生理落果（坐果后 15～20d）后进行套袋，即果粒长到豆粒大小时经疏粒、整穗后立即套袋，赶在雨季来临前结束，以防早期侵染的病害和日烧；另外，葡萄套袋要避开雨后的高温天气，在阴雨连绵后突然晴天，如果立即套袋，会使日烧加重，因此要经过 2～3d，使果实稍微适应高温环境后再套袋。

④桃在盛花后 30d 内定果套袋，6 月中旬前（麦收结束时）基本结束。套袋时间应在晴天上午 9～11 时和下午 2～6 时为宜。

同时，一个果园最好是所有果实全部套袋，以便管理。

（2）套袋方法

①套袋前 3～5d 将整捆果袋用单层报纸包好埋入湿土中湿润袋体，可喷水少许于袋口处，以利扎紧袋口。

②果园喷药后应间隔 2～3d 再套袋。

③套袋应在早晨露水干后进行。

④选定幼果（穗）后，小心地除去附着在幼果（穗）上的花瓣及其他杂物，左手托住纸袋，右手撑开袋口，或用嘴吹开袋口，令袋体膨起，使袋底两角的通气放水孔张开，手执袋口下 2～3cm 处，袋口向上或向下，套入果实（穗），套上果实（穗）后使果柄置于袋的开口基部（勿将叶片和枝条装入袋子内），然后从袋口两侧依次按折扇方式折叠袋口于切口处，将捆扎丝扎紧袋口于折叠处，于线口上方从连接点处撕开将捆扎丝返转 90°，沿袋口旋转 1 周扎紧袋口，使幼果（穗）处于袋体中央，在袋内悬空、以防止袋体磨擦果面，不要将捆扎丝缠在果柄上。

⑤套袋时用力方向要始终向上，以免拉掉幼果（穗），用力宜轻，尽量不碰触幼果穗，袋口也要扎紧，以免害虫爬入袋内危害果实（穗）和防止纸袋被风吹落，另外，树冠上部及骨干枝背上裸露果实应少套，以避免日烧病的发生。

⑥套袋时应在早晨露水已干、果实不附着水滴或药滴后进行，防止产生药害。

⑦套袋顺序为先上后下、先里后外。果实袋涂有农药，套袋结束后应洗手，以防中毒。

3. 检查

（1）检查苹果疏花量、疏果量、留果量。

（2）是否按照要求操作。

实践三：果园地面铺反光膜

1. 材料用具

苹果园，聚丙烯、聚酯铝箔、聚乙烯等材料制成的薄膜等。

2. 操作步骤

（1）铺膜时间　套袋果园铺膜一般在摘除果袋 3～5d 后进行，没有套袋的果园铺膜宜在采收前 30～40d 进行。

（2）铺膜前的准备　乔化果园可在铺膜前清除行间杂草，用耙子将地整平。矮化园可随地势铺膜。套袋果园在铺膜前要先除袋，并进行适当的摘叶。为了保证反光膜的效果，还可修剪、回缩树冠下部拖地裙枝，疏除树冠内遮光较重的长枝，铺反光膜的果园，一般行距要求有 0.6～1m 的人行道，有太阳直射光最好，从而保证有更多的阳光投射到反光膜上。

（3）铺膜方法

①顺树行铺，铺在树冠两侧，反光膜的外边与树冠的外缘平齐。

②铺设时将成卷的反光膜放在果园的一端，然后倒退着将膜慢慢滚动展开，边展开边用石头、砖块或绳子压膜。

③压膜不宜用土，以防将反光面弄脏，影响反光效果。压膜时不要将膜刺破。

（4）铺膜后的管理　铺膜后应注意经常检查，刮风下雨时，应及时将被风刮起的膜重新整平，将膜上的泥土、落叶和积水及时清扫干净。

3. 检查

（1）检查铺膜时期是否合适。

（2）检查铺膜后管理。

【关键问题】

1. 提高果实品质的途径

果实的品质包括营养成分、着色、质地、大小、形状及风味等。一方面果实的品质与园艺植物种类及品种的遗传性有关；另一方面又受环境条件包括光照、温度、水分、矿质营养及栽培技术等的影响。因此，必须采取综合技术措施，提高果实品质。

（1）果实大小　加强综合管理，生产出品种应有大小的果实，应采取以下措施。

①尽量满足其生长发育所需的环境条件，尤其是满足其对营养物质的需求。合理的修剪以维持良好的树体结构和光照条件，增加叶片的同化能力；适时适量肥水有利于促进果实的膨大和提高果实品质。

②人工辅助授粉。除可提高坐果率外，还有利于果实增大和端正果形。

③疏花疏果。植株果实负载量过多是果体变小的主要原因之一。因此，疏花疏果，选留发育良好的果实，可使树体有足够的同化产物和矿质营养，满足果实发育的需求。

（2）果实色泽　果实的颜色是评价外观品质的另一重要指标。在生产上可以依据不同种类果实的色泽发育特点进行调控，改善果实的色泽。

①合理修剪，改善光照条件。番茄、茄子等蔬菜作物通过打杈、摘心的方法来控制植株高度，减少分枝，加强通风透光，从而促进着色；木本果树可通过整形修剪，缓和树势，改善通风透光条件，提高光能利用率，促进光合产物积累，增强着色。

②加强土肥水管理。提高土壤有机质含量，改善土壤团粒结构，提高土壤供肥、供水能力。矿质元素与果实色泽发育密切相关，过量施用氮肥，可影响花青苷的形成，导致果实着色不良，故果实发育后期不宜追施氮素肥料。在果实发育的中、后期增施钾肥，有利于提高果实内花青苷的含量，增加果实着色面积和色泽度。钙、钼、硼等元素，对果实着色也有一定促进作用。果实发育的后期（采前10～20d），保持土壤适度干燥，有利于果实增糖着色，此阶段灌水或降雨过多，均将造成果实着色不良，品质降低。

③果实套袋。套袋是提高果实品质的有效措施之一，除能改善果实色泽和光洁度外，还可以减少果面污染和农药的残留，提高食用安全性，预防病虫和鸟类的危害，避免枝叶擦伤果实。

④树下铺反光膜。在树下铺反光膜可以改善树冠内膛和下部的光照条件，解决树冠下部果实和果实萼洼部位的着色不良问题，从而达到果实全面着色的目的。

（3）果面光洁度　在果实发育和成熟过程中，常因管理措施不当，果实受外界不良气象因子的影响，表面粗糙，形成锈斑、微裂或损伤，影响果实的外观，降低商品价值。造成表面不洁净的因素是多方面的，提高果面光洁度可从以下几个方面入手解决。

①果实套袋：可以使果皮光洁、细嫩，色泽鲜艳，减少锈斑，且果点小而少，从而提高果实的外观品质。

②合理施用农药和叶面喷肥：农药及一些叶面喷施物施用时期或浓度不当，往往会刺激果面变粗糙，甚至发生药害，影响果面的光洁度和果品性状。

③喷施果面保护剂：苹果可喷施 500～800 倍高脂膜或 200 倍石蜡乳剂等，均可减少果面锈斑或果皮微裂，对提高果实的外观品质明显有利。

④洗果：果实采收后，分级包装前进行洗果，可洗去果面附着的水锈、药斑及其他污染物，保持果面洁净光亮。

（3）果实风味 果实风味是内在品质最重要的指标，也是一个综合指标。果实品质的形成与生态环境有密切关系。因此只有依据作物生长发育特性及其对立地条件、气象条件的要求，适地适栽才能充分发挥品种固有的品质特性。土壤有机质含量、质地对瓜、果品质有明显的影响；温度和降雨也都直接影响果实风味。

叶幕微气候条件对果实品质有很大影响，由于叶幕层内外光照水平不同，果实内糖、酸含量也不同，一般外层果实品质较好。因此，在果树整形修剪时，选择小冠树形，减少冠内体积，而相对增大树冠外层体积，可以提高果实品质。棚架栽培，由于改善通风透光条件，营养分配均匀，因而果实品质风味好。

合理施肥灌水可有效改善果实风味。果实发育后期轻度水分胁迫能提高果实的可溶性糖及可溶性酸含量，使果实风味变浓；但严重缺水时，会降低糖、酸含量，而且果实肉质坚硬、缺汁，风味品质下降。水分过多会使果实风味变淡。一般地说，施用有机肥有利于提高果实风味，而施用化学肥料则会降低果实品质。不同化学肥料对果实品质的影响也不同

2. 提高果实品质的技术措施

（1）创造良好的树体条件

①合理的群体结构：群体结构是枝叶量、枝类、覆盖率和透光度等因素的总称。山东烟台红富士苹果树冠覆盖率分别为 61.4％、74.1％、86.5％，直射光透射率分别为 29.4％、18.3％ 和 9.8％，果实平均着色指数分别为 85.1％、79.5％、72.4％，提出每公顷枝量不超过 2 250 万条为宜。若果园内的密度过大，枝条过长，叶幕过厚、透光不良将导致果实风味淡、色泽差。通过合理密植，加强生长期修剪，控制树势等调整树形，改变光照条件，即可在一定程度上改变果实品质。

②合理的负载量：留果量过多，果实往往发育不良，单果重降低，畸形果增多，果实色泽风味不良；但留果过少，导致树势偏旺，果实明显贪青、着色不良。生产上多数情况是严格进行疏花疏果，控制叶果比，使果实在树冠上分布均匀，并注意精选留果的位置去改善果实品质。

③科学的肥水管理：对果树增加有机肥的施入量，平衡施肥，加强钾、铁、钼、硼、锌等矿质营养的补充，控制施氮量，使之达到合理范围是改善果实品质的又一重要措施。据日本的研究，7月份红富士苹果叶片含氮量大于2.5％时，叶柄呈绿色，果实难上色；但低于1.5时，叶柄叶脉呈紫红色，果实着色不良，而在2％左右时，叶柄紫红色，果实着色好。

④搞好辅助授粉：人工辅助授粉除能保证坐果外，还有利于果实增大端正果形。充分授粉能使授粉良好，可促进子房发育，增加幼果在树体养分分配中的竞争力，使果实发育快，单果重增加；同时增加果实中种子的数量，使种子在各心室内分布均匀，使果实本身营养分布均衡，果形端正。授粉时要选择好父本，授粉的父本品种不同，对果实大小、色泽、风味、香气等有重要的影响，即花粉直感，在可能的条件下要有所选择，以利于促进果实品质。

⑤合理使用农药和其他喷施物：农药及一些喷施物如使用不当，往往会使果皮粗糙，影响果面清洁和果实形状。

（2）改善果实品质的措施

①套袋：果实套袋是提高果实外观质量和降低农药残留量的先进技术之一。在河北省已应用于梨、苹果、桃和葡萄等果树上，使套袋果的市场竞争力和售价明显提高。套袋还有防治病虫鸟害、减少落果等作用。纸袋用全木浆纸做成，具有耐水性强，耐日晒，不易变形、经风吹雨淋等不破裂等优点。纸袋需经药剂处理，可防治特定的病虫害。纸袋依据病虫害种类、地区气候条件、果实形状、果实种类、果实色泽对透光光谱波长和透光率要求的不同分为不同类型。果实袋有单层、双层和三层的，各层纸的颜色透光度、涂料等各不相同。要按专家的指导购买符合国家标准的纸袋套袋。如果用不合标准的纸袋套袋，可导致入袋病虫害的发生，还会使果梗被蜡烫伤，造成果实脱落，另外纸质不良时，雨淋后，纸袋被粘在果面上，易造成果实畸形，因此不能采用劣质袋套袋。果实套袋应在幼果期进行，着色品种需要在采前30d左右拆袋，可先拆开下口使袋呈伞状，经3～5d再全部拆下，套内绿色品种的果袋可一直套到采收再拆。

②摘叶和转果：在果实成熟前20d左右摘除贴住果实或其周围2～3片叶，能增加果面对直射光的利用率，从而提高着色度。摘叶早虽着色好，但对果实增大不利，影响产量，还会降低营养储藏水平。为使果实阴面着色，可在阳面着色后将果实阴面转向阳光直射的一面。

③树下铺反光膜：于果实着色前，树下铺设银色反光地膜，以改善树冠内膛和下部的光照，从而达到果实全面着色的目的，同时还可提高果实的含糖量。铺膜时间在果实进入着色期前期，河北保定元帅系苹果在8月下旬，红富

士在 9 月上旬。在温室或大棚里，可在北墙面上挂上反光帘补充光照。

④喷果面保护剂：喷高脂膜、石蜡乳剂等，可减少果面锈斑或微裂，能提高果面光洁度。

⑤修剪：通过适当的修剪措施也可提高果实品质。环剥：对旺树，于果实成熟前进行局部环剥，可使有机营养集中于果实，能显著增大果个，并提高含糖量和促进着色。剪梢：剪除过多新梢，改善光照条件，有利于果实着色。摘心、扭梢和拉枝等措施也有些效果。刮树皮：冬春季刮除树干和老枝上的翘皮，可增强树体活力，使果皮光亮，果肉细脆。

⑥延迟采收与分期采收：适当晚采有利于提高果实的含糖量，增加着色度。有些同树种、同品种的果实成熟期也不同，分期采收能使其品质发育到最好程度，前期果实采收后，晚熟果实的品质会迅速提高。为了培育优质果，可将大部分果实先行采摘，留少量果实延迟采收效果更好。

【思考与讨论】

1. 果实品质形成的生理机制
2. 影响果实品质的因素

【知识拓展】

1. 果园全年管理

（1）萌芽前（3 月中下旬）

①追肥：此次追肥为萌芽肥又叫花前肥。施肥种类主要以速效氮肥为主，施尿素 1～3 年生树 10～15kg/亩；4～5 年生树 20～25kg/亩；6 年生以上树 30～35kg/亩。施肥后立即灌水。

②灌水、保墒：土壤干旱时，有水源条件，可适量灌水，灌水量宜掌握在水分下渗土中 30～50cm 为准。在干旱缺乏水源时，可采用穴储肥水，每穴灌水 10～15kg。

③幼果园覆膜：幼树早春追肥灌水后，用地膜顺树两边通行及时覆盖幼树树盘，以利保墒增温，促进幼树生长。

④幼树刻芽：在萌芽前 10～15d 左右，对中干缺枝部位进行刻芽。用钢锯在需枝的芽上方造伤，确保幼树早期丰满。

（2）萌芽和开花前后（4 月上旬至 5 月上旬）

①花前复剪：剪除冬剪遗漏的病虫枝，干枯枝等。当花量大时，对串花枝进行回缩，长而粗壮的串花枝可适当长留，细弱的串花枝留 2～4 个花芽缩剪，花量不足的小年树尽量多留花芽。复剪后的花、叶芽比例应为：中庸树 1：3，

弱树 1∶4，强树 1∶2。

②喷叶面肥：在萌芽期开花前，喷 2%～5% 的硫酸锌防治小叶病，喷 2%～4% 的硫酸亚铁防治黄叶病。

③疏蕾疏花：疏蕾疏花最佳时间是显蕾到开花前越早越好。但由于我县春季晚霜冻害发生频繁，宜在花瓣落掉 70% 时再进行疏花，疏花量应根据树势强弱，气候和品种特性灵活掌握。但应保留花序下的莲座叶片。

④花期喷肥：盛花期喷布 0.3% 硼砂＋0.3% 尿素，并可在主干主枝涂抹氨基酸螯合肥，以提高座果率。

⑤花期授粉：在花期对授粉树少的果园应采取蜜蜂、壁蜂和人工等方法进行授粉，以提高坐果率和果实整齐度。

⑥高接换种：对老的淘汰品种进行高接换种。幼树采用单芽腹接；大树采用多头枝接。品种可因地制宜，选择早、中、晚熟的各种优系品种。

⑦拉枝开角：根据品种特性和目标树形要求，在 5 月中下旬将永久性主枝全部拉至 90° 左右；将临时性小主枝和大辅养枝全部拉至 90°～100°；将主枝上的侧生大、中型枝组全部拉至水平状态，使枝条相互不重叠，摆布均匀合理。

⑧刻芽、抹芽：对长放枝两侧光秃部位适度刻芽，促发中、短枝。及时抹除剪锯口萌芽，以利节约养分。

⑨果园生草：果园生草能防止和减少水土流失，提高土壤有机质含量。在 4 月份降雨或灌溉后土壤墒情较好的情况下，可选播三叶草、黑麦草、小冠花等草种。

⑩花期防冻：早春霜冻是花期、幼果期的主要自然灾害。应根据天气预报，当初花期出现温度 -2.8℃，盛花期温度达到 -1.6℃，幼果期温度达到 -1.1℃ 的低温时，应立即采取群体式"放烟雾"的办法防冻。

(3) 春梢速长期至麦收前（5 月中旬到 6 月下旬）

①疏花定果：从落花后 15d 左右开始定果，至 5 月底前结束。疏果时应选留果形端正的中心果，多留中长枝果和下垂果，少留侧向生长的果，一般不留向上生长的果、腋花芽果和梢头果。

②套袋：套袋能促进果实着色，提高外观品质，减少农药残留。套袋时间为定果后 10～15d 开始，到 6 月底前结束。套袋前应周到细致地喷布杀虫、杀菌剂，并添加钙宝类钙肥。纸袋选用符合标准的双层袋，严格按套袋技术要求进行。

③夏季修剪：对幼树和初结果树，综合应用摘心、揉枝、环切环剥、拉枝、疏枝等夏剪技术进行修剪。

④灌水追肥：此次追肥为花芽分化肥，又叫花后肥、拉桩肥。肥料种类以

二铵为主，施肥量为：1～3 年生树 10～20kg/亩；4～5 年生树 30～50kg/亩；6 年生以上树 50～70kg/亩。单株灌水 10～15kg，以满足花芽和果实发育对水肥的需求。

⑤果园覆草：果园覆草可明显提高土壤含水量和土壤有机质含量，抑制杂草丛生，对于促进果树生长、提高产量和质量有明显效果。在夏季高温来临之前，于树盘下或全园覆盖作物秸秆、绿草、天然杂草，压实厚度以 15～20cm 为宜，覆草后星星点点压土，以防风刮，主干处 10cm 内不需覆草。

⑥病虫害防治：主要防治早期落叶病、腐烂病、果实轮纹病和炭疽病等病害，可选用百菌清、大生 M－45、喷克、波尔多液、甲基托布津、菌立灭等杀菌剂。

主要防治红蜘蛛、食心虫、卷叶虫、潜叶蛾类等虫害，可选用蛾螨灵、桃小灵、辛脲、灭幼脲 3 号、卡死克、尼索朗等杀虫剂。

⑦建蓄水设施：一是田园化整地。二是山坡地建集雨窖灌，减少地表径流。

⑧幼果期防冻：应根据天气预报，在气温下降至－1.1℃时立即采取防冻措施。

（4）果实膨大期（7～8 月）

①夏季修剪：继续进行夏季修剪，并撑、吊结果过多的下垂枝。

②灌水：如遇干旱应设法灌水，以免影响果实正常膨大。

③喷叶面肥：果实膨大期在叶背面喷布 0.2%～0.3% 的磷酸二氢钾，促进花芽分化和果实膨大。也可喷钙宝和果氨宝及氨基酸类叶面肥，促进果实膨大，提高含糖量，改善果实外观质量，预防生理病害。

④病虫害防治主要防治早期落叶病、果实轮纹病和炭疽病等病害，可适用波尔多液、代森锰锌、多菌灵、福星、中生菌素、甲基托布津等杀菌剂。

主要防治红蜘蛛、食心虫等虫害，可选用齐螨素、蛾螨灵、灭幼脲 3 号、卡死克、霸螨灵等杀虫剂。8 月下旬主干绑草把，诱杀部分下树越冬害虫。

⑤生草管理：种草的果园，草长到 20cm 左右及时刈割压青覆盖树行。

⑥分期采收：分期（3～4 次）采收早、中熟品种，尽快销售。

⑦防雹：根据天气预报，做好果园防雹工作。

⑧追肥：此次追肥为果实膨大肥。施肥种类以硫酸钾为主，4～5 年生树 30～50kg/亩；6 年以上生树 60～90kg/亩。

（5）果实着色期及成熟期（9～10 月）

①拉枝：9 月初对 80cm 以上的当年生枝全部拉平。

②疏枝：疏除徒长枝、直立枝、果实周围的遮光枝，下垂细弱枝、病虫

枝，改善光照条件，提高果实品质。

③对未停长的旺梢进行摘心，以利充实枝条。

④除袋：套袋果实于成熟前 20～25d 摘除外袋，外袋去后 3～5d 再摘去内袋。除袋最好选择阴天或晴天的上午 10 时以前和下午 4 时以后进行。切勿一次性除去内外袋。

⑤树盘铺银色反光膜：有条件的果园，果实成熟前 30～40d 于树盘下或行株间铺设反光膜，增强树下层光照，促进下部果实着色。

⑥摘叶、转果：中熟品种在果实成熟前 10～15d，晚熟品种在 15～20d 前，首先把直接盖住果面的老叶摘除，10d 后再摘除距果实 5cm 内遮光叶片，摘叶总量占全树叶片总量的 15％～20％，使树冠下透光量达到 30％以上。在摘叶同时，将果实阴面转到阳面，使果实全面着色，易转动的果可用透明胶带牵引固定。摘叶转果宜在阴天或晴天傍晚进行，应避开晴天正午，以防日烧。

⑦病害防治：主要防治苹果轮纹病、炭疽病、黑红斑点等病害，可喷布甲基托布津、大生 M—45、代森锰锌、福星、中生菌素等杀菌剂，同时喷布补钙肥和 0.5％的磷酸二氢钾，促进果实着色，提高品质，增强树体抗性。

⑧秋季施肥：此次施肥为营养积累肥。施肥种类以有机肥为主，结合深翻改土，补充一定量的化肥。施肥量：1～3 年生树亩施 1 500～3 000kg 厩肥＋尿素 12～24kg＋磷肥 15～30kg；4～5 年生树亩施 3 000～4 500kg 厩肥＋尿素 24～30kg＋磷肥 30～40kg；6 年以上树亩施 4 500～9 000kg 厩肥＋尿素 30～36％kg＋磷肥 40～45kg。

（6）落叶休眠期（11 月上旬至 3 月上旬）

①病害防治：主要防治腐烂病，在 11 月上中旬选用菌必净、腐必清、菌毒清、菌立克等杀菌剂，进行全树喷布。

②树体保护：树干涂白，防日烧及兽害，可在落叶后及时进行。涂白剂配方为：水 10 份、生石灰 3 份、石硫合剂原液 0.5 份、食盐 0.5 份、动植物油少许。

③清园：清扫落叶、烂果；摘除虫苞、僵果；剪除病枝、枯枝等。结合施肥集中深埋或烧毁。

④冬季修剪：1～7 年生树，亩栽植 56 株以下的乔化果园宜选培"自由纺锤形"。8～14 年生树，乔化果园前期应明确区别永久株与临时株，后期应将栽植密度逐年调减，树形改造由"自由纺锤形"改为变则主干形，为逐步改造为"小冠开心形"打好基础。15 年生以上树，乔化果园可彻底改造为小冠开心形。

2. 石硫合剂与波尔多液的配制方法

（1）石硫合剂配方为生石灰1份、硫磺粉2份、水8～10份。熬制方法有两种。

①先将水加热至40～50℃，将生石灰放入锅中搅拌成石灰乳，煮沸后，将硫磺糊慢慢倒入锅中，迅速搅拌，随时补充蒸发的水分，急火煮沸40～50min，即成原液。

②先将硫磺糊放入锅中，加足量水，熬煮至80～90℃时投入生石灰，利用生石灰消解放出的热量促使其迅速沸腾，再煮沸40～50min即成。熬成的原液为琥珀色。

③为了鉴定是否熬好，可取少量原液滴入清水中，如果滴入清水中的原液立即散开，表明熬好，如药滴下沉，则需继续熬制。

④熬成的原液冷却后用波美比重表测量其浓度，储藏于密闭容器中或在表面滴一层矿物油备用。

（2）波尔多液是用硫酸铜、生石灰加水配制而成。

①生产上常用的波尔多液比例有：等量式（硫酸铜：生石灰：水＝1：1：200），倍量式（硫酸铜：生石灰：水＝1：2：200），半量式（硫酸铜：生石灰：水＝1：0.5：200），多量式（硫酸铜：生石灰：水＝1：3～5：200）。

②配制方法：按用水量的一半水溶化硫酸铜，另一半水溶化生石灰，待完全溶化后，再将两者同时缓慢倒入备用的容器中，不断搅拌即成。也可用10%～20%的水溶化生石灰，80%～90%的水溶化硫酸铜，待其充分溶化后，将硫酸铜溶液缓慢倒入石灰乳中，边倒边搅拌即成波尔多液。但切不可将石灰乳倒入硫酸铜溶液中，否则质量不好，防效较差。

任务三　花期调控

【思考】

牡丹是芍药科芍药属植物，浑身是宝，花可观赏、根可医病、种可榨油，遭遇逆境时有舍命不舍花的气节，象征着民族繁荣、国家富强、社会和谐。被誉为"花中之王""国色天香"。牡丹雍容华贵，代表着泱泱大国风范，自古为繁荣昌盛的象征，曾是唐、宋、清三朝的国花，也是当今国花的首选对象。牡丹常用播种、嫁接繁殖，那么牡丹种子如何繁殖？如图4-4所示。

思考1：适宜牡丹催花的品种有哪些？

思考2：牡丹催花的步骤？

思考3：催花牡丹的温度要求？

图 4-4　牡丹花期调控

【知识点】

人为改变环境条件或采取一些特殊的栽培管理方法，使一些观赏植物提早、延迟开花或保花期延长的技术措施叫做花期调控。使开花期比自然花期提早的称为促成栽培；使开花期比自然花期延迟的称为抑制栽培。应用花期调控技术，可以增加节日期间观赏植物开花的种类；延长花期，可满足人们对花卉消费的需求；提高观赏植物的商品价值，对调整产业结构、增加种植者收入有着重要的意义。

1. 花期调控的基本原理

（1）光照与花期

①光周期对开花的影响。一天内白昼和黑夜的时数交替，称为光周期。光周期对花诱导，有着极为显著的影响。有些花卉必须接受到一定的短日照后才能开花，如秋菊、一品红、叶子花、波斯菊等，通常需要每日光照在 12h 以内，以 10～12h 最多。我们把这类花卉称短日照花卉。有些花卉则不同，只有在较长的日照条件下才能开花，如金光菊、紫罗兰、三色堇、福录考、景天、郁金香、百合、唐菖蒲、杜鹃等。我们把这类花卉称为长日照花卉。也有一些花卉对日照的长度不敏感，在任何长度的日照条件下都能开花，如香石竹、长春花、百日菊、鸡冠花等。

试验证明，植物开花对暗期的反应比对光期更明显，即短日花卉是在超过一定暗期时才开花，而长日照花卉是在短于一定暗期时开花。因而又把长日照花卉叫短夜花卉，把短日花卉叫长夜花卉。所以，诱导植物开花的关键在于暗期的作用。

在进行光周期诱导的过程中，各种植物的反应是不一样的，有些种类只需一个诱导周期（1d）的处理，如大花牵牛等，而有些植物如高雪轮，则需要几个诱导周期才能够分化花芽。

通常植物必须长到一定大小，才能接受光周期诱导。如蟹爪莲是典型的短日照植物，它在长日照条件下主要进行营养生长，而在短日照的条件下才能形成花芽，其花芽主要生于先端茎节上，通常可着花 1~2 朵，但是并非每个先端茎节都能开花，这要取决于其发育程度及营养状况，只有生长充实的蟹爪莲茎节才能分化出花芽。

植物接受的光照度与光源安置位置有关。100W 白炽灯相距 1.5~1.8m 时，其交界处的光照强度在 50lx 以上。生产上常用的方式是 100W 白炽灯，相距 1.8~2.0m，距植株高度为 1~1.2m。如果灯距过远，交界处光照度不足，对长日照植物会出现开花少、花期延迟或不开花现象，对短日植物则出现提前开花，开花不整齐等弊病。

②光度对开花的影响。光度的强弱对花卉的生长发育有密切关系。花在光照条件下进行发育，光照强，可促进器官（花）的分化，但会制约器官的生长和发育速度，使植株矮化健壮；促进花青素的形成使花色鲜艳等。光照不足常会促进茎叶旺盛生长而有碍花的发育，甚至落蕾等。

不同花卉花芽分化及开花对光照强度的要求不同。原产热带、亚热带地区的花卉，适应光照较弱的环境；原产热带干旱地区的花卉，则适应光照较强的环境。

（2）温度与花期

①低温与花诱导。自然界的温度随季节而变化，植物的生长发育进程与温度的季节变化相适应。一些秋播的花卉植物，冬前经过一定的营养生长，度过寒冷的冬季后，在第二年春季再开始生长，继而开花结实。但如果将它们春播，即使生长茂盛，也不能正常开花。这种低温促使植物开花的作用，叫春化作用。

一些二年生花卉植物成花受低温的影响较为显著（即春化作用明显），一些多年生草本花卉也需要低温春化。这些花卉通过低温春化后，还要在较高温度下，并且许多花卉还要求在长日条件下才能开花。因此，春化过程只是对开花起诱导作用。

②春化作用对开花的影响。根据花卉植物感受春化的状态，通常将其分为种子春化、器官春化和植物体整株春化三种类型。这种分类的方式主要是根据在感受春化作用时植物体的状态而言，一般认为，秋播一年生草花有种子春化

现象，二年生草花无种子春化现象，多年生草花没有种子春化现象。但是这种情况也有例外，比如勿忘我虽是多年生草本植物，但也有种子春化现象。种子春化的花卉有香豌豆等，器官春化的花卉有郁金香等，整株春化的花卉有榆叶梅等。

花卉通过春化作用的温度范围因种类不同而有所不同，通常春化的温度范围在 0～17℃。一般认为，0～5℃是适合绝大多数植物完成春化过程的温度范围，春化所必需的低温范围因植物种类、品种而异，通常在 5～10℃的范围内。研究结果表明，3～8℃的温度范围对春化作用的效果最佳。

春化作用完成的时间因具体温度而不同，当然不同的植物，即使在同一温度条件下，所完成的春化时间也不尽相同。

当植株的春化过程还没有完全结束前，就将其放到常温下，则会导致春化效应被减弱或完全消失，这种现象称为脱春化。

春化和光周期理论在花期控制方面有重要的实践应用。

（3）生长调节剂与花期　植物激素是由植物自身产生的，其含量甚微，但对植物生长发育起着极其重要的调节作用。由于激素的人工提取、分离困难，也很不经济，使用也有许多不便等，人工就模拟植物激素的结构，合成了一些激素类似物，即植物生长调节剂。如赤霉素、萘乙酸、2.4－D、B9 等，它们与植物激素有着许多相似的作用，生产上已广泛应用。

植物的花芽分化与其激素的水平关系密切。在花芽分化前植物体内的生长素含量较低，当植株开始花芽分化后，其体内的生长素水平明显提高。

植物激素对植物开花有较为明显的刺激作用。例如赤霉素可以代替一些需要低温春化的二年生花卉植物的低温要求，也可以促使一些莲座状生长的长日照植物开花。

细胞分裂素对很多植物的开花均有促进作用。

2. 花期调控的主要方法

（1）处理前的准备工作

①花卉种类和品种的选择。根据用花时间，首先要选择适宜的花卉种类和品种。一方面选择的花卉应充分满足市场的需要，另一方面应选择在用花时间比较容易开花的且不需过多复杂处理的花卉种类，以节约时间，降低成本。同种花卉的不同品种，对处理的反应也不同，甚至相差很大，如菊花的早花品种"南洋大白"短日照处理 50d 可开花；而晚花品种"佛见笑"则要处理 65～70d 才能开花。为了提早开花，应选择早花品种，若延迟开花宜选择晚花品种。

球根的成熟程度：球根花卉要促成栽培，需要促使球根提早成熟，球根的成熟程度对促成栽培的效果有很大影响，成熟度不高的球根，促成栽培的效果不佳。开花质量下降，甚至球根不能发芽生根。

植株或球根大小：要选择生长健壮、能够开花的植株或球根。依据商品质量的要求，植株和球根必须达到一定的大小，经过处理后花的质量才有保证。如采用未经充分生长的植株进行处理，花的质量降低，不能满足花卉应用的需要。一些多年生花卉需要达到一定的年龄后才能开花，处理时要选择达到开花年龄的植株处理。如郁金香的球茎要达到 12g 以上、风信子鳞茎的直径要达到8cm 以上才能开花。

（2）处理设备和栽培技术　要有完善的处理设备如控温设备、补光设备及控光设备等。精细的栽培管理也是十分必要的。

①光照处理。长日照花卉在日照短的季节，用人工补充光照能提早开花，若给予短日照处理，即抑制开花；短日照花卉在日照长的季节，进行遮光短日照处理，能促进开花，若长期给予长日照处理，就抑制开花。但光照调节，应辅之以其他措施，才能达到预期的目的。如花卉的营养生长必须充实，枝条应接近开花的长度，腋芽和顶芽应充实饱满，在养护管理中应加强磷、钾肥的施用，防止徒长等。否则，对花芽的分化和花蕾的形成不利，难以成功。

a. 光周期处理的日长时数计算。植物光周期处理中，计算日长时数的方法与自然日长有所不同。每日日长的小时数应从日出前 20min 至日落后 20min计算。例如，北京 3 月 9 日，日出至日落的自然日长为 11h 20min，加日出前和日落后各 20min，共为 12h。即当作光周期处理时，北京 3 月 9 日的日长应为 12h。

b. 长日照处理（延长明期法）。用加补人工光照的方法，延长每日连续光照的时数达到 12h 以上，可使长日照花卉在短日照季节开花。一般在日落后或日出前给以一定时间照明，但较多采用的是日落前作初夜照明。如冬季栽培的唐菖蒲，在日落之前加光，使每天有 16h 的光照，并结合加温，可使其在冬季或早春开花。用 14～15h 的光照，蒲包花也能提前开花。人工补光可采用荧光灯，悬挂在植株上方 20cm。30～50lx 的光照强度就有日照效果，100Lx 有完全的日照作用。一般光照强度是能够充分满足的。

ⓐ唐菖蒲的长日照处理促成栽培技术。种球定植前，必须先打破休眠。其方法有两种，一种是低温处理：用 3～5℃ 低温储藏 3～4 周，然后移到 20℃ 的条件下促根催芽。第二种是变温处理：先将种球置入 35℃ 高温环境处理 15d，再移入 2～3℃ 低温环境处理 20d 即可定植。如需 11～12 月开花，8 月上中旬排球定植，至 11 月应加盖塑料薄膜保温，并补充光照。如需春节供花，应于9 月份定植，11 月进行加温补光处理。通常种球储藏在冷库之中，储藏温度为

1～5℃，周年生产可随用随取。每隔 15～20d 分批栽种，以保证周年均衡供花。唐菖蒲是典型的阳性花卉，只有在较强的光照条件下，才能健壮生长正常开花，但冬季在温室、大棚内栽植易受光照不足的影响，如果在 3 叶期出现光照不足，就会导致花萎缩，产生盲花；如在 5～7 叶期间发生光照不足，则少数花蕾萎缩，花朵数会减少。唐菖蒲属于长日照植物，秋冬栽培需要进行人工补光，通常要求每日光照时数达 14h 以上。补光强度要求达到 50～100lx，一个 100W 的白炽灯（加反射罩）具有光照显著效果的有效半径为 2.23m。故补光时可每隔 5～6m² 设一盏 100W 白炽灯，光源距植株顶部 60～80cm，或设40W 荧光灯，距植株顶部 45cm。夜间 21 时至凌晨 3 时加光，每天补光 5h，即可取得较好效果。

ⓑ使蒲包花在春节开花的促成栽培技术。8 月间播种育苗，在预定开花日期之前 100～120d 定植。为了使其能在春节开花，从 11 月起每天太阳即将落山时就要进行人工照明，直至凌晨 22 时左右，补光处理大约要经过 6 周。在促成栽培过程中，环境温度不宜超过 25℃，当花芽分化后，应该使气温保持在 10℃左右，经过 4 周，能够使植株花朵开得更好。

ⓒ短日照处理。在日出之后至日落之前利用黑色遮光物，如黑布、黑色塑料膜等对植物遮光处理，使白昼缩短、黑夜加长的方法称为短日照处理。主要用于短日照花卉在长日条件下开花。

通常于下午 17 时至翌日上午 8 时为遮光时间，使花卉接受日照的时数控制在 9～10h。一般遮光处理的天数为 40～70d。遮光材料要密闭，不透光，防止低照度散光产生的破坏作用。短日照处理超过临界夜长小时数不宜过多，否则会影响植物正常的光合作用，从而影响开花质量。

短日照处理以春季及早夏为宜，夏季做短日照处理，在覆盖下易出现高温危害或降低产花品质。为减轻短日处理可能带来的高温危害，应采用透气性覆盖材料；在日出前和日落前覆盖，夜间应揭开覆盖物使之与自然夜温相近。

ⓐ使菊花在国庆节开花的促成栽培技术。要使秋菊提前至国庆节开花。宜选用早花或中花品种进行遮光处理。一般在 7 月底当植株长到一定高度（为25～30cm）时，用黑色塑料薄膜覆盖，每天日照 9～10h，以下午 5 时到第二天早上 8 时 30 分效果为佳。早花品种需遮光 50d 左右可见花蕾露色，中花品种约 60d，在花蕾接近开放现色时停止遮光。处理时温度不宜超过 30℃，否则开花不整齐，甚至不能形成花芽。

ⓑ使九重葛（叶子花）在国庆节开花的促成栽培技术。九重葛是典型的短日照植物，自然花期为 11 月至翌年 6 月，其花期控制主要通过遮光处理予以实现。通常在中秋节前 70～75d 对植株进行遮光，具体时间是每天下午 4 时至

第二天早上 8 时，大约处理 60d 后，九重葛的花期诱导基本完成。如果其苞片已变色，即使停止遮光也不会影响其正常开花。在遮光处理过程中，要注意通风，尽量降低环境温度，防止温度过高给植株的发育造成不良影响。

　　ⓓ暗中断法。暗中断法也称"夜中断法"或"午夜照明法"。在自然长夜的中期（午夜）给予一定时间的照明。将长夜隔断，使连续的暗期短于该植物的临界暗期小时数。通常晚夏、初秋和早春夜中断，照明小时数为 1～2h；冬季照明小时数多，为 3～4h。如短日照植物在短日照季节，形成花蕾开花，但在午夜 1～2 时给以加光 2h，把一个长夜分开成两个短夜，破坏了短日照的作用，就能阻止短日植物开花。用作中断黑夜的光照，以具有红光的白炽灯为好。

　　ⓔ光暗颠倒处理。采用白天遮光、夜间光照的方法，可使在夜间开花的花卉在白天开放，并可使花期延长 2～3d。如昙花的花期控制，就主要通过颠倒昼夜的光周期来进行处理。在昙花的花蕾长约 5cm 的时候，每天早上 6 时至晚上 8 时用遮光罩把阳光遮住，从晚上 8 时至第二天早上 6 时，用白炽灯进行照明，经过 1 周左右的处理后，昙花已基本适应了人工改变的光照环境，就能使之在白天开花，并且可以延长花期。

　　ⓕ全黑暗处理。一些球根花卉要提早开花，除其他条件必须符合其开花要求外，还可将球根盆栽后，在将要萌动时，进行全黑暗处理 40～50d，然后在进行正常栽培养护。此法多于冬季在温室进行，解除黑暗后，很快就可以开花，如朱顶红可作这样的处理。

　　②温度处理

　　a. 花卉的温度处理要注意以下问题

　　ⓐ同种花卉的不同品种的感温性也存在着差异。

　　ⓑ处理温度的高低，多依该品种的原产地或品种育成地的气候条件而不同。温度处理一般以 20℃以上为高温，15～20℃为中温，10℃以下为低温。

　　ⓒ处理温度也因栽培地的气候条件、采收时期、距上市时间的长短、球根的大小等而不同。

　　ⓓ温度处理的适期，如是在生长期处理还是于休眠期处理，因花卉的种类和品种特性而不同。

　　ⓔ温度处理的效果，因花卉的种类和处理的日数多少而异。

　　ⓕ多种花卉的花期控制需要同时进行温度和光照的综合处理，或在处理过程中先后采用几种处理措施才能达到预期的效果。

　　ⓖ处理中或处理后栽培管理对花期控制的效果也有极大影响。

　　b. 增温处理

ⓐ促进开花多数花卉在冬季加温后都能提前开花，如温室花卉中的瓜叶菊、大岩桐等。对花芽已经形成而正在越冬休眠的种类，如春季开花的露地木本花卉杜鹃、牡丹等，以及一些春季开花的秋播草本花卉和宿根花卉，由于冬季温度较低而处于休眠状态，自然开花需待来年春季。若移入温室给予较高的温度（20～25℃），并经常喷雾，增加湿度（空气相对湿度在80％以上），就能提前开花。

ⓑ延长花期有些花卉在适合的温度下，有不断生长、连续开花的习性。但在秋、冬季节气温降低时，就要停止生长和开花了。若在停止生长之前及时地移进温室，使其不受低温影响，并提供继续生长发育的条件，即可使它连续不断地开花。例如，要使非洲菊、茉莉花、大丽花、美人蕉等在秋、初冬期间连续开花就要早做准备，在温度下降之前，及时加温、施肥、修剪，否则一旦气温降低影响生长后，再增加温度就来不及了。

c. 降温处理

ⓐ延长休眠期以推迟开花。耐寒花木在早春气温上升之前，趁其还在休眠状态时，将其移入冷室中，使之继续休眠而延迟开花。冷室温度一般以1～3℃为宜，不耐寒花卉可略高一些。品种以晚花种为好，送冷室前要施足肥料。这种处理适于耐寒、耐阴的宿根花卉、球根花卉及木本花卉，但因留在冷室的时间较长，所以植物的种类、自身健壮程度、室内的温度和光照及土壤的干湿度都是成败的重要国家。在处理期间土壤水分管理要得当，不能忽干忽湿，每隔几天要检查干湿度；室内要有适度的光照，每天应开灯几个小时。至于花卉储藏在冷室中的时间，要根据计划开花的日期，植物的种类与气候条件，推算出低温后培养至开花所需的天数，从而决定停止低温处理的日期。处理完毕出室的管理也很重要，要放在避风、蔽日、凉爽的地方，逐步增温、加光、浇水、施肥、细心养护，使之渐渐复苏。

ⓑ减缓生长以延迟开花。较低的温度能延缓植物的新陈代谢，延迟开花。这种处理大多用在含苞待放或初开的花卉上，如菊花、天竺葵、八仙花、瓜叶菊、唐菖蒲、月季、水仙等。处理的温度也因植物的种类而异。例如，家庭水养水仙花，人们往往想让其在元旦、春节盛开，以增添节日的气氛。虽然可以凭经验分别提前40～50d处理水仙，但是水仙一般都不易恰好适时盛开。为了让水仙能在预定的日子准时开花，可在计划前5～7d仔细观察水仙花蕾总苞片内的顶花，如已膨大欲顶破总苞，这样就应把它放在1～4℃的冷凉地方，一直到节日前1～2d再放回室温15～18℃的环境中，就能使其适时开放。如发现花蕾较小，估计到节日开不了花，可以放在温度为20℃以上的地方，盆内浇15～20℃的温水，夜间补以60～100W灯泡的光照，就能让其准时开花。

　　ⓒ降温避暑。很多原产于夏季凉爽地区的花卉，在适当的温度下，能不断地生长、开花，但遇到酷暑，就停止生长，不再开花了。例如，仙客来和倒挂金钟在适于开花的季节花期很长，如能在6～9月间降低温度，使温度在28℃以下，植株处于继续生长状态，他们也会不停地开花。

　　ⓓ模拟春化作用而提早开花改秋播为春播的草花，欲使其在当年开花，可用低温处理萌动的种子或幼苗，使之通过春化作用在当年开花，适宜的温度为0～5℃。

　　此外秋植球根花卉若提前开花，也需要先经过低温处理；桃花等花木需要经过0℃的人为低温，强迫其经过休眠阶段后才能开花。

　　d. 变温法

　　变温法催延花期，一般可以控制较长的时间。此方法多用于在一年中的"元旦"、"春节"、"五一"、"十一"等重大节日的用花上，具体做法是将以形成花芽的花木先用低温使其休眠，原则上要求既不让花芽萌动，又不使花芽受冻。如果是热带、亚热带花卉，可给予2～5℃的温度，温带木本落叶花卉则给予-2～0℃的温度。到计划开花日期前1个月左右，放到（逐渐增温）15～25℃的室温条件下给予养护管理。花蕾含苞待放时，为了使其加速开花，可将温度增至25℃左右。如此管理，一般花卉都能预期开花。

　　梅花元旦、春节开花的控温处理，可在元旦前1个月将其移入到4℃的室内养护，到节前10～15d再移到阳光充足、室内温度为10℃左右的温室，然后根据花蕾绽放的程度决定加温与否。如果估计赶不上节日开花，可逐渐加温至20℃来促花。牡丹的催花稍复杂些，因牡丹的品种很多，一般春节用花，应选择容易催花的品种来催花，其加温促花需经3～4个变温阶段，需50～60d。促花前先将盆栽牡丹浇一次透水，然后移入15～25℃的中温温室，至花蕾长到2cm左右时，再加温至17～18℃，此时应控制浇水，并给予较好的光照。第三次加温是在花蕾继续膨大呈现出绿色时，温度增加到20℃以上，此时因室温较高，可浇一次透水以促进叶片生长，为了防止叶片徒长和盆土过湿，应勤观察花与叶的生长情况，注意控水。最后一个阶段是在节前5～6d。主要是看花蕾绽蕾程度，如估计开花时间拖后，可再增加室温至25～35℃促其开花。如果花期提前，可将初开盆花移入15℃左右的中低温弱光照的地方暂存。

　　在自然界生长的花木，大多是春华秋实，要想让花木改变花期，推迟到国庆节期间开花，也需要采用改变温度的方法来控制花期。具体做法是将已形成花芽的花木，在2月下旬至3月上旬，在叶、花芽萌动前就放到低温环境中，强制其进行较长时间的休眠。具体温度：原产于热带、亚热带的花木控制在

2～5℃，原产于温带、寒带的花木控制在－2～0℃。到计划开花日期前1个月左右，将其移到15～25℃的环境中进行栽培管理，很多种花卉都能在国庆节时开放。如草本花卉中的芍药、荷包牡丹，木本花卉中的樱花、榆叶梅、丁香、连翘、锦带、碧桃、金银花等都能这样处理。

③利用植物生长激素。花卉生产中使用一些植物生长激素和调节剂如赤霉素、萘乙酸、2.4-D、B₉等，对花卉进行处理，并配合其他养护管理措施，可促进提早开花，也可使花期延迟。

a. 解除休眠促进开花。不少花卉通过应用赤霉素打破休眠，从而可达到提早开花的目的。用500～1 000mg/L浓度的赤霉素点在芍药、牡丹的休眠芽上，可使其在4～7d内萌动。蛇鞭菊在夏末秋初休眠期，用100mg/L赤霉素处理，经储藏后分期种植可分批开花。当10月以后进入深休眠时，处理则效果不佳，花卉开花少或不开花。桔梗在10～12月为深休眠期，在此之前于初休眠期用100mg/L赤霉素处理可打破休眠、提高发芽率，促进伸长，提早开花。小苍兰用5mg/kg乙烯利浸泡种球24h，可打破休眠，于室温储存1个月后种植，可使其提前7～10d开花；将种球用10～30mg/kg赤霉素浸泡24h，在10～12℃下储存45d后种植，可使其提前3个月开花；在种球低温处理前，用10～40mg/kg赤霉素浸泡24h，可使其提前40d开花

b. 代替低温促进开花。夏季休眠的球根花卉，花芽形成后需要低温使花茎完成伸长准备。赤霉素常用作部分代替低温的生长调节剂。

郁金香需在雌蕊分化后经过低温诱导方可伸长开花。促成栽培时栽种已经过低温冷藏的鳞茎，待株高达7～10cm时，由叶丛中心滴入400mg/L赤霉素液0.5～1mL。这种处理对低温期长的品种，以及低温处理不充分的情况效果更为明显，赤霉素起了弥补低温量不足的作用。满天星应选择生育期75d以上的植株，用200～300mg/kg赤霉素喷洒叶面，每隔3d喷洒一次，连喷3次。夏花在2月底喷洒，可提前半个月开花；冬花在10月中旬喷洒，可提前1个月开花。用250mg/kg细胞分裂素喷洒植株后，不经低温处理也能在15℃以上、长日照条件下抽薹开花。

c. 加速生长促进开花。山茶花在初夏停止生长，进行花芽分化，其花芽分化非常缓慢，持续时间长。如用500～1 000mg/L的赤霉素点涂花蕾，每周2次，半个月后即可看出花芽在快速生长，同时结合喷雾增加空气湿度，花卉可很快开花。蟹爪莲花芽分化后，用20～50mg/L的赤霉素喷射能促进开花。用100～500mg/L赤霉素涂君子兰、仙客来、水仙的花茎上，能加速花茎伸长。

d. 延迟开花。2，4～D对花芽分化和花蕾的发育有抑制作用。菊花用2，

4-D 5mg/kg 喷洒植株，可延迟 1 个月开花；用 50mg/kg 萘乙酸＋50mg/kg 赤霉素混合液处理或用 200mg/kg 乙烯利喷洒植株，可抑制花芽形成；用 300～400mg/kg 细胞分裂素喷洒叶面，可抑制花茎伸长、延迟开花。万寿菊用 500～2 000mg/kg 比久每周喷洒植株中上部叶片 1 次，共 3 次，可延迟 8～10d 开花。一品红在短日照自然条件下，用 40mg/kg 赤霉素喷洒叶面，可延迟开花。

e. 加速发育。用 100mg/L 的乙烯利 30mL 浇于凤梨的株心，能使其提早开花。天竺葵生根后，用 500mg/L 乙烯利喷 2 次，第 5 周喷 100mg/L 赤霉素，可使其提前开花并增加花朵数。

f. 调节衰老延长寿命。切花离开母体后由于水分、养分和其他必要物质失去平衡而加速衰老与凋萎。在含有糖、杀菌剂等的保鲜液中，加入适宜的生长调节剂，有增进水分平衡、抑制乙烯释放等作用，可延长切花的寿命。例如，6-苄基腺嘌呤（BA）、激动素（KT）应用于月季花、球根鸢尾、郁金香、花烛、非洲菊保鲜液；赤霉素（GA$_3$）可延长紫罗兰切花寿命；B$_9$ 对金鱼草、香石竹、月季花切有效；矮壮素（CCC）对唐菖蒲、郁金香、香豌豆、金鱼草、香石竹、非洲菊等也有延长切花寿命的作用。

④利用修剪技术。

a. 剪截。主要是指用于促使开花，或以再度开花为目的的剪截。在当年生枝条上开花的花木用剪截法控制花期，在生长季节内，早剪截使早长新枝早开花，晚剪截则晚开花。月季、大丽花、丝兰、盆栽金盏菊等都可以在开花后剪去残花，再给予水肥，加强养护，使其重新抽枝、发芽开花。月季从一次开花修剪到下次开花一般需 45d，欲使其在国庆节期间开放，可在 8 月中旬将当年发生的粗壮枝叶从分枝点以上 4～6cm 处剪截，同时将零乱分布的细弱侧枝从基部剪下，并给予充足的水肥和光照，就能使其适时盛开。

b. 摘心。主要用于延迟开花。延迟的日数依植物种类、摘取量的多少、季节不同而不同。重要节日常用摘心方法控制花期的有矮串红、康乃馨、荷兰菊、大串红、大丽花等。一串红在国庆节开花的修剪技术如下所述。一串红可于 4～5 月播种繁殖，在预定开花期前 100～120d 定植。当小苗高约 6cm 时进行摘心，以后可根据植株的生长情况陆续摘心 2～3 次。在预定开花前 25d 左右进行最后一次摘心，一串红到"十一"会如期开花。荷兰菊在 9 月 10 日左右进行摘心，"十一"也能开花。

c. 摘叶。有些木本花卉春季开完花后，夏季形成花芽，到翌年春季可再次开放。若使其在当年再次开花，可用摘叶的方法，促使花芽萌发、开花。如白玉兰在初秋进行摘叶可迫使其休眠，然后再进行低温、加温处理，促使其提早开花。紫茉莉花在春发后，可将叶摘去，促使其抽生新枝，以延迟开花。桃、杏、李、梅等，当其花芽长到饱满后进行摘叶，经 20d 左右就能开花。此外，剥去侧芽、侧蕾，有利于主芽开花；摘除顶芽、顶蕾，有利于侧芽、侧蕾生长开花。

⑤调节播种期。不需要特殊环境诱导，在适宜的环境条件下，只要生长到一定大小就可开花的种类，可以通过改变育苗期或播种期来调节开花期。多数一年生草本花卉属于日中性花卉，对光周期时数没有严格要求，在温度适宜生长的地区或季节采用分期播种、育苗，可在不同时期开花。如果在温室提前育苗，可提前开花，秋季盆栽后移入温室保护，也可延迟开花。翠菊的矮生品种于春季露地播种，6～7 月开花；7 月播种，9～10 月开花；温室 2～3 月播种，则 5～6 月开花等。一串红的生育期较长，春季晚霜后播种，可于 9～10 月开花；2～3 月在温室育苗；可于 8～9 月开花；8 月播种，入冬后上盆，移入温室，可于次年 4～5 月开花。需国际劳动节开放的花卉，如金鱼草可在 8 月上旬播种，三色堇、雏菊、紫罗兰可在 8 月中旬播种，金盏菊可在 9 月初播种。需国庆节开放的花卉，如一串红可在 4 月上旬播种，鸡冠花可在 6 月上旬播种，万寿菊、旱金莲可在 6 月中旬播种，百日菊、千日红、红黄草可在 7 月上旬播种。

二年生草本花卉需要在低温下形成花芽和开花。在温度适宜的季节或冬季在温室保护下，也可调节播种期在不同时期开花。金盏菊自然花期为 4～6 月，但春化作用不明显，可秋播、春播、夏播。从播种至开花需 60～80d，生产上可根据气温及需要，推算播期。如自 7～9 月陆续播种，可于 12 月至次年 5 月先后开花。紫罗兰 12 月播种，5 月开花；2～5 月播种，则 6～8 月开花；7 月播种，次年 2～3 月开花。需国庆节开放的花卉，如藿香蓟、一串红可在 6 月中旬至 7 月下旬扦插，美女樱、红黄草可在 7 月上旬扦插。

【任务实践】

实践一：牡丹花期调控

1. 材料用具

小型培养箱，4～5 年生牡丹苗。

2. 操作步骤

（1）在 11 月底将田间牡丹挖出，上盆。

（2）将牡丹放在小型生长箱内，温度控制在 15（白天）～25℃（晚上）。

（3）观察记录牡丹花芽的变化及开花的时间。

（4）与大田牡丹的花期比较提前开花的天数。

3. 检查

培养箱中牡丹生长过程中花芽大小及形态的变化。

实践二：菊花花期调控

1. 材料与用具

（1）材料　菊花

（2）药品与用具　IAA、NAA、GA3、乙烯利、CCC、剪刀、喷雾器等。

2. 方法与步骤

（1）日长处理对花期的影响

①电照。电照时期依栽培类型和预计采花上市日期而定。11 月下旬至 12 月上旬采收，电照期 8 月中旬至 9 月下旬；12 月下旬采收，电照期间为 8 月中旬至 10 月上旬；1～2 月采收，电照期 8 月下旬至 10 月中旬；2～3 月采收，电照期间为 9 月上旬至 11 月上旬。

电照的照明时刻和电照时间以某一品种为例，分连续照明（太阳落山时即开始）和深夜 12 时开始两种，比较花期早晚。

电照中的灯光设备：用 60W 的白炽灯作为光源（100W 的照度），两灯相距 3m，设置高度在植株顶部 80～100cm 处。

重复电照，重复电照的时间分 10d、20d 和 30d 三组来比较花芽分化的早晚及切花品质（如舌状花比例，有无畸变等）。

②遮光处理。遮光时期为 8 月上旬开始遮光。10 月上旬开花的品种在 8 月下旬，10 月中旬开花的品种在 9 月 5 日，10 月下旬至 11 月上旬开花的品种在 9 月 15 日前后终止遮光。根据基地现有品种进行遮光处理，并比较不同时期、不同品种的催花效果。遮光时间带和日长比较：一般遮光时间设在傍晚或者早晨。分 4 种情况比较花期早晚：ⓐ傍晚 7 时关闭遮光幕，早晨 6 时打开的 11h 遮光处理；ⓑ傍晚 6 时到早晨 6 时遮光的 12h 处理；ⓒ傍晚和早晨遮光，夜间开放的处理；ⓓ下午 5～9 时遮光，夜间开放处理。

注意：用银色遮光幕在晴天的傍晚保持在 0.5～11lx 较好，最高照度不应超过 21～31lx（即阅读报纸的照度）。

（2）温度调节对花期的影响　菊花从花芽分化到现蕾期所需温度因品种、插穗冷藏的有无，土壤水分的变化和施肥量以及株龄不同而异。一般以最低夜温为 15℃，昼温在 30℃ 以下较为安全。

在实验中，将营养生长进行到一定程度而花芽分化还未进行的盆栽菊分为两组：一组放在夜温 15℃、昼温 27～30℃ 的室内，（光照状况控制和自然状态相近），另一组置于自然状态下，观察比较现蕾期的早晚。

（3）栽培措施处理对花卉花期的影响

①将盆栽菊花摘心，分留侧芽与去侧芽、留顶芽二组处理，观察两者现蕾期的早晚。

②对现蕾的盆栽菊进行剥副蕾留顶蕾与不剥蕾二组处理，观察蕾期的长短。

（4）生长调节剂的处理对花期的影响

①生长激素类设置 IAA25、50、75、100（mg/kg）；NAA25、50、75、100（mg/kg）和 NAA500mg/kg＋GA₃ 各 50mg/kg 以及对照组共 10 个处理组，每周喷一次，比较各处理组现蕾期的早晚以及蕾期发育时间的长短。

②设计乙烯利 100、200、300、400mg/kg 乙烯利 200mg/kg＋GA350mg/kg 及对照组共 6 个处理组，每周喷一次，比较各处理组现蕾期的早晚和蕾期发育时间的长短以及植株的形态，尤其是基部枝条发育上的变化。

③设计 CCC1 000、2 000、3 000mg/kg 以及对照组 4 个处理组，每周喷 2 次，比较用 CCC 处理过的植株矮化效果、现蕾期的早晚和蕾期的长短。

3. 检查

（1）观察并记录各实验处理结果。

（2）比较不同品系菊花生长发育特性及其花期调控特点。

（3）影响电照或遮光时间和强度的因素有哪些？

（3）菊是短日照植物，还是长日照植物？要使菊花在元旦开花，应采取哪些具体措施？

实践三：月季花期的修剪调控

1. 材料与用具

（1）材料　切花月季。

（2）用具　修枝剪等。

2. 操作步骤

（1）判断月季芽的类型　月季花枝上的芽有两种类型，花下 1～5 叶处，枝条上部芽是尖的，发出的花枝短，有 6～9 叶，现蕾早，通常为 15～18d，花朵小。枝条中部芽（花下 6～9 叶处）为圆形，圆芽发出的花枝长，有 13～16 叶，现蕾时间较长，通常为 25d 左右，花朵大；枝条基部芽眼是平的，芽活性低，发枝慢，易发徒长枝，花枝现蕾时间更长，通常为 30d 以上。由此可见，月季芽的异质性决定了花枝抽生的时间、现蕾的时间以及开花的时间。

（2）修剪　在用花前 45d 左右，挑选株型丰满、健康的植株 30 株，分成三个处理：①在枝条上部芽上方 1cm 处修剪；②在枝条中部芽上方 1cm 处修剪；③在枝条基部芽上方 1cm 处修剪。

（3）修剪后管理　30株月季采用常规方法管理。

3. 检查

（1）记录实验结果，与预期目标对比，分析成功或失败的原因。

（2）比较三种修剪方法对月季开花的影响。

【关键问题】

盆栽花卉为什么要控制花期，如何控制？

（1）花期控制的意义　花期调控的意义主要有以下方面。

①满足花卉的四季均衡供应，解决市场的旺淡季的问题。

②保证节日和国际交往的特殊用花需要。

③使父母本同时开花，解决杂交授粉的问题，有利于育种。

④缩短栽培期，加速土地利用的周转率。

⑤提高花卉的商品价值，增加种植者的收入。

（2）花期控制技术

①温度处理。包括增温处理和降温处理两个方面。环境温度低于花卉生育的最适温度时，植物生长缓慢不开花，这时若增加温度可使植株加速生长，提前开花。这种方法适用范围广，包括露地经过春化的草本、宿根花卉，如石竹、桂竹香、三色堇、雏菊等；春季开花的低温温室花卉，如天竺葵、兔子花；南方的喜温花卉，如扶郎花、五色茉莉等。在春季气温回升前，给予处于休眠的植株1～4℃的人为低温，可延长休限期，使植株延迟开花。

②光照处理。用补加人工光的方法延长每日连续光照的时间12h以上，可使长日照植物在短日照季节开花。如冬季栽培的唐菖蒲，在日没之前加光，使每日有16h的光照，并结合加温，可使它在冬季及早春开花。用14～15h的光照，蒲包花也能提前开花。用黑色的遮光材料，在白昼的两头进行遮光处理来缩短白昼，加长黑夜，可促使短日照植物在长日照季节开花。

③生长调节物质的应用。生长调节剂对植物的成花起到一定的作用，调节剂的种类、浓度的不同及植物种类的不同，生长调节的效果也很悬殊。常应用的有赤霉素、萘乙酸、B9、乙烯利、6-BA等。

【思考与讨论】

1. 种子繁殖有何优缺点？

2. 种子储藏方法有哪几种？

3. 播种方法有哪几种？

4. 种子繁殖适用于哪些园林植物？

【知识拓展】

1. 切花采后调控花期技术

利用切花采后人工催花或低温长时间储藏，也是进行花期调控的有效方法。

（1）人工催花技术　因冬季低温，有些切花的花苞已形成却难以完全开放，若在栽培地实施大面积加温则耗用成本高，这时，可将其剪切后集中在室内进行人工催花，此法操作简便，效益可观。如香石竹、满天星等在花苞期切割，置于温度25～27℃的室内，并给予每天12～16h的光照（光强2 000lx以上），空气湿度保持在90％～95％，则经5～7d开花。

（2）切花储藏技术　切花的储藏是延长采后切花寿命的主要方法，并且是解决切花周年供应、切花淡旺季供应平衡、减少生产成本的重要途径之一，具有很高的应用价值和经济价值。

储藏的原理是必须抑制切花的呼吸作用和乙烯的释放。低温是最基本、最有效的储藏手段，储藏的最适温度须根据不同切花的生理特性加以选择，如香石竹应保持在0～1℃；月季宜在0℃条件下冷藏；唐菖蒲的贮温为1～2℃；而热带原产花卉的储藏温度则较高，如红掌的理想贮温为13℃。注意：在储藏时的切花成熟度越高，贮期应该越短。

为提高冷藏效果，还可结合使用低温减压储藏法和气调储藏法。

低温减压储藏法是将鲜花放在密闭容器中，用真空泵抽出二氧化碳、乙烯等代谢产物，氧含量随压力降低而减少，使鲜花保持在低氧压环境中，能大大延长鲜花的保鲜期。有些较耐贮的鲜切花如香石竹、菊花等，在采取真空预冷后，可在低温低压条件下储藏达3～4个月以上。

气调储藏法则是利用人工方法把储藏环境中的气体调节到一个最佳浓度，主要是降低气调袋中的氧气含量，提高并保持一定的二氧化碳或氮气的浓度，从而抑制切花的呼吸、降低酶的活性，以达到控制切花的衰老，延长储藏寿命的目的。

2. 调节气体控花法

花卉植物在生长发育过程中，需要不断地进行新陈代谢活动。在植物的整个呼吸过程中，除了主要吸入二氧化碳外，还需要氮、氧等空气中含有的其他气体成分，如果我们在花卉植物生活的环境中人为地增加不同成分的气体，植物吸收后对其体内的生理生化反应会起到作用，从而达到打破休眠，提早开花的目的。例如，对休眠的洋水仙、郁金香、小苍兰等球茎用烟熏的方法来打破休眠，从而使它们提前开花。1893年，人们就发现在温室中燃烧木屑可以诱导凤梨开花。这主要是烟雾中存有乙烯的缘故。用大蒜挥发出的气体处理唐菖蒲球茎 4h，可以缩短唐菖蒲的休眠期，处理后的唐菖蒲比未处理的球茎提前开花，花的质量也好。

技术实训：梅花、月季整形修剪

一、目的要求

通过实验，使学生掌握园林植物整形修剪的主要技术。

二、材料

校园内乔灌木。

三、用具

修枝剪、手锯、电动锯、伤口保护剂等。

四、实训范例

1. 成年期梅花冬剪

对已开花的梅花，应在花后修剪。

（1）疏剪　在梅花花后，及时剪去徒长枝、重叠枝、弱枝、病虫害枝。

（2）短截　为保持主枝生长势平衡，可视枝条的强弱进行强枝多剪，弱枝少剪，一般在长 30～60cm 处剪定。修剪侧枝，应视枝条的生长方向，所占空间的大小来定。修剪时也要依据强枝留长，弱枝留短的原则，对过密的枝条，进行疏剪。生长在梢部的营养枝对扩大树冠会起到重要作用，营养枝的旺盛生长能逐年形成新的花枝，修剪时要轻剪。枝生长在枝刺上的刺花枝，通常应从基部剪除，对 3cm 以下的束花枝和短花枝可不加修剪，只将过密的枝条疏剪去，中花枝、长花枝应留 2～3 芽剪定。

2. 现代月季

在月季生长期，根据预定冠形，将花谢枝及时剪去，使植株萌发新的枝叶，并形成美观、高产的株型。

五、作业

要求每生记录修剪过程，观察修剪后的生长状况，总结修剪效果。

六、实训评价

（1）每组完成至少完成 1 种花卉修剪的技术流程，并要熟练掌握。

（2）根据实训情况，撰写实训报告。

（3）实训成绩以 100 分计，其中，实训态度占 20 分，实训结果占 50 分，实习报告占 30 分。

参 考 文 献

包满珠，2003. 面向 21 世纪课程教材——花卉学［M］. 北京：中国农业出版社，

别之龙，黄丹枫，2000. 工厂化育苗原理与技术［M］. 北京：中国农业出版社.

陈俊愉，程绪珂，1990. 中国花经［M］. 上海：上海文化出版社.

程智慧，2013. 蔬菜栽培学各论［M］. 北京：科学出版社.

刁阳隆，2013. 蔬菜工厂化育苗技术［M］. 北京：中国农业出版社.

范双喜，李光晨，2007. 园艺植物栽培学［M］. 北京：中国农业大学出版社.

河北农业大学，1987. 果树栽培学各论. 第 2 版. 北京：中国农业出版社.

河北农业大学，1987. 果树栽培学总论［M］. 北京：中国农业出版社.

李式军，2000. 设施园艺学. 北京：中国农业出版社.

李天来，2011. 设施蔬菜栽培学［M］. 北京：中国农业出版社.

林伯年，1994. 园艺植物繁育学［M］. 上海：上海科学技术出版社.

刘会超，2006. 花卉学［M］. 北京：中国农业出版社.

刘会超，2014. 园林花卉学［M］. 北京：中国水利出版社.

刘燕，2002. 园林花卉学. 北京：中国林业出版社.

鲁涤非，1998. 花卉学. 北京：中国农业出版社.

陆秋农，等，1996. 中国果树志——苹果卷［M］. 中国林业出版社.

裘文达. 赵小明，1999. 商品盆花生产技术问答，中国农业出版社.

曲泽洲，等，1996. 中国果树志——枣卷［M］. 中国林业出版社.

万蜀渊，1996. 园艺植物繁殖学［M］. 北京：中国农业出版社.

汪祖华，等，1996. 中国果树志——桃卷［M］. 中国林业出版社.

王秀峰，201. 蔬菜栽培学各论［M］. 北京：中国农业出版社.

郗荣庭，等，1996. 中国果树志——核桃卷［M］. 中国林业出版社.

徐德嘉，201. 园林苗圃学［M］. 北京：中国建筑工业出版社.

许传森，许阳，2011. 林木工厂化育苗新技术［M］. 北京：中国农业科学技术出版社.

张加延，等，1996. 中国果树志——李卷［M］. 中国林业出版社.

张振贤，2003. 蔬菜栽培学［M］. 北京：中国农业大学出版社.

赵焕淳，等，1996. 中国果树志——山楂卷［M］. 中国林业出版社.